龙门山断裂带地质灾害综合防治研究

董廷旭　林孝先　陈　浩　等著

科学出版社

北京

内 容 简 介

本书对龙门山断裂带典型山区小流域——北川都坝河流域的地质灾害成灾环境、机理、成灾模式、治理技术及环境效应进行系统研究。在都坝河流域生态环境综合调查的基础上，根据流域自然和人文地理环境特征，采用定量与定性相结合的方法，对流域地质灾害危险性、生态环境敏感性及二者的耦合关系进行评价，进而对流域水土流失进行定量估算，为制定综合防治策略提供决策依据。最后，总结提出最符合研究区实际情况的地质灾害综合防治技术，并进一步提炼、升华出可推广的、适合不同地质灾害发育阶段和不同自然与人文环境的山区小流域地质灾害综合防治对策，为改善灾区居民生存和生活环境，提高人民生活幸福指数，建设宜居宜业和美乡村提供借鉴和示范。

本书图文并茂、理论与实践结合，涉及区域地理环境、地质灾害时空分布特征及成灾机理和成灾模式、地质灾害危险性及生态环境效应、地质灾害防灾减灾等内容，是系统研究都坝河流域地质灾害综合防治的专著，可供地学、生态学和资源与环境等领域的教学及科研人员、管理工作者使用，也可作为相关专业本科生、研究生的参考用书。

审图号：川 S【2024】00123 号

图书在版编目(CIP)数据

龙门山断裂带地质灾害综合防治研究／董廷旭，林孝先，陈浩等著. 北京：科学出版社，2025.3. -- ISBN 978-7-03-079815-2

Ⅰ. P694

中国国家版本馆 CIP 数据核字第 2024EW6335 号

责任编辑：莫永国／责任校对：彭　映
责任印制：罗　科／封面设计：墨创文化

科 学 出 版 社 出版

北京东黄城根北街16号
邮政编码：100717
http://www.sciencep.com

四川煤田地质制图印务有限责任公司 印刷
科学出版社发行　各地新华书店经销

*

2025 年 3 月第　一　版　　开本：787×1092 1/16
2025 年 3 月第一次印刷　　印张：15
字数：350 000
定价：148.00 元
(如有印装质量问题，我社负责调换)

本书编委会成员

前　言

流域作为完整的自然地理单元，是一个由自然、社会、经济等因素构成的复合系统，是人类活动的生境之一。地质灾害是四川盆周山地小流域最活跃的自然要素，而泥石流、滑坡、崩塌等地质灾害是流域内地球表层演变过程的真实反映，是影响流域乡村振兴人居环境问题的重要因素之一，科学的地质灾害综合防治研究对流域的防灾减灾和生态安全及环境健康起着至关重要的作用。近二十年，流域尺度的地质灾害防治减灾及生态环境修复研究取得长足进步，为流域资源与环境可持续发展提供了科学决策支撑。

都坝河流域位于我国四川西部龙门山断裂带北川羌族自治县境内，属涪江水系的二级支流，涵盖都贯乡全境，陈家坝镇绝大部分区域，桂溪镇、曲山镇部分区域。北靠平武县，东临江油市，南距北川新县城约 20km，流域总面积约为 310km^2，省道 S105 沿流域的东南部穿过。流域以山地地形为主，西北高、东南低，最大高差大于 1000m，地势起伏大，干支流沟坡较大。流域内有平坝、低山和低中山微型地貌分布，以低中山为主。最高点位于西北大松包，海拔 2306m，最低点位于陈家坝镇黄家坝河流出口处，海拔 602m。该流域地质环境条件脆弱，河流冲刷侵蚀强烈，褶皱、断层发育，岩体破碎，人类活动频繁，降雨集中、多暴雨，滑坡、泥石流、崩塌广布，危害巨大，尤其是"5·12"汶川地震加剧流域地质灾害频发高发，危害严重，制约乡村振兴可持续发展。

为此，2008 年以来，绵阳师范学院流域生态与地理信息工程技术研究团队从小流域尺度入手，以多源遥感图像和县域地质灾害监测数据为基础，借助 RS (remote sensing，遥感) 和 GIS (geographical information system，地理信息系统) 技术，识别都坝河流域地质灾害时空分布规律、孕灾模式和成灾环境，剖析典型地质灾害的成灾机理，开展流域地质灾害易发性、危险性评价和区划、生态环境脆弱性及生态环境效应评价，探讨流域人居环境景观格局与生态环境过程的相互关系，构建生态安全格局，提出典型地质灾害综合治理技术及灾毁土地综合整治和重要交通工程防灾减灾对策，为流域资源与环境可持续，提升土地生态系统的服务功能，水土流失风险防范措施等提供科学参考，以促进乡村振兴可持续发展、高质量发展。

全书共 8 章。第 1 章由董廷旭、陈浩、王飞撰写，从地形地貌、地层岩性、活动构造与地震、气候与气象、水文、土壤与植被、人类活动等方面总结龙门山断裂带的地理环境特征。第 2 章由林孝先、李春霞撰写，从自然地理、社会经济、流域土地利用等方面介绍都坝河流域孕灾环境特征。第 3 章由董廷旭、邱利平撰写，阐述都坝河流域新构造运动背景与特征，讨论流域地质灾害发育类型和时空分布规律。第 4 章由董廷旭、邱利平撰写，利用 GIS 空间分析技术和数理统计分析方法对都坝河流域进行地质灾害危险性评价。第 5 章由董廷旭、李春霞撰写，用层次分析法和 GIS 空间分析法，对都坝河小流域进行生态环境敏感性综合性评价，以期得到不同敏感区的空间分布特征并制定出相应的措施。第6章由董廷旭、邱豪、黄天志、王建华撰写，以都坝河流域2014～2018年的降水和地质灾害基础资料及地表覆被变化遥感影像数据作为数据源，将3S[RS、GPS（global positioning system，全球定位系统）、GIS]与RUSLE模型结合，定量估算出水土流失量，基于水土流失量与地质灾害风险等级分级评价水土流失等级，针对流域水土流失现状与生态环境修复重建，进行水土流失综合防治分区和水土流失防治措施制定。第7章由林孝先、严霜撰写，在充分收集研究区的地震受灾情况、灾后重建、灾后次生地质灾害的治理等资料的基础上，结合现场人居环境特征的调查，对人居环境适宜性进行综合研究，为乡村振兴和旅游产业发展的规划提供参考。第8章由林孝先、尹明辉和冉锦屏撰写，分别以都坝河流域典型的泥石流和滑坡灾害体为例，进行综合治理工程案例分析，为龙门山断裂带山区地质灾害评价和综合治理提供示范。

全书由董廷旭、林孝先、王飞统稿，由董廷旭审定。本书在编写过程中，作者指导的研究生张雪茂、邱豪、廖传露、王飞、严霜、崔淇琳、李鹏宇等做了大量工作，在此，对他们表示感谢。此外，我们还要特别感谢刘泉教授、何云晓教授、李辉副教授、马丽副教授、余波副教授对此项工作的大力支持和悉心指导。本书研究成果是在四川省科技厅应用基础研究面上项目"龙门山地震带小流域地质灾害综合防治对策研究——以北川县都坝河流域为例"（2019YJ0496）的资助下完成的。

地质灾害综合防治研究是一项技术性、综合性及应用性强的科技工作，涉及多学科交叉，理论与方法处在不断创新发展阶段，加之作者水平有限，书中疏漏在所难免，敬请各位专家、学者和广大读者指正与赐教。

董廷旭

2024年6月

目　　录

第1章 龙门山断裂带地理环境特征

1.1 自然地理环境概况

龙门山断裂带位于扬子地台的西北边缘,西南起自四川泸定县,向北东经汶川、都江堰、北川、青川直至陕西宁强县,长约500km。从地理位置上看,龙门山断裂带主要位于成都以西龙门山脉,中生代以来,该区域构造活动强烈,形成一个宽度在30km左右的逆掩断裂带,成为今日雄伟的青藏高原的东南边界,同时也是中国西部地质、地貌、气候的陡变带和重要生态屏障(Fu et al.,2011)。区域内褶皱、断裂构造发育,尤以冲断推覆构造占主导地位,自西向东依次由茂汶—青川韧性褶皱推覆构造带、映秀—北川脆韧性冲断推覆构造带和彭灌—江油脆性冲断推覆构造带组成,自西向东依次发育龙门山后山断裂、中央断裂、前山断裂(李勇和曾允孚,1995;林茂炳,1996)。因"5·12"汶川地震的影响,区内崩塌、滑坡、泥石流等地质灾害频发,对生态环境造成严重破坏,因而龙门山断裂带展布区域成为四川省地质灾害综合防治重点区域。龙门山断裂带区位图详见图1-1-1。

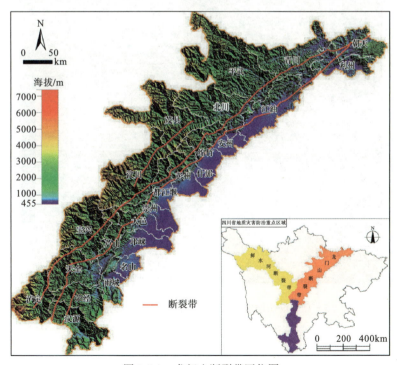

图 1-1-1 龙门山断裂带区位图

注:工作底图为《四川省标准地图·政区简图版》,审图号:川 S【2021】00059 号。

1.1.1 地形地貌

位于青藏高原东缘的龙门山断裂带是中国大陆地形第一级阶梯向第二级阶梯的过渡地带，主要由汶川—茂县断裂带、北川—映秀断裂带和彭县—灌县断裂带三条 NE—SW 走向的断裂带所组成，2008 年的"5·12"汶川地震导致沿北川—映秀断裂和彭县—灌县断裂形成了两条长度分别约为 270km 和 80km 的地表破裂带（图 1-1-2）。总体上看，龙门山断裂带展布区域地势自西北向东南降低，因断裂逆冲作用和河流切割作用的影响，地貌以中、高海拔大起伏山地为主，龙门山脉主峰九顶山海拔为 4898m；冲积、洪积平原占比低，主要分布于龙门山东部地区。龙门山断裂带展布区域的水系以横向河为主，流向与龙门山走向垂直，以深切河谷为特征，均汇入长江。该区域河流分为两种类型（李勇等，2006a），一类河流为贯通型河流，如岷江、涪江等，起源于青藏高原东部，流经并下蚀龙门山，进入四川盆地；另一类河流则为龙门山山前水系，如湔江、石亭江等，起源于龙门山中央山脉以东，流经并下蚀龙门山山前地区，进入四川盆地。

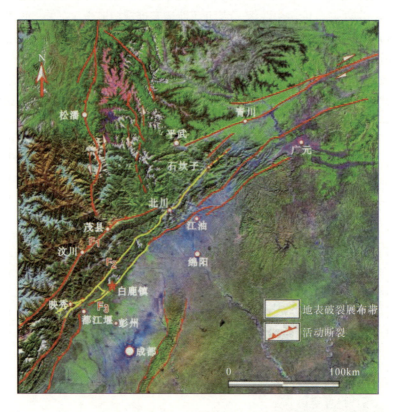

图 1-1-2 "5·12"汶川地震地表破裂带位置示意图［据王萍等（2009）修改］

F_1. 汶川—茂县断裂；F_2. 北川—映秀断裂；F_3. 彭县—灌县断裂

注：彭县现今已更名为彭州；灌县现今更名为都江堰。

1.1.2　地层岩性

龙门山断裂带地层构造复杂且具边界断裂特征，该区地层可分为龙门山地层、扬子地层、马尔康地层。扬子地层带位于彭县—灌县断裂与广元—大邑断裂之间，龙门山地层带位于北川—映秀断裂与彭县—灌县断裂之间，马尔康地层带位于青川—茂汶断裂与北川—映秀断裂之间(Norber, 1999)，如图 1-1-3 所示。该区处于昆仑—秦岭地层区龙门山分区，与南东侧扬子地层区相邻，地层由老到新序列较为完整，自元古宇至新生界均有不同程度出露，部分地层受龙门山断裂带切割影响在不同地区有所缺失，地层空间展布受构造带的优势走向控制多呈条带状沿 SW—NE 向或者近 EW 向分布(Xu et al., 2008; 王二七等, 2001)，龙门山地质构造图如图 1-1-3 所示。研究区地层断面如图 1-1-4 所示。

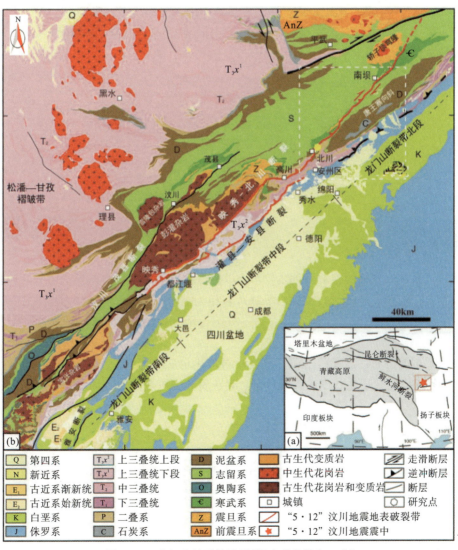

图 1-1-3　龙门山地质构造图［据李成龙等(2021)］

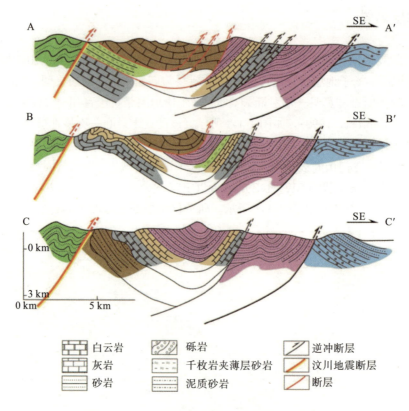

图 1-1-4　研究区地层断面图［据李成龙等（2021）］

1. 前震旦系

前震旦系基底包括康定群及通木梁群，以中深程度的片理化中酸性火山岩、片岩、千枚岩以及含石榴子石黑云母石英片岩等绿片岩相为主。

2. 震旦系

震旦系主要分布在后龙门山轿子顶复背斜及其北东方向一带。分为下统木座组及上统水晶组、蜈蚣口组厚层块状变质含砾砂岩、凝灰质砂岩以及灰白色结晶白云岩、绢云母石英千枚岩等。

3. 下古生界

（1）寒武系：沿中央断裂带呈条状分布，主要出露下寒武统油坊组含岩屑凝灰质砂岩、含岩屑砂岩及绢云母千枚岩。

（2）奥陶系：在龙门山中北段零星出现，出露龙马溪组灰黑色碳质页岩及宝塔组龟裂泥质灰岩。

(3)志留系：变质程度减弱，主要集中分布在后龙门山地区及前龙门山唐王寨大向斜的两翼地区，包括前龙门山松坎组、石牛栏组、韩家店组灰岩，后龙门山区碳质千枚岩、千枚岩、硅质岩、变质石英砂岩、微晶灰岩、砂质泥灰岩及绿色绢云母板岩等。

4. 上古生界

上古生界主要集中分布在前龙门山一带，以浅海、陆缘海相碳酸盐岩为主。

(1)泥盆系：包括下泥盆统平驿铺组石英砂岩、粉砂岩，甘溪组泥质粉砂岩、粉砂岩；中泥盆统养马坝组钙质砂岩及泥晶生物碎屑灰岩，观雾山组生物碎屑灰岩；上泥盆统沙窝子组钙质白云岩，茅坝组鲕粒灰岩、灰岩。

(2)石炭系：包括总长沟组、咸宁组、马平组灰色、紫灰色灰岩，局部见少量千枚岩。

(3)二叠系：包括下二叠统梁山组海陆交互相碳质页岩，栖霞组块状灰岩夹白云质灰岩、白云岩，茅口组厚层泥晶灰岩；上二叠统吴家坪组海陆交互相含煤铝土质黏土岩，大隆组黑色薄层硅质岩。

5. 中生界

中生界及新生界地层受造山运动影响，分布于前山带和构造前缘带。

(1)三叠系：主要分布在前山带，部分地区构造前缘带也有出露，包括下三叠统飞仙关组砂泥质灰岩、泥页岩，嘉陵江组灰岩、白云质灰岩；中三叠统雷口坡组灰岩、白云岩，天井山组灰岩；上三叠统马鞍塘组粉砂质、灰质泥岩，泥质、灰质粉砂岩，小塘子组泥岩夹黏土、薄煤层，须家河组长石石英砂岩与页岩互层、夹煤层。

(2)侏罗系：主要为砂砾岩沉积，包括下侏罗统白田坝组冲积扇相砾岩及砂泥岩互层；中侏罗统千佛岩组石英质砾岩及含长石石英砂岩、粉砂岩、泥，沙溪庙组长石石英砂岩、含钙泥质砂岩，遂宁组泥岩；上侏罗统莲花口组冲积扇群堆积。

(3)白垩系：主要为砾岩沉积，主要集中在龙门山前陆盆地。东部成都平原的第四系以冲洪积扇沉积为主，北部为新近沉积黄土。

另外，在研究区域西南部、中部和东北部地区还发育了大量侵入形成的花岗岩和喷出形成的火山岩等岩浆岩，川西高原地区的第四纪冰川堆积物也有较广泛分布。

1.1.3 构造活动

如前所述，龙门山断裂带包括三条主干断裂，该区域的地壳运动受控于上述断裂构造活动的影响。龙门山构造带的三条主干断裂晚第四纪以来均显示由北西向南东的逆冲运动，并具有显著的右旋走滑分量。将岷江上游阶面垂直变形量及根据阶面垂直变形量计算所得的各主干断裂逆冲速率列于表 1-1-1。可以看出，不同断裂切过岷江阶地面时，阶面产生了不同尺度的垂直位错(即阶面垂直变形量)。根据阶面垂直位错量和相应测年值计算可知，在龙门山构造带中，各主干断裂逆冲分量的滑动速率有自北西向南东逐渐减小的趋势，即从龙门山后山带至前山带主干断裂的逆冲作用越来越弱。

表 1-1-1　龙门山各主干断裂逆冲速率

参数	汶川—茂县断裂	北川—映秀断裂	彭县—灌县断裂
阶地级数	III	IV	III
阶面垂直变形量/m	20	39.6	12
断裂逆冲速率/(mm/a)	0.84	0.52	0.24

对龙门山活动断裂带的研究结果表明，其三条主干断裂晚第四纪以来均显示由北西向南东的逆冲运动，并具有显著的右旋走滑分量。利用岷江上游干、支流水平扭错量对龙门山活动断裂右旋走滑分量进行标定，结果表明，三条主干断裂的走滑分量滑动速率(0.71～1.4mm/a)属同一个数量级。其中，切过岷江支流河道的汶川—茂县断裂右旋走滑速率为1～1.4mm/a，穿越岷江干流河道的北川—映秀断裂和彭县—灌县断裂的右旋滑动速率分别为 0.94mm/a 和 0.71mm/a(表 1-1-2)。

岷江两岸河流阶地及冲沟侧壁也因活动断裂的右旋走滑运动而发生水平扭错，根据水平扭错量和相应测年值计算出龙门山各主干断裂的滑动速率为0.78～0.95mm/a。在不同参照体系中计算所得的活动断裂滑动速率平均值(汶川—茂县断裂：1.1mm/a；北川—映秀断裂：1.08mm/a；彭县—灌县断裂：0.79mm/a)表明，在龙门山构造带中，各主干断裂右旋走滑分量的滑动速率有自北西向南东逐渐减小的趋势，即从龙门山后山带至前山带主干断裂的走滑作用越来越弱(表 1-1-2)。

表 1-1-2　不同参照体系下计算所得的活动断裂滑动速率　　　　　(单位：mm/a)

参照体系	汶川—茂县断裂	北川—映秀断裂	彭县—灌县断裂
岷江干、支流河道	1～1.4	0.94	0.71
岷江阶地及冲沟侧壁	0.95	0.82	0.78
平均值	1.1	1.08	0.79

根据水系水平扭错量和相应测年值计算可知，在龙门山构造带中，各主干断裂右旋走滑作用有自北西向南东减弱的趋势。

1.1.4　气候与水文

龙门山断裂带地区属典型山地亚热带湿润季风气候与暖温带大陆性半干旱季风气候交汇区(国家减灾委员会和科学技术部抗震救灾专家组，2008)。受区域地形影响，在 SE—NW 方向存在明显的气候垂直分带现象，年平均降水量为 600～900mm，年降水日数为130～170 天，且集中分布于夏季，南部雅安、荥经等地区降水量最高可达 1640mm，西部高山地区降水量相对较少(约为 700mm)；受区域地形影响，气温和光照均不平衡，年平均气温为 12～16℃，该区气温分布随海拔上升而递减，整个区域气温呈现出西低东高的分布特征，形成了该区域鲜明、独特、多样化的垂直气候区：海拔 1000m 以下的平坝和丘陵地区属亚热带湿润季风气候区；海拔 1000～2000m 的中山和中高山区属山地凉湿气候区；海拔 2000～5000m 的高山和极高山地区属寒冷高山气候区(Moberg and Folke，1999)。同时，由于龙门山断裂带北西侧毗邻青藏高原，东南与四川盆地接壤，夏季受东南季风和西南季风影响，在龙门山东侧雨影(rain shadow)效应明显(马国哲，2013)：靠四川盆地一侧气候湿润，降水丰富；往青藏高原一侧降水则明显减少，气候相对干旱。龙门山东侧包含龙门山和鹿头山两个暴雨中心，是四川省降水最多之地，年降水量达 1300～1800mm，夏季暴雨频发。比较而言，龙门山断裂带地区西部背风坡的岷江河谷地区降水量较小，气候较为干燥(图 1-1-5)。

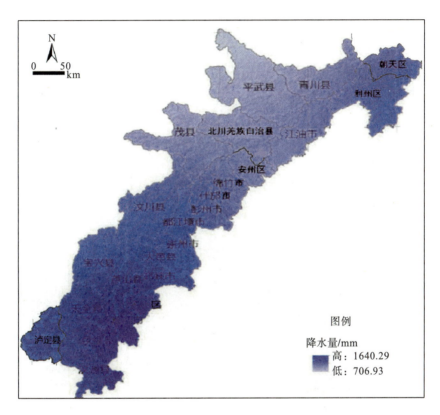

图 1-1-5　研究区年均降水量[据陈盼盼等(2017)]

　　龙门山断裂带地区位于高原气候区与季风气候区交界处，受大气降水和高山冰雪融水的共同补给，水系较为发育，从西南到东北依次发育有青衣江、岷江、沱江、涪江和嘉陵江等一系列斜交于龙门山断裂带的河流，河谷深切，沟壑交错(李奋生等，2015；王志等，2010)。该区河流可分为两种类型，一类属贯通型河流，包括岷江、涪江、嘉陵江等，起源于青藏高原东部，横穿龙门山并发生强烈的下蚀作用，然后流入四川盆地；另一类属龙门山前水系，包括湔江、石亭江等，起源于龙门山中央山脉以东，未穿过龙门山，而是流经山前地区并发生下蚀作用，然后流入四川盆地(李勇等，2006a)。

　　龙门山断裂带地区水文地质条件复杂，主要包括第四系松散堆积层孔隙含水层、侏罗系—白垩系碎屑岩裂隙孔隙-基岩裂隙含水层、震旦系—三叠系碳酸盐岩岩溶裂隙—基岩裂隙水以及前震旦系基底含水层四大含水层，且在褶皱和断裂构造共同作用下，各含水层之间相互联系(颜玉聪等，2021；陶广斌，2019)。

1.1.5　土壤与植被

据第二次土壤普查，龙门山断裂带地区共有 7 个土纲，28 个土类，55 个土地亚类(图 1-1-6)。受气候和降水影响，研究区土壤类型以黄棕壤、黄壤为主，面积约达 35.00%，主要分布在龙门山中部地区广元市利州区一雅安市荥经县一带；其次是紫色土、水稻土，面积分别达 11.52%和 11.16%，紫色土和水稻土主要分布在龙门山东部地区的荥经一广元一带；龙门山西部地区以棕壤、暗棕壤、寒冻土、山地草甸土为主，其次是粗骨土和石质土(陈瑶等，2006；陈盼盼等，2017)。

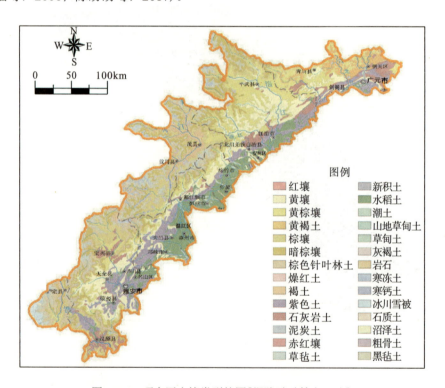

图 1-1-6　研究区土壤类型简图[据陈盼盼等(2017)]

龙门山地区整体植被覆盖度高，植被覆盖率达 90.00%以上；地势较为复杂，山高谷深，气候多样，形成了独特的植物区系，植物种类繁多，达 4000 种，尤其是古老植物种类多(陈瑶等，2006)。植被类型分布如图 1-1-7 所示。

由图 1-1-7 可见，研究区植被类型水平分布中，灌丛和栽培植被分布范围最广，分别占总面积的 26.91%和 26.61%，其中灌丛主要分布在研究区中西部汉源一平武县一带，而栽培植被主要分布在东部江油市南部、安州区东部、绵竹市东部、彭州市南部以及都江堰市南部等平原一带；其次是阔叶林和针叶林分布范围较大，占总面积的 37.22%，主要分布在平武县海拔相对较高的地区和广元市，以冷杉林、云杉林及马尾松林为主；草甸、高山植被、针阔混交林和草丛分布范围相对较小，占总面积的 9.26%，其中草甸主要分布于广元市以及江油市北部、北川羌族自治县北部、大邑都江堰交界处，以高寒蒿草、温带禾草为主。其他植被类型零星分布在研究区各个区域(洪艳，2020)。

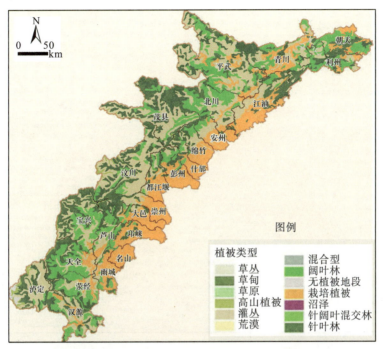

图 1-1-7　研究区植被类型分布图［据陈盼盼等(2017)］

受地形和气候影响，龙门山断裂带植被的垂直带谱明显，植被类型随着海拔的升高依次为常绿阔叶林、落叶阔叶混交林、针阔混交林、亚高山针叶林、高山灌丛、高山草甸和流石滩植被等植被类型。龙门山断裂带西北主要为岷江干旱河谷区，包括汶川和茂县，多年平均降水量为 500～800mm，年均温为 12.0℃左右，土壤类型主要为燥褐土、石灰性褐土、棕壤；植被类型沿着海拔的升高依次为干旱河谷灌丛、针阔混交林、亚高山针叶林。龙门山东西过渡和延伸区，包括北川、青川、平武等，为亚热带季风气候，多年平均降水量为 800～1200mm，年均温为 14.0℃左右，土壤类型主要为黄壤、黄棕壤；植被类型沿着海拔的升高依次为常绿阔叶林、常绿落叶阔叶混交林、亚高山针叶林(钱叶等，2017)。

1.2　社会经济环境概况

1.2.1　行政区划

龙门山断裂带地区(102°30′E～106°00′E；30°00′N～32°40′N)位于青藏高原与四川盆地

的交界地带，绵延 500 多千米，跨越甘孜、雅安、成都、阿坝、德阳、绵阳、广元 7 市(州)
所辖的 24 个县级行政区(朝天、青川、利州、平武、江油、北川、汶川、茂县、安州、绵
竹、什邡、彭州、都江堰、崇州、大邑、宝兴、芦山、邛崃、名山、天全、雨城、荥经、
汉源、泸定)，行政区划面积约为 50256.52km²(图 1-2-1)。

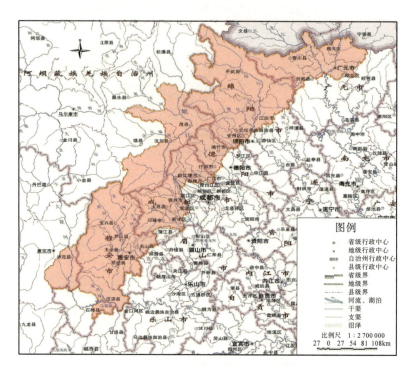

图 1-2-1　龙门山断裂带行政区划图

注：工作底图为《四川省标准地图·基础要素版》(审图号：川 S【2021】00055 号)。

龙门山断裂带地区是中国西部地区重要的生态屏障，对四川省的生态系统服务功能发挥
着重要作用，其西部属于川西高原，东侧毗邻成都平原，距成都最近 89km，北部与甘肃省
接壤，是中国著名的地质断裂带(王涛，2010)。区内主要交通干道为公路，包括 G213、G317、
G318 等国道(陈瑶等，2006)。广义的龙门山系岷山山脉，主要由北东走向的龙门山和近南
北走向的岷山组成，在地貌上是青藏高原与四川盆地的接合部位，也是中国大陆地形第一级
阶梯向第二级阶梯的过渡地带，是中国大陆西部地貌、气候的陡变带；狭义上的龙门山位于
四川省彭州市，处于四川盆地向青藏高原过渡区的龙门山脉中段(马国哲，2013)。

1.2.2　人口与城镇化

截至 2020 年底，龙门山断裂带地区各县(市、区)的年末常住人口为 808.40 万人，占
四川省总人口的 9.66%；其中城镇人口 426.50 万人，乡村人口 381.90 万人；常住人口城
镇化率为 48.90%，该区常住人口密度约为 160.85 人/km²。

受该区地理环境影响，人口分布极不平衡，以广元市区—绵阳市区—德阳市区—成都市—雅安市区一线为界，西部人口稀疏，东部人口密集(图 1-2-2)。阿坝州的汶川县、茂县以及雅安市的高山丘陵区的名山区、汉源县等不仅是自然灾害危险度等级较高的区域，也是生态环境十分脆弱的地区，人口集聚度明显低于其他地理单元；成都平原周边的县(市、区)以及各个市(州)的城镇区自然地理环境条件较为良好，是人口集聚度高的地区，其社会经济发展程度相较于其他区域处于明显的优势地位。

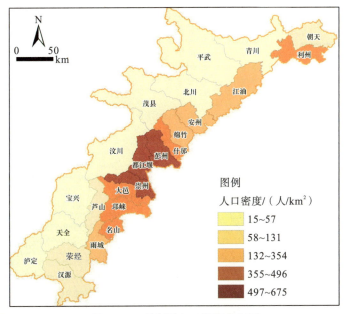

图 1-2-2　研究区人口密度分布图

特殊的地理条件和人口构成极大地影响了研究区人口的迁移流动，张兴月等(2019)研究表明，该区域人口 2010 年以流出为主，占比达 73.81%，处于人口迁出的高峰期；到 2015 年，人口迁移的流动方向由流出向流入转变，人口流入占比达 76.19%，其原因可能与全国农民工返乡创业的大趋势有关，同时也是地震后灾后重建吸引人口回流所致。从空间上看，人口流入最集中的区域是中段县(市、区)，流出强度最明显的地区分布在北段西部地区，侧面证明了经济发展对人口流动的促进作用。

1.2.3　社会经济

总体而言，龙门山地区在四川及整个西南地区拥有独特区位优势及资源优势，具有独特发展优势及发展潜力，并对成渝经济圈及整个西南地区经济社会快速发展具有辐射带动作用。据地区生产总值统一核算初步结果，2020 年龙门山断裂带地区生产总值达 4805.28 亿元，占四川省地区生产总值的 9.89%，其中人均地区生产总值为 56453.17 元。龙门山地区各县(市、区)的经济发展水平不一，龙门山断裂带地区经济发展内部差异十分明显(图 1-2-3)，西部人口稀疏，经济欠发达；东部人口密集，经济发展水平较高(洪丹和陈晓东，2021）。除成都市隶属的县（市、区）外，其他地区的社会经济发展水平明显低于全省平均水平，整体经济发展水平特征表现为研究区东部地区发展水平高于研究区西部地区，其中，彭州、江油、都江堰、崇州、什邡、绵竹等县（市）的经济发展水平较高；青川、平武、茂县、宝兴、芦山、泸定等县（市）的经济发展水平较低；朝天、北川、汶川、名山、天全、荥经、汉源等县（区）经济发展水平大致居于上述两类中间发展水平。

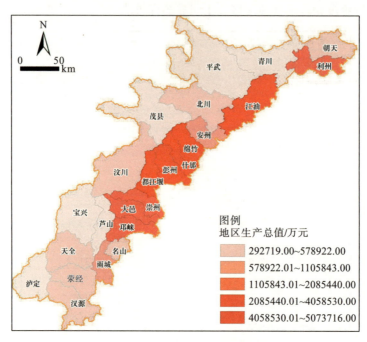

图 1-2-3　研究区县域地区生产总值等级分布图

　　值得一提的是，龙门山断裂带地区的旅游资源丰富、历史悠久、富集程度高、类型齐全、特色鲜明、组合条件优良、世界级品牌众多，在四川省乃至全国的旅游业中都居于重要地位。

1.3　自然灾害概况

1.3.1　地震

　　龙门山断裂带具备三条发生 7 级以上地震可能的主干断裂（图 1-3-1），地震灾害具有分布范围广、难以监测等特征，且易在地震灾害之后造成崩塌、滑坡、泥石流等次生山地灾害。2008 年汶川 8.0 级地震发生在龙门山断裂带中段，震源深度约为 19km。地震发生时，发震断裂的逆冲和右旋走滑作用导致沿北川—映秀断裂和彭县—灌县断裂分别发育长度约为 270km 和 80km 的地表破裂带，连接上述两条断裂的小鱼洞断裂（小鱼洞断裂属于北川—映秀断裂与彭县—灌县断裂之间的枢纽断层，是在汶川地震中由于龙门山逆冲体之间的差异逆冲运动而形成的断裂)也同步破裂,其地表破裂带长约 6km。从龙门山断裂带周缘历史地震活动来看,"5·12"汶川地震前,龙门山断裂带展布区域的破坏性地震活动较弱。根据历史地震记载信息可知(张红艳,2014),龙门山断裂带南段,距离 2008 年最近 1 次的地表破裂型古地震发生于距今 3300~2300 年;"4·20"芦山地震后野外考察结果表明,龙门山断裂带南段耿达—陇东断裂未发现晚更新世以来的新构造运动地貌证据,盐井—五龙断裂仅在晚更新世早期存在活动迹象;根据历史地震资料记载,龙门山断裂带南段至少在过去的 1100 多年内未发生过 7 级以上大地震。龙门山断裂带北段,据历史地震资料记载,在 2008 年前约 1700 年未发生过 7 级以上地震。

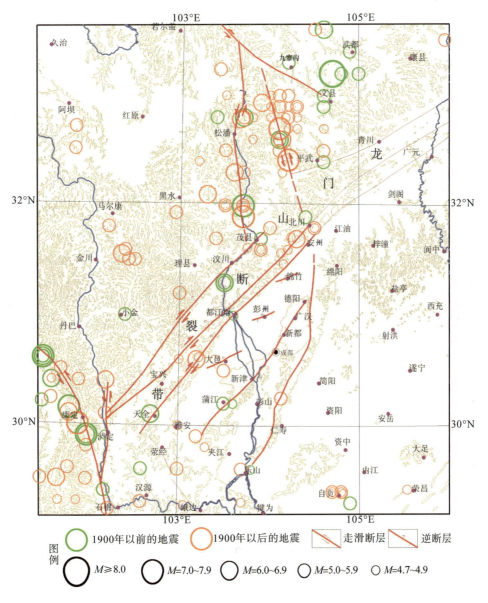

图 1-3-1　青藏高原东缘 $M \geqslant 4.7$ 级地震震中图[据李勇等(2006b)]

总体来看，"5·12"汶川地震之前 1700 年间，龙门山断裂带的三条主干断裂均没有 $M \geqslant 7$ 的高震级破坏性地震记载，该时间段成为龙门山断裂带的地震空期，因而，发生于 2008 年的汶川地震(发震断裂为北川—映秀断裂)和发生于 2013 年的芦山地震(发震断裂为彭县—灌县断裂)的发震断层处于高应力闭锁状态。

1.3.2 地质灾害

龙门山断裂带的区域地理环境要素十分复杂。首先，该区域在气候上属于亚热带季风气候，地形上以山地为主，河流密布，地形地貌复杂致使研究区各地气候差别较大，降水、气温和光照均不平衡，极易造成山体滑坡、泥石流、洪涝等自然灾害(张兴月等，2019)。例如，"5·12"汶川地震重灾区西南部的雅安和乐山等地区是年降水量最多的区域，汶川地震期间受灾严重的北川是四川省的暴雨中心之一，年降水量最高达 1280mm，暴雨日数可达 10 天，茂县和汶川的年降水量仅为 484mm 和 524mm，而都江堰年降水量为 1178mm。因此，研究区以地震诱发的次生地质灾害和强降雨诱发的地质灾害为主。

首先，从"5·12"汶川地震诱发的地质灾害类型来看，其触发的地质灾害以崩塌、滑坡和碎屑流(群)或崩滑-碎屑流为主，其次还包括砂土液化和地面塌陷等。地质灾害按形成机制与发育特征具体分为以下 5 种基本类型(王涛，2010)。

1. 滑坡

龙门山断裂带滑坡约为 7169 处(截至 2015 年)，按规模等级分：特大型 8 处，大型 138 处，中型 1026 处，小型 5997 处；按险情等级分：特大型 13 处，大型 36 处，中型 746 处，小型 6374 处。滑坡数量多、密度大。在空间上主要沿龙门山断裂带呈带状分布和沿河流水流呈线状分布。滑坡类型主要包括地震助滑推动式滑坡、振动碎裂推动式滑坡、振动崩塌加载推动式滑坡、振动错落转移式滑坡 4 种类型。汶川地震以后，地震形成的滑坡表现为滑坡类型多样、规模大，规模超过 1000 万 m^3 的巨型滑坡就有 30 余处。同时，在强地震动作用下，大型滑坡具有明显的气垫效应，滑速快、滑距远、碎屑化、危害大的特征显著。随着坡体逐渐趋于稳定，滑坡逐渐转变为降雨激发型滑坡。

滑坡(滑坡-堰塞湖)是"5·12"汶川地震诱发地质灾害的主要类型之一，也是造成人员伤亡和财产损失最为严重的灾型之一，且通常发育在河流岸坡，堵塞河流形成大量堰塞湖，因此不仅即时破坏能力强大，堰塞湖失稳溃决的危险性对下游承灾体还造成长期威胁。汶川地震重灾区较为著名的滑坡-堰塞湖包括安县茶坪乡肖家桥滑坡-堰塞湖和唐家山、马家梁及水草坝滑坡-堰塞湖等。

2. 泥石流

龙门山断裂带是泥石流多发区，泥石流类型包括坡面型泥石流、冲沟型泥石流、沟谷型泥石流。截至 2015 年，区内约有 1528 处泥石流沟，按规模等级分：特大型 42 处，大型 268 处，中型 616 处，小型 602 处；按险情等级分，特大型 20 处，大型 36 处，中型 300 处，小型 1172 处。"5·12"汶川地震以后，泥石流的活动特征主要表现在泥石流数量增多、规模增大、频度增加、临界降雨强度降低，多发育黏性泥石流，震后泥石流形成的临界雨量明显降低，泥石流暴发的高频性与群发性特征显著，泥石流密度提高 10%～30%，原来定性为稀性或过渡性的泥石流沟转化为过渡性或黏性泥石流沟，泥石流流量普遍增大，可增大规模为 50%～100%。地震前被判识为非泥石流沟的流域，地震后普遍转化为泥石流沟，泥石流形成将由降雨控制型逐步转为松散土体控制型。

"5·12"汶川地震期间的持续性降雨作用，导致大量的崩滑堆积物形成泥石流。由于泥石流的形成过程具有滞后性，且可防御性要强于地震崩滑灾害，造成伤亡相对较少，但是在震后恢复重建及未来生产生活中，对于结构被扰动破坏的岩土体及堆积于坡体表层的大量松散地震崩滑体，极易被强降雨诱发形成泥石流灾害，这也是震后灾区数年内须面临的最主要地质灾害形式，如北川县曲山镇黄家坝村张家沟泥石流。

3. 崩塌

龙门山断裂带崩塌主要分为三种类型：岩质崩塌、土质崩塌、混合型崩塌。区内崩塌约达 2423 处，按规模等级分：特大型 16 处，大型 126 处，中型 450 处，小型 1831 处；按险情等级分：特大型 3 处，大型 10 处，中型 219 处，小型 2191 处。区内崩塌主要呈线状分布，同时具有一定离散分布，灾害数目多，且较为集中，分布密度大。"5·12"汶川地震触发的边坡崩塌多出现在坡面变坡点、凸起点及端点处，失稳岩体多以一定的初速度水平抛出，撞击坡面后，上 1/2 坡面滚石运动主要方式为跳跃、滚动，下 1/2 坡面以滚动、滑动为主，而边坡上 1/2 段停住的滚石多以滑动为主，下 1/2 段停留的则以跳跃、跳跃-滚动、跳跃-滑动为主。

"5·12"汶川地震灾区地层岩性繁多，且岩体内部结构面发育程度不一，因此岩体破碎程度差异较大，相应的地震诱发崩塌灾害也分为两种，其一为崩积物由大量岩体组成，区域空间分布较广泛，破坏能力强大，是造成伤亡显著的地质灾害类型之一；其二为巨大滚石灾害，崩积物通常以孤石为主，不包含细粒物质，造成损失相对较小。由于崩塌堆积物的块度整体相对较大，细粒碎屑物质较少，相比滑坡及浅层碎屑流灾害而言，通常不易形成泥石流的物源补给，以一次性危害方式为主。

4. 碎屑流

坡体浅表层碎屑流是"5·12"汶川地震灾区分布面积最为广泛的灾害类型，通常碎屑流体厚度较小，从数十厘米至数米不等，发育形式包括单体线状碎屑流和成群成片发育的碎屑流群两种。通常单体碎屑流在震后一定时期内通过植被自我恢复即可还原本来面貌，如北川县播鼓镇干溪沟口南侧山坡的线状碎屑流，截至 2009 年 9 月（共计约 16 个月）已大部分恢复了震前山坡形态，不易造成较大损失。尽管碎屑流的直接破坏能力较之崩塌和滑坡灾害明显偏弱，但由于碎屑流体块度通常较小，尤其群片式碎屑流群(如北川县曲山镇沙坝村湔江左岸碎屑流群)易被河流或降雨搬运补给形成泥石流，这也是震后地质灾害长期隐患的主要形式。

5. 崩滑-碎屑流

崩滑-碎屑流在国际通用的滑坡分类中称为 debris avalanche，通常具有规模巨大及高速远程的特征，体积可达数亿立方米，滑移距离可达数千米之远，滑移速度可达每秒百余米，破坏能力强大，不易防御规避，且大量的松散碎屑物堆积于沟谷之中，极易形成降雨诱发泥石流。根据源区崩滑体的形成机制和运动特征不同，崩滑-碎屑流可以分为以剪切滑动为主的滑坡-碎屑流和以拉裂破坏为主的崩塌-碎屑流，以及复合型式的崩滑-碎屑流，如绵竹市清平镇文家沟滑坡-碎屑流、北川县曲山镇棉角坪崩塌-碎屑流。

"5·12"汶川地震诱发的崩滑-碎屑流地质灾害空间分布特征主要表现在受控于龙门山断裂带、地形地貌及水系沟谷等要素；时间序列分布明显具有同震性、滞后性以及链生性等特征。

从地质灾害空间发育及分布性特征(王涛，2010；国家减灾委员会和科学技术部抗震救灾专家组，2008)来看：第一，"5·12"汶川地震诱发的地质灾害的分布与龙门山断裂带关系紧密，龙门山映秀—北川断裂是发震主断裂，地震诱发的地质灾害沿龙门山断裂带呈带状密集发育，且地质灾害活动强度与断裂带的地震活动强度具有较好的一致性，无论从断裂带整体，还是从各条主干断裂带而言，都具有 SW 段地质灾害强度高于 NE 段的"纵向"分段性，以及中央断裂带地质灾害强度高于后山和前山断裂带的"横向"差异性。与此同时，地震地质灾害分布具有明确的"上盘效应"，即各主干断裂带上盘地区的地质灾害发育强度明显高于下盘地区，指示地震诱发崩滑-碎屑流的发育机制与上下盘的相对运动方式关系密切。并且，绝大部分重大典型的灾难性崩滑-碎屑流灾害均分布于主中央断裂带两侧 5km 范围内，进一步指示了断裂活动对崩滑-碎屑流发育的控制作用。第二，地质灾害的分布还与水系及地形要素密切相关，龙门山是长江上游主要支流青衣江、岷江、沱江、涪江等水系的发源地，且区域内水系发育，沟壑纵横，河流下切作用强烈，形成一系列 V 形谷。通过调查发现，在受断裂控制的崩滑-碎屑流密集分布区域，空间分布并不均衡，在主要河流及其支流的沿岸地区呈更为密集的线状分布态势，典型流域包括石坎河、湔江、绵远河及岷江流域。此外，崩滑流多发的流域由北向南还包括清江河、涪江、平通河、安昌河、凯江及石亭江等。由于河流及沟谷发育于高山峡谷地区，地形切割强烈，岸坡陡峻，地质灾害多发也指示了斜坡破坏与地形地貌的关系密切。

地质灾害的时间分布特征(王涛，2010)主要表现在地震重灾区的山坡岩土体在地震动作用下，尽管并没有都发生失稳破坏，但是岩土体结构均受到不同程度的扰动和弱化，对主震之后的余震及降雨活动较为敏感，因此形成崩滑-碎屑流等新生地质灾害的潜势甚至强于震前时期。相比余震触发崩滑灾害，降雨诱发泥石流对人员和财产的威胁更为严重。

1.3.3 生态环境问题

龙门山断裂带的生态环境问题集中体现在川西南山地区和西北高原区两个区域(陈盼盼等，2017)。①位于川西南山地区的县(市、区)(如雅安汉源)，拥有宝贵丰富的水资源和生物资源，给区域提供的水源涵养服务价值和生物多样性保护功能价值均是非常高的，但是一方面，频繁发生的各种地质灾害造成龙门山地区生态系统的水土保持能力下降，区域内出现严重水土流失问题，生态环境的稳定性得不到保障，从而使生态系统更加脆弱敏感；另一方面，水利工程的大力开发对干热河谷地带的生态造成了一定程度的影响，河谷出现较严重的荒漠化。②位于川西北高原区的县（市、区）（如汶川县、茂县等），生态环境总体特征表现为动植物种类较多，海拔较高，坡度较大，土地表面相对而言破碎度大。该区域的居民大多从事畜牧业，常年放牧给草地生态系统带来很大压力，产生了一系列生态问题，如草地沙化等。此外，受区域地形环境影响，川西北高原区地质环境不够稳定，极易发生地质灾害，地质灾害的发生是该区域自然资源面临的巨大挑战，尤其是"5·12"汶川地震给龙门山地区生态环境造成了不可估量的损失。

总而言之，龙门山地区自然生态系统稳定性较差，威胁生态安全的因子很多，为了保证龙门山地区生态服务能力保持稳定，基于生态系统服务功能评估构建龙门山地区生态安全格局，可以为后续制定龙门山地区生态环境治理的解决方案提供决策依据。

第 2 章　都坝河流域孕灾环境特征

流域是地球表层相对独立的自然地理系统单元，是指山脊线内包围的所有集水区域，以水系为纽带，将系统内各个地理环境要素连接成一个不可分割的整体(巩杰等，2018)。流域不仅是一个自然生态系统，也是一个社会生态系统，是一个自源头到河口的独立而完整的水文系统，包含各种各样的自然资源，如水资源、土壤资源、动植物资源等，流域内基础设施建设、社会经济的发展也是其重要组成部分，因此以流域为单元研究其生态环境保护及生态修复成为脆弱生态区生态修复与生态重建工作的基础。

都坝河流域位于四川三大地质灾害重点区域之一的龙门山断裂带北川羌族自治县东北部，属"5·12"汶川地震震中地区，也是地震灾害极重灾区。"5·12"汶川地震不仅诱发了为数众多的崩塌、滑坡、泥石流等次生地质灾害，而且导致大量松散固体物质的产生，为泥石流形成创造了丰富的物质条件。在震后数次强降雨历史事件中，都坝河流域出现了高频度、大范围、群发性泥石流灾害，造成了严重的人民生命财产损失和水土流失。同时，大规模的泥石流固体物质排入都坝河，造成主河道河床淤高，甚至堵断河道形成堰塞湖，对下游场镇构成巨大威胁。据不完全统计，仅陈家坝镇在"5·12"汶川地震及"9·24"群发性泥石流灾害中就造成741人死亡, 14个村69个村民小组8000余人受灾，46个小组整体被毁，全乡1756户6558人失去居住和生存条件，损毁耕地4486.72亩(1亩≈666.7m^2)，退耕还林3884.73亩，损毁耕地约占全乡总耕地面积的50%，为此，本着"以人为本"的治理思路，考虑到地质灾害防治工作的轻重缓急，国家投入了大量的资金对都坝河小流域内存在直接威胁居民生命财产安全的地质灾害隐患点进行了全面的工程治理和应急排危工作，经过十多年综合防治(2008~2020年)，都坝河流域两岸的单点地质灾害治理取得了明显的效果，有效保护了沿河两岸居民的正常生产生活(李春霞，2018；邱利平，2018)。

2.1　流域自然地理环境概况

2.1.1　地理区位

都坝河流域是北川县较为重要的一条河流，其地理位置在北川县的东北部，属于湔江流域，隶属于涪江水系。都坝河流域涵盖都贯乡、陈家坝镇绝大部分区域，桂溪镇、曲山镇少部分区域，北靠平武县，东临桂溪镇，东南临江油市，西为北川白坭、漩坪乡，西南临曲山镇，南距北川新县城约20km。研究区地处 31°52′6″N～32°6′55″N, 104°24′56″E～

104°38′34″E，总面积约为 310km²，省道 S105 从流域的东南部穿过(图 2-1-1)。

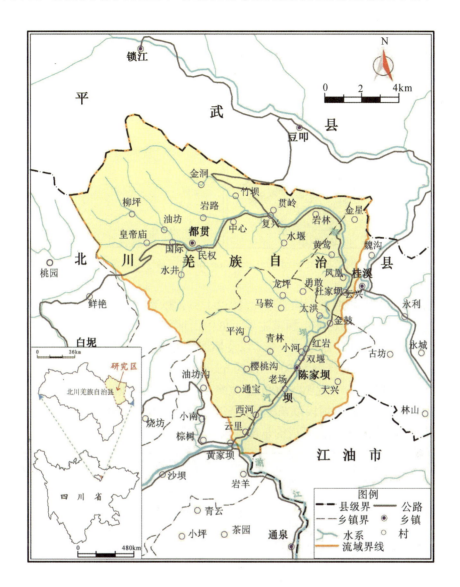

图 2-1-1　都坝河流域区位图

注：据北川县 2020 年行政区划数据和北川县标准地图(图审川〔2016〕27 号)。

2.1.2　地形地貌

都坝河流域以山地地形为主，西北高、东南低，最大高差大于 1000m，地势起伏大，干支流沟坡较大。流域内有平坝、低山和低中山微型地貌分布，以低中山为主，其分布涵盖都贯乡全境，陈家坝镇的大部分区域，桂溪镇和曲山镇的小部分区域。最高点位于西北大松包，海拔 2306m，最低点位于曲山镇黄家坝河流出口处，海拔 602m，如图 2-1-2 所示。

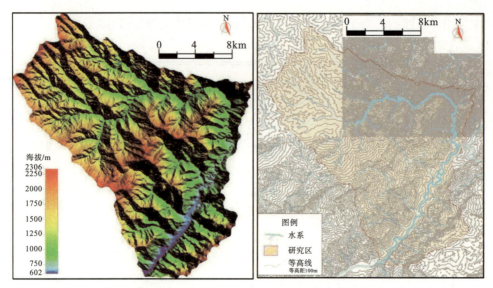

图 2-1-2　都坝河流域 DEM（digital elevation model，数字高程模型）与等高线图

　　都坝河流域主要跨越两类大地貌单元（图 2-1-3），以贯岭—陈家坝为界，东部以低山地形为主，属于溶蚀-侵蚀构造；西部主要为低中山地形，属于侵蚀构造。侵蚀构造低中山在空间分布上主要集中于都坝乡一带，以及都坝河流域贯岭—陈家坝段以西地区，海拔主要在 800～1800m，相对高差为 500～1000m。都坝河流域沟谷发育，水系呈树枝状，V形河谷和 U 形河谷广布，谷宽 50～200m，宽窄不一。侵蚀溶蚀低山在空间分布上主要集中于都坝河流域贯岭—陈家坝段以东区域，海拔集中于 700～1400m，相对高差在 200～500m，属受龙门山构造影响而形成的东南向倾斜低山。

图 2-1-3　都坝河流域地貌类型分布图

2.1.3　气象气候

　　都坝河流域地处川西高原东缘与四川盆地过渡地带，绵阳市北川县东北部区域，气候类型属于亚热带湿润季风气候区，热量条件属中亚热带，具有冬暖夏凉、无霜期长、降水充沛、夏季容易发生极端暴雨、秋季有绵雨等气候特点。北川县是四川省两大暴雨中心之一，北川县气象局数据统计结果表明，北川县多年平均降水量为 1408mm，最大年降水量为 2340mm，最小年降水量为 619.8mm，日均最大降水量达 101mm，日均最小降水量低至 32mm。在时间分布上，降水夏秋多(尤其是 6～9 月)、冬春少，夏秋季节的降水量占全年降水总量的 71%～76%；在空间分布上，降水东南多、西北少，呈现出东南向西北递减的特点。2008 年 9 月 23 日 8 点至 24 日 7 点北川县出现 20 年以来的一场特大暴雨，县内平均降水量约为 150mm，陈家坝镇日均降水量高达 279mm，诱发了一系列地质灾害，破坏流域生态环境，给当地经济生产生活带来极大威胁。据 2009～2020 年北川县气象局气象数据表明，都坝河流域年均降水量为 1230.5mm，7～8 月降水量为 647.4mm，超过全年总量的 50%。

2.1.4　河流水文

　　北川县都坝河是湔江(通口河)的一级支流，涪江二级支流，嘉陵江三级支流，长江四级支流，发源于都贯乡的大松包—千岩窝—斗争殿地区的山地，流向为西北向东南；在都坝汇流后，接纳梯子岩沟，折而流向东北；在中心村汇入凤神庙沟，转而向东流；汇入金洞沟、戚家沟、无名沟等，经贯岭，在金星村转向总体向南流；经桂溪流向西南，与杨家沟、青林沟等支流汇合，再流经陈家坝于其东南方 8km 处汇入湔江(图 2-1-4)。都坝河流程长约 48km，流域面积为 310km²，流域内最高点为大松包(海拔 2306m)，最低点位于湔江与都坝河流域的交汇处(海拔 602m)，高差约为 1704m，下游纵坡降越来越缓慢(表 2-1-1)。

表 2-1-1　都坝河流域主河道地形特征参数表

分段沟道	长度/m	落差/m	纵坡降/‰
杜家坝—杨家沟	9700	95	9.79
杨家沟—青林沟	3600	30	8.33
青林沟—黄家坝	8410	60	7.13

　　都坝河流域支沟众多，在凤凰村—黄家坝段，主要的支沟有杨家沟、青林沟、羊肠子沟、樱桃沟、头道河沟等，除都坝河平均纵坡降较缓外，其余各沟平均纵坡降多在 105‰～426.3‰，平均纵坡降最陡的为头道河沟，达 426.3‰，一般而言，河流面积越大，其纵坡降越缓(表 2-1-2)。

　　都坝河(杜家坝—黄家坝)河道长 21.7km，右岸大的支沟有杨家沟、青林沟、樱桃沟、青地沟，左岸有羊肠子沟，头道河沟。河道海拔由 793m 变为出口处的 604m，该段河床平均纵坡降为 8.76‰，河床宽 95.5～140.5m，平均宽约 106.4m。河道总体顺直、宽阔平坦，但在多条泥石流沟口受泥石流挤压明显，河流偏向左岸。

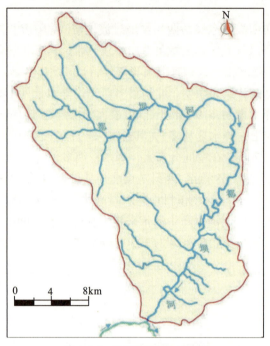

图 2-1-4 都坝河流域水系图

表 2-1-2 都坝河流域主要支沟地形特征参数表

序号	沟名	流域面积/km²	沟道长/m	沟顶海拔/m	沟口海拔/m	平均纵坡降/‰
1	杨家沟	25.5	7791	2081	671	181
2	头道河沟	7.8	3408	2118	665	426.3
3	青林沟	23.7	9900	1730	660	105
4	羊肠子沟	5.8	3746	1937	660	208.5
5	樱桃沟	18.5	7000	2349	656	241.8

都坝河属于山区小流域，无水文、气象观测站，根据调查访问，河水水位一般为 1.2～1.5m，枯水期水位为 0.50～0.98m。依据《四川省水文手册》计算出都坝河流域年平均径流量为 6.22m³/s。根据都坝河流域综合整治项目组实际调查，都坝河陈家坝段 20 年一遇的洪水高约 3.4m；通过调查数据计算得出 20 年一遇都坝河洪水流量为 2003.12m³/s，50 年一遇都坝河洪水流量为 2636.27m³/s，100 年一遇都坝河洪水流量为 3158.07m³/s。

2.1.5 土壤植被

都坝河流域的岩体主要是由砂页岩、灰岩、板岩和千枚岩等构成的；土壤的类型主要有黄土、黄棕土、粗骨黄土、粗骨棕壤等，粗骨黄土分布面积最广，集中于都贯乡、陈家坝镇以及曲山镇，面积约为 152km^2，占流域总面积的 49%；其次是粗骨棕壤，集中分布在都贯乡和陈家坝镇的交界地带，面积约为 115km^2，占流域总面积的 37%；黄土和黄棕壤各占流域面积的 6.5% 和 7%，黄棕壤集中分布于都坝河小流域的西北部，黄土分散分布，主要在桂溪镇和都贯乡相邻区域。中低山与低山的土层总体较薄，厚度大多小于 30cm。

都坝河流域主要分布有亚热带的落叶阔叶林、经济林、灌木林等不同植被类型，其中分布面积较大的是硬叶阔叶林和灌木林，硬叶阔叶林集中分布在都贯乡的西北部，灌木林集中分布于陈家坝镇和桂溪镇，区域内土壤植被呈带状分布。

2.2　流域地质环境概况

2.2.1　地质构造

从地质构造位置上看，研究区位于龙门山断裂带，隶属于龙门山地槽地带。龙门山地槽形成于元古宙，发展于震旦纪，经历阿森特地质运动、加里东地质运动、华力西地质运动和印支地质运动，板块挤压形成褶皱构造，再经燕山地质运动最终形成。都坝河流域内的地质构造为东北走向，与地层界线和岩层走向保持一致。流域的地层主要涉及古生界的寒武系、奥陶系、志留系、泥盆系及新元古界的上震旦统。

对都坝河流域地层分布及构造发育特征起主要作用的是北川断裂带，位于青藏高原东部边缘的龙门山构造带内，由一系列北东向展布、左行雁行斜列的紧密褶皱和数条主干大断裂及次级断层系组成。北川断裂带是“5·12”汶川地震的一个重要地带，它属于龙门山断裂带的主中央断裂，位于前龙门山褶皱带与后龙门山褶皱带的分界线上，是映秀—北川断裂带向北的延伸段。北川断裂带主要位于北川县的擂鼓—曲山—陈家坝一带，至陈家坝场镇向西北方向延伸，北川断裂带所经之地距离陈家坝场镇仅 400～600m，整体向西北方向倾斜，倾角为 60°～70°，为寒武系的砂岩，逆冲于志留系、泥盆系乃至石炭系之上，向下切割深度较大，垂直断距达千米以上。北川断裂带北西、西侧大面积出露寒武系砂岩，其风化强烈，岩石破碎，多以残坡积碎块石土出露在大于 25°斜坡上，为泥石流、滑坡等地质灾害的形成奠定了物质基础。

都坝河流域内有大鱼口背斜、半山腰背斜、复地铺背斜、老林口背斜、青林口背斜以及北川断裂 6 个主要地质构造(图 2-2-1)。大鱼口倒转复背斜自西南向北东贯通该片区；青林口倒转复背斜向东北方向延伸；震旦系属于碳硅质含锰岩石，这些岩石构成背斜核部，西北部地区分别是寒武系和志留系，东南部地区受断层影响褶皱断层较多，地层较零乱；老林口倒转复背斜向北东 45°方向伸展，倾角为 60°～70°，轴线经老林口、漩坪、椒山一线，中间部分最新的地层为下泥盆系平驿铺群石英砂岩，褶皱两侧属于志留系茂县群。

图 2-2-1　研究区地质构造示意图

2.2.2　地层岩石

都坝河流域的地层主要属于扬子一级地层区龙门山分区，出露的主要地层有新元古界的震旦系，下古生界的寒武系、奥陶系、志留系、泥盆系及第四系(表 2-2-1)。其中上震旦统有邱家河组、芍药沟组、天桥组和黄洞子沟组地层，主要分布于陈家坝一带，区内岩石主要是由碳酸盐岩、部分硅质岩及碎屑岩构成的。上层分布石灰岩、硅质岩、浅灰色白云岩、黑色碳质页岩，中层分布有夹碳质页岩、白云岩、砂岩，底层分布棕红色粉砂质泥岩、灰色白云岩、粉砂岩、砂质页岩等；北川断裂带西北部的清平组地层，属于下寒武统，呈条带状分布，区内主要为灰色的粉砂岩、暗紫色的砂岩、暗灰色的硅质岩、绿色钙质磷块岩 4 类岩石；宝塔组地层属于中奥陶统，主要分布有泥灰岩、灰岩 2 类岩石；茂县群的第三亚组、第二亚组、第一亚组地层属于上中志留统，主要分布有砂岩、板岩、千枚岩、夹石英脉、灰岩夹千枚岩等，在变质作用下区内岩石有轻微变质。

其中，都坝河流域(凤凰村—黄家坝段)片区主要分布志留系茂县群变质岩和寒武系清平组砂岩、硅质岩。凤凰村—黄家坝河段内变质岩分布面积最广，尤以茂县群千枚岩、板岩为主，是区内主要的易滑岩层。而规模较大的崩塌主要发生在灰岩、白云岩、砂岩等厚层硬岩地层中。

表 2-2-1　地层岩性简表

界	系	统	组和亚组	符号	厚度/m	岩相	岩性简述
古生界	泥盆系	上泥盆统		D_3t	200~791	浅海相	白云岩、白云质灰岩
		中泥盆统	观雾山组	D_2g	0~1100	浅海相	石灰岩、砂页岩、泥质灰岩、石英砂岩、赤铁矿
			养马坝组	D_2y	0~358	浅海相	石灰岩、砂岩、页岩夹赤铁矿、方铅矿
			甘溪组	D_2g	0~499	浅海相	粉砂岩、砂岩、页岩夹灰岩
		下泥盆统		D_1pn	0~1955	滨海相	粉砂岩、石英砂岩
				D_1ln	0~40	浅海相	碳质板岩、硅质岩
	志留系	上中志留统	茂县群	第三亚组 $S_{2-3}mx^3$		浅海相	千枚岩、砂岩、板岩、夹石英脉
				第二亚组 $S_{2-3}mx^2$	230	浅海相	灰岩夹千枚岩、砂岩
				第一亚组 $S_{2-3}mx^1$		浅海相	千枚岩夹灰岩
	奥陶系	中奥陶统	宝塔组	O_2b	0~92	浅海相	泥灰岩、灰岩
	寒武系	下寒武统	清平组	€_1q	482~860	浅海相	粉砂岩、砂岩、硅质岩、钙质磷块岩
新元古界	震旦系	上震旦统	邱家河组	Zbq	160~650	滨海相	页岩、硅质岩、白云岩、灰岩、含锰矿
			芍药沟组	Zbs	445~640	滨海相	白云岩、页岩、粉砂岩
			天桥组	Zbt	350	滨海相	白云岩、石灰岩、硅质岩、页岩、砂岩
			洞子沟组	Zbw	86	滨海相	白云岩、页岩、泥岩、粉砂岩、砂岩

2.2.3　水文地质

根据地下水赋存条件，将工作区地下水类型分为两种：松散岩孔隙水和基岩裂隙水。①松散岩孔隙水。该类地下水主要为第四系松散堆积物中的孔隙水，储水物质主要为滑坡堆积体、残坡积体、泥石流堆积体及都坝河两岸冲洪积层。其中滑坡堆积体、残坡积体主要分布于斜坡地带，其地下水含水层主要受降雨及基岩裂隙水补给，不利于储存，一般沿内部孔隙或基岩面、基岩裂隙径流，于冲沟低洼处排泄或沿基岩裂隙下渗；泥石流堆积体及都坝河两岸冲洪积层主要受河沟水补给，含水丰富。②基岩裂隙水。该类地下水赋存于上中志留统茂县群、下寒武统清平组及上震旦统地层基岩裂隙中，地下水富集受岩性及构造裂隙的控制。

2.2.4　地质灾害

北川县地质灾害类型多样，以滑坡、泥石流、崩塌、地面塌陷和不稳定斜坡为主（表 2-2-2）。北川县各地质灾害类型占比明显不同，且不同地质灾害类型的灾种占比也不同，其中北川县所有类型的地质灾害规模均以小型为主。

表 2-2-2　地质灾害类型及规模分类统计表

灾种	等级指标	特大型	大型	中型	小型	合计/%
崩塌（危石）	规模分级标准/10^4m^3	>100	10～100	1～10	<1	—
	所占比例/%	0	0.28	3.88	8.58	12.74
滑坡	规模分级标准/10^4m^3	>1000	100～1000	10～100	<10	—
	所占比例/%	0	0.27	3.88	55.68	59.83
泥石流	规模分级标准/10^4m^3	>50	20～50	2～20	>2	—
	所占比例/%	1.11	0	5.54	15.51	22.16
不稳定斜坡	规模分级标准/10^4m^3	>1000	100～1000	10～100	<10	—
	所占比例/%	0	0	0.83	4.16	4.99
地面塌陷	所占比例/%	—	—	—	0.28	0.28
	合计/%	1.11	0.55	14.13	84.21	100.00

2018 年和 2019 年北川县地质灾害排查报告表明，都坝河流域的地质灾害隐患点数量多，类型多样，且分布不均匀（图 2-2-2），集中分布在陈家坝镇的老场、马鞍、大竹、红岩、金鼓、平沟、西河、樱桃沟、勇敢等村庄，都贯乡的柳坪、民权、油坊、村庄、复兴、岩林、中心等村庄，桂溪镇的金星、凤凰、黄莺、彭家等村庄；地质灾害规模主要是中小型规模，但巨型规模的地质灾害隐患点（如杨家沟特大型泥石流沟）危害巨大。流域内的地质灾害在时间分布上具有明显的突发性和不可预见性；在空间分布上具有地域上分散和地段上相对集中的特点。都坝河流域地质灾害隐患点共有 166 处，其中泥石流有 55 处，占总数的 33.13%；滑坡有 93 处，占总数的 56.02%；崩塌 16 处，占总数的 9.64%；不稳定斜坡有 2 处，占总数的 1.20%（因四舍五入，占比总和不为 100%，后同）。某些重大地质灾害隐患点，如陈家坝老场村青林沟泥石流、老场村樱桃沟泥石流和金鼓村杨家沟泥石流都属于巨型泥石流，其危害巨大、危险程度高，严重威胁陈家坝场镇及周边安置点、聚居区居民的生命财产安全；中型规模的泥石流、滑坡也有 20 余处，如陈家坝老场村 1 社雷家沟（大沟）泥石流、陈家坝西河村 2 社邓家沟泥石流、陈家坝小河村 2 社文家坪泥石流、陈家坝羊肠子沟、红岩沟泥石流、曲山镇黄家坝村 3 社和 4 社青林沟泥石流等多处隐患点（图 2-2-3）。

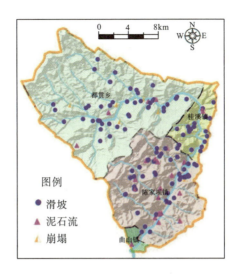

图 2-2-2　研究区主要地质灾害易发点分布图

(a) 樱桃沟泥石流

(b) 青林沟泥石流

(c) 樱桃沟滑坡

(d) 李家湾滑坡

(e) 片麻沟危岩　　　　　　　　　　(f) 大洪村堰塞湖

图 2-2-3　多处隐患点

2.2.5　流域内松散物源与河流输沙能力

都坝河流域以上中志留统茂县群千枚岩、板岩、石灰岩、砂页岩等软岩为主，由于地形坡度陡，地形切割强烈，社会经济较发达，人类工程活动较强，因此沿都坝河及支流地质灾害发育，滑坡、泥石流、崩塌共 147 处(2008～2020 年)，灾害分布密度为 4.74 处/10km²。这些地质灾害以中型为主，初步估算为河流提供松散物源 2000 万～4000 万 m³。另外，都坝河陈家坝段由于处于断裂带旁边，提供的物源更为丰富，物源总量达 2867.5 万 m³。由此可见，都坝河提供的物源近 7000 万 m³。

都坝河支沟发育，纵坡较陡，岩性以千枚岩、板岩、石灰岩、砂页岩等软岩组成，岩层破碎，节理裂隙发育，第四系松散堆积层发育，易产生滑坡、崩塌、泥石流，估算体积约为 7000 万 m³，其中 2867.5 万 m³ 位于都坝河陈家坝段。虽然流域内植被覆盖率达 83%，但是耕地中 25°以上的坡耕地占耕地的 68.3%，坡面侵蚀较大，根据《四川省北川羌族自治县地质灾害补充调查与区划报告》湔江流域内平均侵蚀模数达 7073.61t/(km³·a)，估算水土流失量约 190 万 t/a。可见都坝河流域产沙来源主要是暴雨季节的滑坡、崩塌、泥石流及坡面侵蚀，来源丰富。都坝河年输沙量为悬移质与推移质之和，即 38.74 万 t。

2.3　流域社会经济环境概况

2.3.1　行政区划与人口

据《北川羌族自治县年鉴(2021)》，都坝河流域涉及的乡镇包括都贯乡、陈家坝镇绝大部分、曲山镇和桂溪镇少部分(图 2-3-1)，共计 26 个村 3 个社区，流域人口约 26500 人。其中，都贯乡地处北川羌族自治县境东北部，东接桂溪镇，南靠陈家坝镇，西邻白坭乡，北与平武县豆叩、锁江羌族乡接壤，距县城永昌镇 75km，距"绵九高速"桂溪出口 22km；全乡辖区面积为 177.2km²，下辖民权、苔台茶、清溪、水井、九龙谷、茶马、皇帝庙和林垴 8 个村和贯岭、都坝 2 个社区，全乡共 1792 户 6256 人。陈家坝镇位于北川新县城东北方向，东接桂溪镇，南邻江油市，省道 107 贯穿全镇，距大九寨环线 8km，距九绵高速互通口 10km，距北川新县城 50km，辖区面积为 134km²。全镇下辖龙湾、红岩、双埝、九龙、老场、西河、金鼓、太洪、文兰、宝桃、永坪和黎山 12 个村，陈家坝 1 个社区，共 3316 户 12015 人。

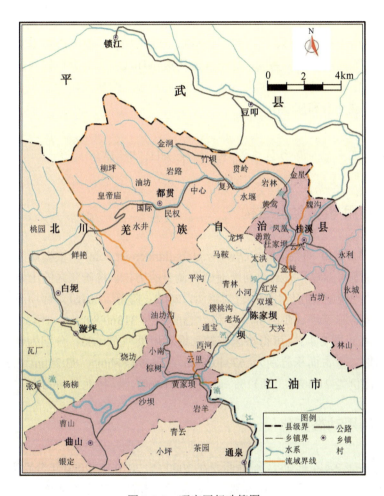

图 2-3-1　研究区行政简图

注：据北川县 2020 年行政区划数据和北川县标准地图(图审川〔2016〕27 号)。

2.3.2　社会经济概况

都坝河流域的产业结构中，农业仍处于主导地位，是农村居民的主要经济收入之一。"5·12"汶川地震后由于水土流失，耕地减少，村民收入降低，经济来源除邻近地区务工外暂时无其他收入。恢复重建过程中，农业产业初步恢复了茶叶、蚕桑、高山蔬菜、林业和养殖业，并形成了一定规模。都坝河流域内自然资源多种多样，土特产品及经济作物品种较多，如核桃、山药、蕨菜、辛夷、天麻、杜仲、黄柏、黄连、洋芋、魔芋、茶叶和金银花等经济作物，也有牲畜、家禽饲养及其他畜牧业。2020 年仅陈家坝镇就有禽畜养殖大户 39 户，成立专业合作社 5 个，全乡养殖猪 14000 多头，牛 900 多头，羊 22000 多头，禽类 64000 多只。

流域内交通便利，省道 S105 从研究区南部穿过，县道也环绕于四周，乡道和村道通水泥混凝土路面或沥青混凝土路面，通畅率达 100%。旅游业的开发是都坝河流域未来规划发展的重点。位于其西北部的都坝乡，山水相依，风景秀美，空气清新洁净；同时，乡域内拥有九龙谷、千年红豆杉、将军坟、羌族城、江山雄壮、箭河垭等丰富的自然与人文景观；其南部的陈家坝镇山川秀丽，处于九寨沟旅游环线上，具有良好的开发条件和开发价值，有较为丰富的旅游资源，如九龙山、四方北岩等，都属原始生态型自然风景，可发展山区自驾游、观光游和探险游。

2.4 流域土地利用概况

2.4.1 土地利用/覆被类型结构

选用 GlobeLand30 的数据(http://www.globallandcover.com)，根据研究区实际的自然环境现状，借鉴国内学者有关土地利用遥感监测分类方法，将研究区的土地利用类型分为耕地、林地、草地及建设用地用 4 类(刘黎明，2002；陈静，2016)。都坝河流域涉及北川县的都贯、桂溪、陈家坝、曲山 4 个乡镇，总面积为 31360.89hm^2。流域 2020 年土地利用/覆被类型分布见图 2-4-1，可得该区域的土地利用类型有 4 类，分别为耕地、林地、水域以及建设用地，所占面积分别为 6731.05hm^2、24494.88hm^2、83.25hm^2、51.72hm^2，分别占总面积的比例为 21.46%、78.11%、0.27%、0.16%，以林地分布为主。

2.4.2 土地利用动态变化

由表 2-4-1～表 2-4-4 可知：①耕地面积在 2000 年、2010 年、2020 年分别为 7065.76hm^2、6800.10hm^2、6731.05hm^2，面积分别占都坝河流域总面积的比例为 22.53%、21.68%、21.46%，从变化趋势来看，耕地在 2000～2020 年这 20 年间呈减少的状态；②林地的面积分别为 24268.26hm^2、24529.24hm^2、24494.88hm^2，面积占总面积的比例分别为 77.38%、78.22%、78.11%，面积比例常年保持在 70%以上，说明都坝河流域土地利用类型以林地为主；③水域的面积在 2000 年、2010 年、2020 年分别为 6.65hm^2、7.10hm^2、83.25hm^2，整体上水域的面积呈现增长的态势；④建设用地在 2000 年、2010 年、2020 年面积分别为 20.22hm^2、24.44hm^2、51.72hm^2，呈现逐年增加的趋势。

(1)2000～2010 年都坝河流域土地利用变化特征。2000～2010 年，土地利用类型发生变化的面积有 1296.00hm^2，不变区域面积为 30064.89hm^2，变化区域占总面积的 4.13%，其中耕地面积减少，林地、水域、建设用地面积增加。耕地面积转出了 778.17hm^2，转入了 512.53hm^2，耕地面积减少了 265.64hm^2，转出部分主要流入了林地；林地面积增加了 260.98hm²，增加来源主要是耕地；水域面积增加了 0.44hm²，增加来源主要是耕地和林地；建设用地增加了 4.22hm²，增加的来源主要是耕地，转出去向主要是耕地，但转出面积很小。

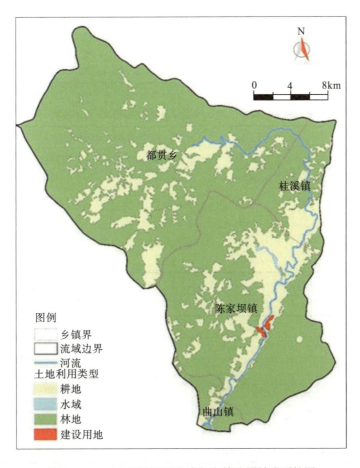

图 2-4-1　2020 年都坝河流域土地利用/覆被类型简图

（2）2010～2020 年都坝河流域土地利用变化特征。2010～2020 年，土地利用类型发生变化的面积有 2689.54hm²，不变区域面积为 28671.35hm²，变化区域占总面积的 8.57%，其中，耕地面积的转出和转入面积分别为 1393.77hm²、1283.54hm²，耕地面积减少了 110.23hm²，耕地转出去向为建设用地、林地和水域；林地的转出和转入面积分别为 1283.87hm²、1290.63hm²，净增加了 6.76hm²，主要来源为耕地；水域的转出和转入面积分别为 5.20hm²、81.40hm²，增加了 76.20hm²，增加的来源主要是耕地；建设用地的转出和转入面积分别为 6.70hm²、33.97hm²，增加了 27.27hm²，增加的来源为耕地和林地（图 2-4-2）。

表 2-4-1　2000～2020 年土地利用类型面积以及所占比例

土地利用类型	2000 年		2010 年		2020 年	
	面积/hm²	比例/%	面积/hm²	比例/%	面积/hm²	比例/%
耕地	7065.76	22.53	6800.11	21.68	6731.05	21.46
林地	24268.26	77.39	24529.24	78.22	24494.87	78.11
水域	6.65	0.02	7.10	0.02	83.25	0.27
建设用地	20.22	0.06	24.44	0.08	51.72	0.16
总计	31360.89	100.00	31360.89	100.00	31360.89	100.00

表 2-4-2　2000～2010 年土地利用类型面积变化统计　　　　（单位：hm²）

2000 年土地利用类型	2010 年土地利用类型				
	耕地	林地	水域	建设用地	总计
耕地	6287.58	768.65	3.68	5.84	7065.75
林地	508.84	23757.36	1.71	0.36	24268.27
水域	1.80	3.15	1.71	0.00	6.66
建设用地	1.89	0.09	0.00	18.24	20.22
总计	6800.11	24529.25	7.10	24.44	31360.90

表 2-4-3　2010～2020 年土地利用类型面积变化统计　　　　（单位：hm²）

2010 年土地利用类型	2020 年土地利用类型				
	耕地	林地	水域	建设用地	总计
耕地	5447.51	1285.87	74.87	33.02	6841.28
林地	1276.39	23204.25	6.53	0.95	24488.12
水域	1.98	3.22	1.85	0.00	7.05
建设用地	5.17	1.53	0.00	17.75	24.44
总计	6731.05	24494.87	83.25	51.72	31360.90

表 2-4-4　2000～2020 年土地利用类型面积转出、转入比

类型		2000～2010 年			2010～2020 年		
		变化面积/hm²	总面积/hm²	比率/%	变化面积/hm²	总面积/hm²	比率/%
耕地	转出	778.17	7065.76	11.01	1393.77	6841.27	20.37
	转入	512.52	6800.10	7.54	1283.54	6731.05	19.07
林地	转出	510.90	24268.26	2.11	1283.87	24488.12	5.24
	转入	771.88	24529.24	3.15	1290.63	24494.88	5.27
水域	转出	4.94	6.65	74.32	5.20	7.05	73.76
	转入	5.39	7.10	75.92	81.40	83.25	97.78
建设用地	转出	1.98	20.22	9.79	6.70	24.44	27.41
	转入	6.20	24.44	25.37	33.97	51.72	65.68

注：总面积一列表示转出、转入年份该土地利用类型的总面积。

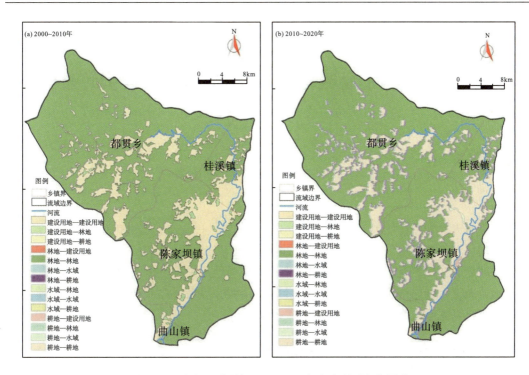

图 2-4-2　都坝河流域 2000～2020 年土地利用变化图谱

　　综上所述，都坝河流域地区土地利用类型以林地和耕地为主，土地资源较为丰富，但是由于地形起伏较大，坡度较陡，可利用的人均土地资源相对较为贫乏，如何更为有效、合理、充分地利用有限的土地资源，并且在不损害后代人对土地要求的基础上，最大限度地满足当地居民的生产、生活需要是现今面临的主要问题。因此，需要根据农、林在地域上分异的客观规律，因地制宜地指导和规划都坝河流域的农业经济生产活动，调整土地利用结构，提高该地土地利用率及其经济效益。

第3章 都坝河流域地质灾害形成机制与成灾模式

3.1 地质灾害类型及数量特征

地质灾害是指由自然因素或人为活动引发的危害人民生命、财产和地质环境安全的滑坡、崩塌、泥石流、地裂缝、地面沉降、地面塌陷等与地质作用有关的灾害(张梁和张业成,1994)。"5·12"汶川地震后北川都坝河流域内地质灾害以滑坡、泥石流、崩塌为主。随着地质灾害综合防治工程持续推进,流域内的滑坡、崩塌地质灾害逐年减少,目前区域内地质灾害以泥石流为主。

3.1.1 地质灾害及隐患点调查情况

据北川羌族自治县地质灾害调查成果数据集,2008~2020年底都坝河流域发育地质灾害点共计147处(表3-1-1),以滑坡、泥石流为主,其次是崩塌,无不稳定斜坡和地面塌陷。其中,滑坡112处,占76.19%;泥石流27处,占18.37%;崩塌8处,占5.44%。地质灾害隐患点以中小型为主,147处地质灾害隐患点中,特大型3处(泥石流2处、滑坡1处),占2.04%;大型3处(泥石流1处、滑坡2处),占2.04%;中型11处(泥石流2处、滑坡9处),占7.48%;小型130处(泥石流22处、滑坡100处、崩塌8处),占88.44%(表3-1-2)。

表 3-1-1　都坝河流域在各时间节点地质灾害数量变化情况一览表

年份	灾害点类型及数量/处					总数/处
	滑坡	崩塌	泥石流	不稳定斜坡	地面塌陷	
2008	9	1	8	0	0	18
2009	9	1	9	0	0	19
2010	9	1	9	0	0	19
2011	9	1	9	0	0	19
2012	9	1	9	0	0	19
2013	34	4	16	0	0	54
2014	34	4	16	0	0	54
2015	39	5	18	0	0	62
2016	40	5	18	0	0	63
2017	42	5	18	0	0	65
2018	62	5	20	0	0	87
2019	62	5	21	0	0	88
2020	112	8	27	0	0	147

表 3-1-2　地质灾害类型及规模分类统计表

灾种	等级指标	特大型	大型	中型	小型
崩塌(危岩)	规模分级标准/($10^4 m^3$)	>100	10~100	1~10	<1
	数量/处	0	0	0	8
	所占比例/%	0	0	0	100
滑坡	规模分级标准/($10^4 m^3$)	>1000	100~1000	10~100	<10
	数量/处	1	2	9	100
	所占比例/%	0.89	1.79	8.04	89.29
泥石流	规模分级标准/($10^4 m^3$)	>50	20~50	2~20	<2
	数量/处	2	1	2	22
	所占比例/%	7.41	3.70	7.41	81.48

3.1.2　地质灾害时序变化特征

已有的区域地质灾害时序变化研究表明，地质灾害的发生与降雨强度、降雨历时和降雨量等密切相关(李媛等，2013；白永健等，2014；罗承等，2019a)，都坝河流域地质灾害在时序变化上遵循以上规律，具体特征表现为以下方面。

(1)季节性。降雨是诱发地质灾害的主要因素，研究区年内降雨分布不均，使得地质灾害的发生在时间上也存在差异。区内的地质灾害多集中发生在每年 5~9 月，共 137 处，占总灾害的 93.20%(表 3-1-3)。尤其是 7~9 月，每年首次暴雨或持续强降雨发生滑坡、泥石流的概率最大。5 月暴发的大部分灾害均是受"5·12"汶川地震影响，在降雨作用下形成。地质灾害的发生频率与降水量变化基本保持一致(图 3-1-1)。

(2)周期性。地质灾害的发生受地震、断裂活动的影响，周期性的地震和断裂活动使得地质灾害的发生频率也具有周期性。在强烈地震之后，地质灾害活动强烈，在地震宁静期地质灾害发生频率较低。同时，流域内地质灾害发生时间具有不规则的周期性，与年降水量的变化规律存在正相关性，即降水量大的年份，地质灾害发生次数较多。

表 3-1-3　地质灾害时序分布　　　　　　　　　(单位：处)

类型	1 月	2 月	3 月	4 月	5 月	6 月	7 月	8 月	9 月	10 月	11 月	12 月
崩塌	0	0	0	0	0	1	3	2	1	0	1	0
滑坡	1	0	2	0	7	6	32	47	13	2	2	0
泥石流	0	0	0	0	3	1	15	4	2	1	1	0
合计	1	0	2	0	10	8	50	53	16	3	4	0

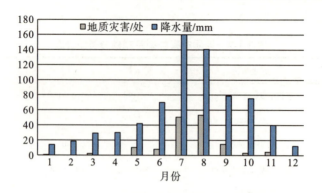

图 3-1-1　地质灾害发生频数与降水量关系图

3.1.3　地质灾害空间分布特征

1. 滑坡规模及分布特征

滑坡(landslide)是指斜坡岩土体在重力作用或其他因素参与影响下,沿着地质弱面发生向下向外滑动并以向外滑动为主的变形破坏。通常具有双重含义:一是指岩土体的滑动过程,二是指滑动的岩土体及所形成的堆积体。滑坡是研究区内发育数量最多的一种地质灾害,发育滑坡 112 处,占地质灾害总数的 76.19%。从图 3-1-2 可以看出,都坝河流域中下游地区是滑坡灾害的高发区,主要涉及都贯、桂溪、陈家坝一带。统计各乡镇滑坡灾害的发育情况(表 3-1-4),结果表明区内陈家坝镇发育的滑坡灾害最多,发育滑坡 49 处,占都坝河流域滑坡总数的 43.75%;其次为都贯乡,发育滑坡 44 处,占滑坡总数的 39.29%。

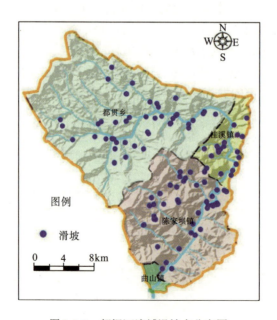

图 3-1-2　都坝河流域滑坡点分布图

表 3-1-4　研究区各乡镇滑坡发育情况

乡镇	小型/处	中型/处	大型/处	特大型/处	小计/处	占比/%	密度/(处/10km²)
都贯乡	39	3	2	0	44	39.29	2.67
陈家坝镇	43	5	0	1	49	43.75	4.38
桂溪乡	18	1	0	0	19	16.96	7.03
曲山镇	0	0	0	0	0	0	0

就滑坡规模而言，研究区发育的小型及中型规模滑坡 109 个，占滑坡总数的 97.32%，主要集中在都贯、陈家坝及桂溪。另外，研究区共发育 2 个大型和 1 个特大型滑坡(共占滑坡总数的 2.68%)，2 个大型滑坡为都贯乡皇帝庙村 1 组四合井滑坡、王家岩滑坡；1 个特大型滑坡为陈家坝黄土梁滑坡。研究区滑坡平均密度为 3.61 个/10km²。

2. 泥石流规模及分布特征

泥石流(debris flow)是指由降水(暴雨、冰川、积雪融化等)诱发，在沟谷或山坡上形成的一种挟带大量泥沙、块石和巨砾等固体物质的特殊洪流。泥石流是研究区数量仅次于滑坡的另一种地质灾害，威胁巨大，各乡镇泥石流规模统计见表 3-1-5。区内共发育泥石流 27 处，占地质灾害总数的 18.37%；泥石流平均密度为 0.87 处/10km²，陈家坝镇泥石流密度最大(1.88 处/10km²)。

表 3-1-5　研究区各乡镇泥石流发育情况

乡镇	小型/处	中型/处	大型/处	特大型/处	小计/处	占比/%	密度/(处/10km²)
桂溪镇	2	0	0	0	2	7.41	0.74
陈家坝镇	16	2	1	2	21	77.78	1.88
曲山镇	1	0	0	0	1	3.70	1.67
都贯乡	3	0	0	0	3	11.11	1.84

从泥石流分布图(图 3-1-3)可以看出，其分布与滑坡分布呈现极大的相关性，结合中型及中型以上泥石流空间分布与降水量的关系分析表明，研究区内泥石流主要分布在研究区西部及东部地区，呈"L"形分布。西部地区为河流沟谷强烈切割区，沟床纵比降一般较大，为泥石流的发生提供了有利的地形条件；东部地区主要是"5·12"汶川地震带，地震作用孕育了大量高位崩滑物源，为泥石流的发生提供了丰富的物源条件。

3. 崩塌规模及分布特征

崩塌(rock fall)是指陡坡上的岩土体在重力作用或其他外力参与下，突然脱离母体，发生以竖向为主的运动，并堆积在坡脚的动力地质现象。研究区共发育崩塌灾害点 8 个，占地质灾害总数的 5.44%。从图 3-1-4 中可以看出，崩塌在流域分布稀疏，受地质构造分布影响明显，主要是在都贯乡、陈家坝境内发育。就崩塌的分布而言，都贯乡发育的崩塌灾害数量最多，有 6 处，占研究区崩塌总数的 75%；其次为陈家坝镇，发育 2 处，占崩塌总数的 25%。区内崩塌为小型规模，研究区各乡镇崩塌地质灾害统计情况见表 3-1-6。

图 3-1-3　都坝河流域泥石流灾害分布图　　　图 3-1-4　都坝河流域崩塌灾害点分布图

表 3-1-6　研究区各乡镇崩塌发育情况

乡镇	小型/处	中型/处	大型/处	小计/处	占比/%	密度/(处/10km²)
桂溪镇	0	0	0	0	0	0
陈家坝镇	2	0	0	2	25.00	0.18
都贯乡	6	0	0	6	75.00	0.37
曲山镇	0	0	0	0	0	0

4. 地质灾害分布总体特征

综合来看，都坝河流域内地质灾害的分布具有地域上的分散性和地段(带)上的相对集中性(包括灾害类型、规模)。境内地质灾害与行政区、组、村等人类及工程活动聚集区有密切关系，呈片状分布，由于人类密集居住区，可供人类居住、耕种、交通的平台缓坡地较少，人类工程活动不断破坏斜坡植被，开挖斜坡为地质灾害发育提供了外界扰动条件，导致地质灾害发育；而地形较为平坦的河谷平坝乡镇地质灾害发育相对较少，中低山地区乡镇地质灾害发育，主要是由于地形地貌的控制，高山地区地形坡度较陡，为地质灾害形成提供了良好的势能条件。

地质灾害分布规律是其控制与影响因素及其形成机理的综合体现。都坝河流域内地质灾害分布严格受地质环境条件、气候水文因素及人类工程经济活动共同作用的影响，具有明显的规律性。

1) 沿河谷呈 "L" 形条带状集中分布

都坝河流域内的地质灾害分布具有地域上的分散性和地段上的相对集中性。在空间分布上呈现出集中于河谷-沟谷的分布规律，主要分布于以下区域：都坝河下游河谷及支流河谷—都坝河中游—都坝河上游，其原因主要为以下方面。

(1) 都坝河流域地质灾害以堆积体滑坡为主，沿主河流及支沟受构造切割、水动力条件等影响物源相对较为丰富，人类集中分布于大型沟谷底部，特别是场镇均位于谷底，震后筑路、建房及新建场镇工程活动强烈，故地质灾害大多沿都坝河及其支流呈条带状分布。

(2) 河流的下切，地应力的释放，在河流两岸的斜坡上形成了较多的卸荷裂隙，其与岩体所具有构造裂隙往往形成了不利组合，使岩体的稳定性降低，从而更有利于地质灾害的形成。同时，河流下切形成的陡长斜坡，增加了岩土体的势能，河流的侧向侵蚀作用使原本已处于平衡状态的斜坡坡脚遭受破坏，加剧了地质灾害的发生。

(3) 地质灾害作为一种地貌过程，其发生规律与地貌演化息息相关，一个地区地貌的发展，总是受到内动力地质作用与外动力地质作用的共同影响，内动力地质作用使本区持续抬升，而外动力地质作用则趋向于使岩土体向低处运动，而河谷地区正是外动力地质作用的主要堆积场所。

(4) 河流为本区的地区性侵蚀基准面，河谷地区是地下水的集中排泄带，动水压力也能加剧地质灾害的发生。

(5) "5·12" 汶川地震给北川造成了重创，使人们对防灾减灾有了更深刻的认识，在灾后重建过程中，在坚持 "三避让" 原则的同时，加大了地质灾害防治的投入，使得区内重要设施、居民点等遭受地质灾害危害的程度明显减轻，尤其是曲山—陈家坝一线地震断裂带区域，虽然每年仍有大量的崩滑流现象产生，但成为地质灾害的数量明显减少。

2) 与构造带、地震活动带展布相一致

(1) 地质构造控制了地貌的发育，如山脉、河流的展布皆受构造的控制，其通过地形地貌和斜坡结构对地质灾害的发育产生影响。地质灾害沿曲山—陈家坝—桂溪集中分布与地质构造的走向相吻合。

(2) 现代新构造运动，特别是地震活动，直接破坏了岩土体的结构，使岩土体的物理力学强度降低。在地震活动带，岩体遭受破坏的程度比一般地区高，风化厚度大，残坡层发育，且一般较疏松，导水性好，加之河谷深切，纵坡降大，岩土体稳定性差，当遇大量降雨渗入土体时，增加了土体自重或下滑力，使土体的黏聚力和摩擦角减小，便产生了滑坡或泥石流灾害，甚至形成地质灾害链。

(3) 构造带中多期次构造运动的叠加，譬如北川断层形成后，曲山—陈家坝错断层形成的叠加，使岩体完整性降低，更易于被风化，同时由于破碎带的影响，其风化深度更大。

(4) 构造裂隙及断层面常与垂直裂隙组成向临空面的不利组合。

3.2　地质灾害诱发因素分析

事物的发展是内因和外因共同起作用的结果。内因是事物变化发展的根据,外因是事物变化发展的条件,外因通过内因而起作用。通过地质灾害的诱发因素,如降雨、地震以及人类工程活动的分析,探讨外因与内因之间的相互作用关系,是了解区域地质灾害形成的必不可少的环节。在前期分析中不难发现,各种外界因素中,降雨是区内自震后最主要的诱灾条件。

3.2.1　降水

1. 地质灾害形成发育与降水时间的关系

都坝河流域所属研究区地理位置独特,形成了年降水丰沛、降水时间和降水量集中、短时强降水和连续多日强降水的降水特征,大量降水易引发滑坡、崩塌和泥石流等地质灾害。从图 3-2-1 中可以看出,降水的时间分布直接影响地质灾害的发生频率,降水主要集中于 5～10 月,而降水最多的 7 月、8 月发生的地质灾害占到总数的 82%,说明这些月份同时也是地质灾害的高发季节。

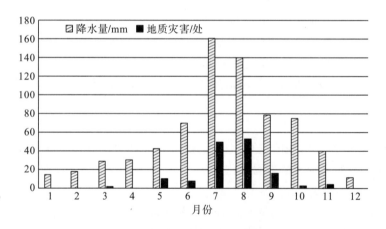

图 3-2-1　地质灾害发生频数与降水量关系统计图

2. 地质灾害形成发育与多年月最大降水量的相关关系

收集"5·12"汶川地震震后至 2020 年北川都坝河流域涉及的乡镇(陈家坝、都贯、桂溪、曲山、漩坪、白坭、通泉、擂鼓)各气象站月降水资料,得到了研究区内及邻近各气象站降水量统计图(图 3-2-2)。图 3-2-3 为研究区多年最大月降水量等值图(2009 年至今)。可以看出最大月降水量将近 1500mm,主要位于陈家坝—曲山—擂鼓一带,这也是四川著名的暴雨中心。

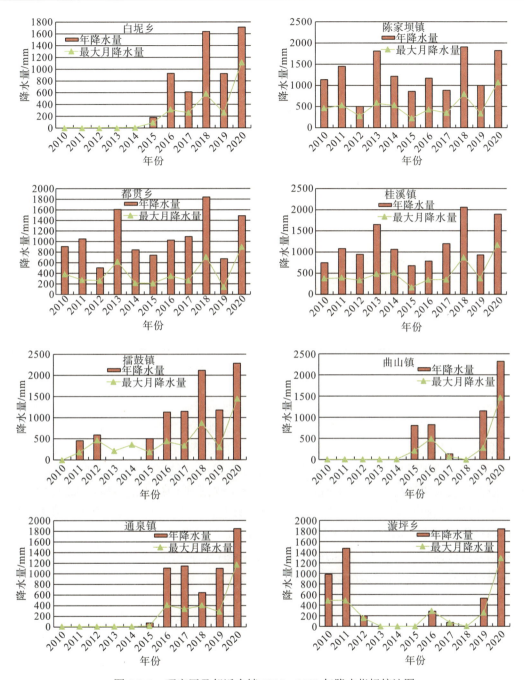

图 3-2-2　研究区及邻近乡镇 2010～2020 年降水指标统计图

从发生年份来看，县域内近十年来有两次明显的区域性超强降雨过程。一次是 2013 年，主要发生在青片—都贯—开坪—永安—陈家坝—禹里一带，造成当地发生"7·9"洪灾，月最大降水量为正常值的 3 倍以上；另一次是 2020 年，发生在全县大部地区，最大月降水量更是大大超出历史极值，造成当地发生"2020 年特大洪灾"。这两次超强降水都引发了大量的地质灾害，发生不同程度的灾情。

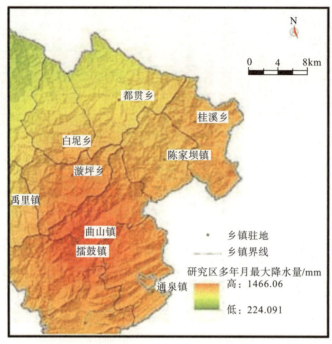

图 3-2-3　研究区及附近区域多年最大月降水量分布等值线图

经统计分析表明,当月降水量在 220mm 以下时,对研究区地质灾害的发育影响不明显,同时,可以看到从全县最大月降水量分布与全县地质灾害发育的统计关系来看,并没有呈很明显的相关性。当然,这里不能忽视的一个问题是,在 2008 年"5·12"汶川地震后研究区内地质灾害受震后效应非常明显,这也是 2013 年的降水量比 2020 年降水量小,但诱发的地质灾害数量却最多的原因。另外,还有特别重要的原因是地质灾害的发生不仅是降水作用的结果,还需要综合其内在因素(地形地貌、地层岩性、地质构造等因素)的共同作用结果。因此,考虑到研究区局地降水的特点,就研究区及相邻乡镇多年月最大降水量数据来统计其与地质灾害发生的统计关系不尽符合实际,下面分乡镇来考虑区内多年月降水量与地质灾害发生的统计关系(表 3-2-1)。

表 3-2-1　各乡镇多年月降水量与地质灾害发生的关系统计

序号	乡镇	月最大降水量/mm	汛前斜坡灾害数量/处	斜坡灾害增加数量/处	汛前泥石流灾害数量/处	泥石流增加数量/处
1	通泉镇	1165.1	7	11	2	0
2	擂鼓镇	1450.5	5	0	5	2
3	漩坪乡	1290.6	6	12	2	0
4	桂溪乡	1164.9	9	21	5	2
5	都贯乡	900	12	12	1	1
6	陈家坝镇	1065.5	7	16	8	2
7	白坭乡	1113.2	14	26	2	2
8	曲山镇	1466.2	10	0	6	0

从前面的分析来看，影响区内地质灾害发育的气象因素主要是短时降雨强度和连续降水量，若从多年最大月降水量指标分析降雨引发地质灾害的特征，显然不符合都坝河流域实际。从多年最大月降水量等值线图来看，未体现出多年最大月降水量多的地方，地质灾害就发育发生得多。因此在后文地质灾害危险性评价时不宜选用"多年最大月降水量"指标进行评价。降雨强度大的暴雨或降水量多的连续多日降雨汇聚的大量地表水通过入渗作用浸润、饱和及软化岩土体，在增大岩土体密度的同时也降低了软弱结构面的抗剪强度，促进了斜坡向不稳定方向发展，导致滑坡、崩塌及泥石流的发生、发展。

3.2.2　地震

总的来说，地震对地质灾害发育的影响主要体现在两个方面：同震地质灾害及震后地质灾害效应。前者的影响作用毋庸置疑，"5·12"汶川地震诱发了大量地质灾害；后者主要表现为地震活动积累了大量松散堆积物，这些震后松散堆积物在降雨作用下极易形成滑坡、崩塌及泥石流，这从地震前后的泥石流及滑坡发育数量可以明显看出。

据"5·12"汶川地震震后排查资料，震后新诱发地质灾害隐患点共 332 处(震后引发的崩滑流现象不计其数，难以统计，未威胁人员生命财产安全的崩滑流未纳入分析范围)。其中滑坡 184 处，占 55.42%；崩塌 81 处，占 24.40%；泥石流 22 处，占 6.63%；潜在不稳定斜坡 45 处(现已归并)，占 13.55%。

从图 3-2-4 可以看出，"5·12"汶川地震震后地质灾害集中分布在发震断裂带一线，且位于断裂带上盘，呈明显的条带状分布，特别是在距离断裂带 5km 以内最为集中，占总灾害点数目的 80%以上；同时绝大部分灾害点都密集分布在映秀—都坝河流域断裂上盘，相对而言下盘则明显稀疏，而且规模和影响都远不及上盘严重。另外，震后排查资料显示，地形地貌不同，地震造成地质灾害类型各异，在坡度为 15°～40°的斜坡地带，多发育滑坡

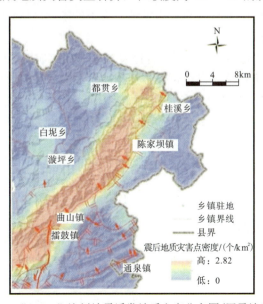

图 3-2-4　"5·12"汶川地震诱发地质灾害分布图(同震地质灾害)

类地质灾害，特别是在软弱岩层形成的 20°～30°斜坡，有利于松散物质的形成堆积，由于地震影响形成剪切滑动面，是滑坡的主要发生区；同时，在一定的水源条件下，发生于沟谷内的滑坡、崩塌形成物源，有进一步发展成为泥石流的可能。在坡度小于 15°的地区，由于地层相对稳定，地质灾害发育较弱。在斜坡坡度大于 40°的地区，一般发生崩塌类地质灾害。

3.2.3 人类工程活动

地质灾害的形成，除自然发展内在因素作用以外，往往和人类工程活动息息相关。随着经济建设的飞速发展，人类工程活动无论是在深度上还是在广度上都日益加剧，显示出其强大的威力，特别是对自然地质环境的干扰和破坏方面，更为突出。主要表现在对自然斜坡的不科学及不合理的扰动，打破了地质历史长期以来斜坡的自然平衡，构成诱发地质灾害的主要因素之一。

在所调查的地质灾害及隐患点中，人类工程活动成为引发地质灾害的重要营力。研究区人类工程活动对地质灾害的影响可概括为以下几类。

（1）公路建设。擂桂路为一条备用公路，沿线居住有大量居民，在黄家坝河段受到滑坡、泥石流等地质灾害的威胁；改建、扩建的县道中北江路为研究区的生命通道，在建设过程中采用了大量削坡、挖方、填方工程，弃土量大，植被破坏严重，公路建成后，过境至茂县、松潘等地的大型载重车辆频繁，导致路面超载，引发了大量的滑坡、塌陷等地质灾害。

（2）矿产资源开发。一方面，研究区内矿产资源丰富，以石灰矿、石材矿为主，均为露天开采，使自然边坡的稳定状态受到破坏，坡体内力平衡发生变化，加剧了滑坡和崩塌的形成；另一方面，采矿形成的弃土、弃渣任意堆放，又为暴雨激发崩塌、滑坡、泥石流等灾害提供了更多的物质来源。

（3）旅游资源开发。震后，研究区旅游景区建设工程活动较为轻微，在建设前，对建设场地均进行了合理规划，避让了可能引发地质灾害的敏感区域。因此，研究区旅游开发建设对地质环境的改变轻微。

（4）城镇建设。场镇周边山体不同程度地发育着滑坡、崩塌等地质灾害，工程建设中大量的削坡、挖方、填方可能诱发或进一步加剧地质灾害，对重建工程产生影响。随着人口不断增加，城镇不断扩大，土地资源日益缺乏，人类对地质环境的破坏不断加剧。

（5）切坡建房。调查中发现，切坡建房造成许多房后斜坡失稳，发生滑坡。

3.3 地质灾害形成机制

3.3.1 滑坡的形成机制

1. 土质滑坡

根据已调查的滑坡灾害点，90%以上滑坡灾害为土质滑坡，大部分滑坡为沿基覆界面滑动的堆积层滑坡，堆积层物质为第四系全新统残坡积、崩坡积、老滑坡堆积碎块石土、含碎石角砾粉土等，厚度较薄，一般在 1.0～4.0m，坡脚缓斜坡地段可达 5.0m 以上，主要沿河沟道两侧岸坡、宽缓斜坡分布。

按堆积体滑坡的滑移启动机制或运动形式，可进一步划分为牵引式滑坡和推移式滑坡，其中以牵引式滑坡为主，推移式滑坡次之。少部分滑坡为堆积层内部剪切滑移，属蠕滑-拉裂模式，滑动面呈弧状，此类滑坡多与建房、修路切坡等人类工程活动有关。

牵引式滑坡主要沿河沟道两侧、公路沿线发育，其发展过程如下：持续性的强降雨引发沟河道山洪，河沟道水位、流量剧增，流速加快。堆积体物质组成为千枚岩、片岩等崩积、残积物，以片状、板状、板条状的碎石角砾为主，其间或基质部分为砂粒、粉粒，少有黏粒，结构松散，透水性中等，水稳性差，抗冲刷能力弱。挟带泥沙后的洪水侧向侵蚀和蚀底作用增强，直接导致岸坡堆积层坡脚物质散失或河床断面呈深凹状，坡脚地形的切割为堆积体滑坡提供了良好的临空条件。同时，雨水浸润和地表漫流入渗后的堆积体强度减弱，斜坡体的自稳能力相应降低。当沟河道的侧蚀和底蚀达到一定程度后，前部土体先行启动，出现小规模滑塌，且失稳后的滑坡体迅速被洪水带走。伴随沟河道下切的加深或洪水水位上涨后侧向拉槽强度加大，中部、中前部土体相继发生蠕动变形，地表出现多条张拉裂缝，向土体深部发育成多级滑动面，向下收敛至剪出位置或基覆界面处，直至失稳破坏。中后部土体失去前部支撑，裂隙逐级向后扩展，发展成新一级滑坡。牵引式滑坡为沟河道侵蚀与堆积层浅层滑塌相交替出现的渐进式破坏过程。地表呈现出塔状地形，多级滑面发育，向下逐级滑动位移增大。

调查区推移式滑坡部分发育于早期崩滑堆积体、残坡积体之上，其形成过程源自新生的崩滑体堆积于老崩滑体之上，增大堆积体后部体积和荷载，对斜坡具有堆载和挤压推动作用。主要表现为堆积体后部的张拉裂缝，房屋、道路有拉裂和下错，但裂隙贯通性较差，中前部变形迹象不明显。目前多处于蠕动变形阶段，滑动面尚未贯通。

2. 岩质滑坡

研究区内广泛分布了千枚岩、片岩、板岩等变质岩以及砂岩、灰岩等，其形成机制有多种，如缓倾内岩层的蠕滑-拉裂滑坡、中缓倾岩层中的滑移-拉裂滑坡或旋转滑移拉裂、中陡倾岩层中的倾倒变形及滑移-弯曲等。

1) 蠕滑-拉裂滑坡

蠕滑-拉裂滑坡多发育于逆向坡，岩层倾角较缓，在 10°～35°，地形坡度较陡，一般在 30°～50°。千枚岩片理构造发育，片理化严重，单层厚 0.5～5.0cm。矿物成分中包含绢云母、绿泥石，使其层间摩擦作用较小。调查区千枚岩倒转褶皱发育，受多期构造作用，岩体发育 3 组以上结构裂隙，间距较小，贯通性较差，岩体块化严重，岩体结构类型为薄层状结构—层状碎裂结构。斜坡结构类型和地层岩性结构特征为该类型滑坡奠定了物质基础。该类滑坡发育过程大致为早期河沟道下切，岸坡岩体卸荷回弹和蠕变作用，加之地表风化作用，卸荷带岩体破碎加剧，呈散体结构-碎裂结构。受降雨、地震诱发作用，岩体深部发生剪切破坏和旋转滑动，剪切面多呈弧状。

贯岭乡中心村杜家梁滑坡属蠕滑-拉裂型模式(图3-3-1)。滑坡后壁张拉面、剪切错断面清晰。滑坡后壁拉裂面呈锯齿状,平整但不光滑,下部剪切错动面光滑,摩擦面呈弧状。该滑坡发育于20世纪80年代,后缘张拉裂缝已逐渐形成,"5·12"汶川地震期间裂缝继承性张大,后期逐渐贯通。2020年,"8·11"强降雨后发生滑移破坏,滑移速度较缓,至10月底休止。滑坡为整体性破坏,滑动体完整性较好。

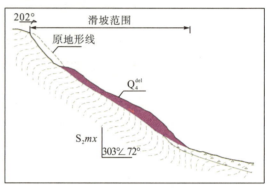

图3-3-1　蠕滑-拉裂滑坡(贯岭乡中心村杜家梁滑坡)

2)滑移-拉裂滑坡或旋转滑移拉裂

调查区该类型滑坡发育于茂县群千枚岩和清平组碎屑岩地层,斜坡结构类型为顺向坡(斜向坡),斜坡岩体沿下伏软弱面向坡前临空方向滑移(图3-3-2)。

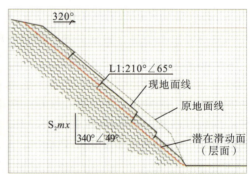

图3-3-2　千枚岩顺向坡发育滑移-拉裂滑坡

千枚岩中含绢云母、绿泥石等矿物,层间摩擦系数小。受多期挤压作用,片理构造发育,且片结构面为主控裂隙。受河沟道下切和道路切坡开挖,斜坡薄层状岩体前缘临空,顺层岩体极不稳定。加之千枚岩抗拉强度弱,切层裂隙发育。千枚岩地区该类型滑坡表现为从坡下向坡上渐进式发展的顺层滑落,岩块块径一般较小,呈薄板状或板条状,堆积体规模较小。滑移后滑面平整光滑,即为坡面。

此外,片理层面产状发生偏转,斜坡结构类型向斜向坡转变时,斜坡岩体仍受软弱片理面控制，岩体发生平面旋转式的滑移拉裂。斜坡坡面多发展为楔形槽，槽壁一侧滑移面光滑平整，另一侧拉裂面呈锯齿状，凹凸不平整(图 3-3-3)。

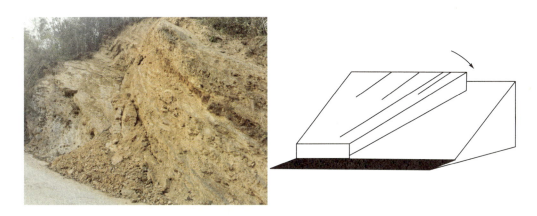

图 3-3-3　板岩斜向坡发育滑坡(旋转滑移拉裂)

在寒武系清平组碎屑岩地层中滑移拉裂破坏则由软弱夹层控制，如唐家山 1#滑坡，该滑坡发育于湔江河右岸谷坡，斜坡整体坡度较陡，为 38°～60°。地质构造部位位于青林口复式倒转背斜北西翼。地层岩性下寒武统清平组灰黑色薄-中厚层硅质岩、砂岩夹页岩，产状为 344°∠39°。该滑坡边界较为清晰，后缘以陡缓交界处为界，前缘于湔江剪出，滑床前缘受复式褶皱影响略有反翘，两侧以发育的剪切裂缝为界。滑坡为特大型基岩顺层滑坡，属地震诱发的高速滑坡。据李守定等(2010)的研究，滑动带为层间剪切带，岩性为含绿泥石的磷块岩。

3) 倾倒变形

中陡倾岩层中倾倒变形模式的滑坡隐蔽性较强，危害性也往往较大。陈家坝老场后山滑坡即为倾倒变形模式(图 3-3-4)。

陈家坝黄土梁滑坡发育于千枚岩陡立反倾斜坡，斜坡的变形发展到形成滑坡大致经历了 4 个阶段。第一阶段，原始斜坡反倾岩层在自重应力作用下，前缘首先开始向临空面产生类似于悬臂梁的弯曲，弯曲变形范围主要出现在斜坡表部。第二阶段，反倾岩层的弯曲变形逐渐由斜坡表层向坡体内部发展。弯曲变形岩层之间互相错动并伴随拉裂，由于千枚岩属于薄层状岩体，弯曲变形幅度可以较大，变形体后部出现张拉裂缝。随着变形的发展，岩层中原垂直层面的裂隙转向坡外倾斜，并在岩体内部最大弯折带形成倾向于临空面的断续拉裂面。第三阶段，弯曲变形加剧，岩层中倾向坡外的裂隙面逐渐贯通，在滑坡中部板梁弯折的最大部位首先形成滑面，具备了滑坡的基本要素。滑坡中部岩层的变形带动上部岩层变形发展而使滑面首先向上贯通，后缘拉裂变形形成滑坡壁进而形成滑坡。在后部滑体的推挤作用下，滑面逐渐向下延伸，前缘表层产生滑塌。第四阶段，滑坡形成，随着前缘不断滑塌，滑动面贯通形成，上部岩体倾倒，发生整体性滑动。

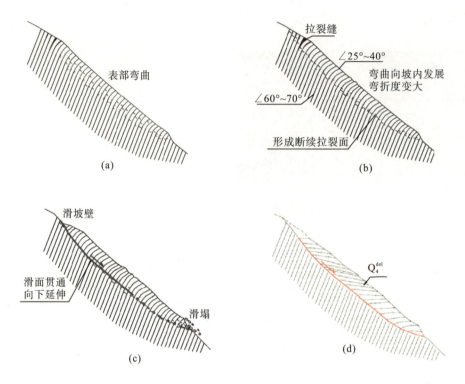

图 3-3-4　陈家坝黄土梁滑坡形成过程示意图（倾倒变形）

4) 滑移-弯曲

研究区王家梁滑坡即是非常典型的滑移-弯曲形成机制（图 3-3-5）。

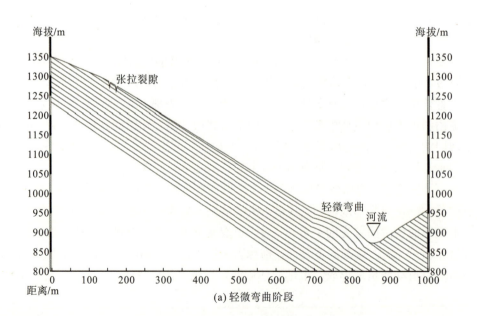

(a) 轻微弯曲阶段

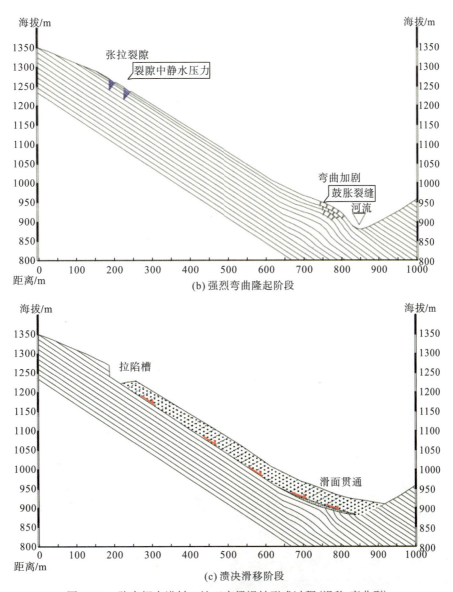

图 3-3-5 陈家坝太洪村 5 社王家梁滑坡形成过程(滑移-弯曲型)

(1)第一阶段,轻微弯曲阶段:地壳隆起,河流下切强烈,谷坡形成;地质构造或内外动力作用使得潜在滑移面强度降低,潜在滑移面下滑力大于其抗剪强度时,滑移面上覆岩土体开始缓慢蠕变下滑,而前段受阻没有可供下滑的临空面,则会在近坡脚而又略高于坡脚部位轻微隆起,局部岩体折断,岩体松动,这可能是由于坡脚附近顺层压应力与垂直层面的压应力差较大形成的。

(2)第二阶段,强烈弯曲隆起阶段:随着河谷进一步下切,内外地质作用影响,坡脚附近顺层压应力与垂直层面的压应力差更大,弯曲明显增大,在前部浅部岩体中出现交错节理,有坡表小角度相交的节理发展成滑移面;由于累计性下滑,弯曲程度不断增加,前部浅部岩破碎更强烈。

（3）第三阶段，溃决式滑移阶段：受重力、暴雨或地震作用，潜在滑移面从前端弯曲处贯穿，上覆岩土体沿着贯穿的滑移面发生滑移。

3.3.2　崩塌的形成机制

1. 土质崩塌

调查区土质崩塌破坏模式为滑移式崩塌，发育于千枚岩、板岩分布地区。区内土质崩塌多为高位的斜坡堆积在降雨作用诱发下发生滑移破坏，一般体积量较小，多小于1000m³。滑塌体开始向坡下运动，由于位置高，势能大，前坡地形坡度陡，失稳后的碎块石土在运行过程中解体，往下离散性增强，多转变为碎屑流，运行与堆积过程分选作用明显，如都贯乡大木桩崩塌（图3-3-6）、都贯乡清溪村5组李子树湾崩塌（图3-3-7）等。

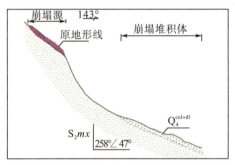

图 3-3-6　都贯乡大木桩崩塌

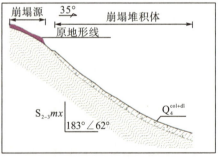

图 3-3-7　都贯乡清溪村 5 组李子树湾崩塌

此外，少部分土质崩塌为斜坡下部岩堆表层块石形成危石，发育于碳酸盐岩、钙质砾岩、块状砂岩等分布区。斜坡坡度在 30°～45°，大部分为地震期间上部岩体产生崩落堆积于斜坡之上，或在地震期间斜坡上的块石产生松动形成危石。在外力作用下，如地震、降水导致块石可能再次滑移启动。这些块石裸露于斜坡之上或部分嵌入土层之中，产生崩塌一般不会解体，滚动距离大、冲击力强、危害大，如都贯乡清溪村 5 组李子树湾崩塌，发育莲花口组钙质砾岩崩积岩堆。危石体积在 80～200m³ 不等，形状不规则，呈凸起状展布堆积层斜坡表面。"5·12"汶川地震期间,危石向前发生滑移,并伴有倾倒。危石的相互错位或棱角与空隙间嵌补,后期趋于稳定,后缘张裂缝逐步完成愈合。2020 年"8·11"强降雨后,危石发生明显滑移,后缘拉裂缝宽 0.1～0.3m,前缘高陡临空,发生滑移倾倒趋势明显。

2. 岩质崩塌

震后岩质崩塌不具规律性,在各种岩层中均有发育,但块体粒径有一定的规律性,在灰岩、白云岩岩层中发育的崩塌危岩体一般粒径较大,地形陡峭,以垂直的陡坎、崖壁为主,如王家梁崩塌(危石)、陈家坝镇龙坪村 4 组竹林湾崩塌等;在千枚岩地层中发育的崩塌危岩块径较小,多以片石、碎石为主,在落地后易解体。按崩塌的形成机理,区内崩塌主要为滑移式崩塌、倾倒式崩塌、坠落式崩塌三类。

1)滑移式崩塌

滑移式崩塌主要发育于千枚岩、板岩、碎屑岩分布区,受构造裂隙控制下的楔形体滑塌,或沿层理(或片理)面与卸荷张拉裂隙控制的顺层面滑移破坏,少数为沿结构面滑移。由于结构面发育密集,崩塌岩块块径小,其危害性相对较小。例如,陈家坝平沟村 6 组董洪金房后崩塌(图 3-3-8)、陈家坝平沟村 4 组草岩窝崩塌(图 3-3-9)。

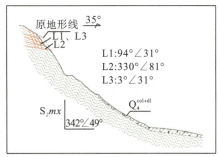

图 3-3-8　陈家坝董洪金房后崩塌

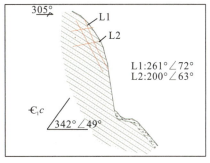

图 3-3-9　陈家坝草岩窝崩塌(薄层粉砂岩、硅质岩)

　　2) 倾倒式崩塌

　　倾倒式崩塌多发于块状碎屑岩 (莲花口组钙质砾岩、块状砂岩)、化学沉积岩分布区，由于岩层厚度加大，岩质强度较高，裂隙发育间距较大，岩块粒径较粗。多受蠕变张拉、卸荷裂隙以及构造裂隙控制，再次为溶蚀裂隙，溶蚀裂隙多为其他裂隙的继承性垂向发育，加大了对岩层的垂向分割。各类崩塌的诱发因素主要为地震作用的水平力，导致危岩块发生旋转式倾倒。该类崩塌均发育于 "5·12" 汶川地震期间，在 2020 年 "8·11" 强降雨后，未见有明显的启动迹象和岩块坠落。调查区该类型崩塌多分布于桂溪、陈家坝等岩溶槽谷岸坡坡缘地带，斜坡类型为逆向坡。例如，陈家坝杨家大岩崩塌 (图 3-3-10)、都贯乡烟平岩崩塌 (图 3-3-11)，均发育于同一岩溶斜坡坡缘。

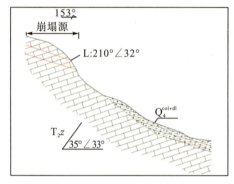
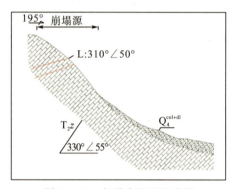

图 3-3-10　陈家坝杨家大岩崩塌　　　　　图 3-3-11　都贯乡烟平岩崩塌

　　3) 坠落式崩塌

　　坠落式崩塌多发育于千枚岩、软弱的碎屑岩地区，主要受卸荷裂隙和蠕变裂隙控制。由地表张拉裂隙向深部扩展后，受地震或降雨作用，剪断下部岩层，发生坠落。该类崩塌多沿河谷岸坡分布，其形成机理与岩质蠕变-拉裂型滑坡相似，不同之处在于前者一般规模较小，为表生裂隙的强烈发育地段，如陈家坝李家湾不稳定斜坡，发育于千枚岩逆向坡，产状缓倾坡内。斜坡凸出的脊坡位置至少发育两处危岩带，其表生结构裂隙强烈发育，切层张拉裂隙发育，陡倾向坡外。层间剪切错动明显，表部岩层已发生折断，呈碎裂结构。例如，都坝河岸发育坠落式崩塌 (图 3-3-12)。

图 3-3-12　都坝河岸发育坠落式崩塌

　　岩质崩塌受不同的诱发因素作用，可能产生不同的破坏模式。这与地层岩性、结构面组合及性质、地形特征等有关。例如，上述缓倾内千枚岩逆向坡，正常地质发展演化下为错动滑移式崩塌，若坡脚受到人为切坡，斜坡变为较为陡立的地形；或受地震水平力作用，该类崩塌可表现为倾倒式或拉裂式崩塌。例如，都贯乡梁子崩塌是村道建设开挖后，道路内侧地形陡立，局部已形成凹岩腔，在降雨诱发下发生拉裂-坠落式崩塌（图 3-3-13）。

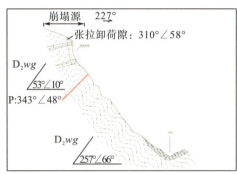

图 3-3-13　都贯乡梁子崩塌

3.3.3　泥石流的形成机制

　　从区内泥石流的形成类型来看，主要发育降雨型沟谷泥石流，其成因模式为堆积体滑塌侵蚀类型。结合"5·12"汶川地震造成的影响，可从以下几个方面来对都坝河流域境内的泥石流发育形成机制进行概述。

　　(1)震后泥石流物源异常丰富。受"5·12"汶川地震影响，研究区内大量崩塌和滑坡发育，区内主流及支流两岸堆积有大量松散堆积体。根据高分辨率遥感影像，对比了地震前后的灾害特征，解译分析了研究区内地质灾害，震前研究区内崩塌灾害较少，植被覆盖率较高，物源条件一般。

　　(2)流域微地貌突变。地形地貌对泥石流的暴发影响巨大，主要在坡度和坡高方面最为突出。坡度对沟内泥石流物源的量具有间接控制作用；坡高影响着势能和动力条件，坡高越大，越易暴发泥石流。"5·12"汶川地震后，沟道微地貌发生了巨大变化，主要表现在堵塞沟道上，导致原有沟道形态和汇水条件发生了变化。沟道内堆积大量松散物源，易被搬运后形成泥石流；其次，堆积在沟道内部的松散物质抬高了沟床，增加了流域的汇水面积，也为泥石流的暴发形成了有利条件。

　　(3)沟道堵塞效应。研究区属于高山峡谷地貌，斜坡陡峭，沟谷水系数目繁多，研究区流域内微地貌在地震作用下改造明显。通过遥感初步解译和现场调查发现，沟道两侧岸坡、沟道内和近沟道侧堆积了大量松散堆积体，严重堵塞沟道，尤其是"5·12"汶川地震引发的大量山体滑坡，堵塞沟道并使泥石流产生明显的溃决效应，如杨家沟、青林沟等。大量堆积在近沟道处的松散堆积体，对沟道具有挤压作用，使沟道变窄，降低了沟道的流通性。通过遥感解译发现，研究区内多条泥石流沟沟道受到不同程度的堵塞，沟道变窄。在强降雨因素诱发下，沟道两侧斜坡前缘受到侧蚀、铲刮效应明显，大量松散物质被搬运后，转化成水石流，进一步在沟道内冲刷、切割等，最后形成泥石流。

（4）临界降雨条件改变。根据调查发现，强降雨为区内泥石流的主要诱发因素，在地震作用下，流域内堆积了大量结构松散的崩滑堆积物，具有孔隙率大、架空现象明显等特征。降雨入渗作用降低了土体的抗剪强度，使松散土体易被搬运后形成泥石流。

综合地震前后气象资料，结合前人对泥石流在降雨方面的研究成果发现，"5·12"汶川地震后，灾区泥石流暴发的最大小时雨强和临界累计降雨量普遍降低了约 1/3。

3.4　地质灾害成灾模式

3.4.1　滑坡的成灾模式

结合研究区滑坡特点和承灾体情况特征，区内滑坡主要成灾模式见表 3-4-1。研究区内发育的滑坡众多，各种成灾模式不一，如李家湾滑坡即是非常典型的灾害链破坏型滑坡（图 3-4-1）。

表 3-4-1　都坝河流域滑坡主要成灾模式一览表

成灾模式类型	承灾体	承灾体与灾害的关系	造成危害的典型方式
拉裂破坏型	人员、基础设施	承灾体位于滑坡后缘或滑坡中部	滑坡的变形滑动造成承灾体的拉裂破坏和人员的伤亡
冲击掩埋型	人员、基础设施、人类工程活动	承灾体位于滑坡前缘、堆积区、影响范围内	滑坡的变形滑动造成承灾体被冲击掩埋破坏和人员的伤亡
灾害链破坏型	人员、基础设施、人类工程活动	承灾体位于高位远程滑坡潜在影响范围内	高位远程滑坡发生后，转为高速碎屑流远程受灾、崩滑流堵塞河流上游形成回水淹没或下游河床淤高、行洪能力下降导致洪水冲蚀与淹没，造成承灾体被破坏和人员的伤亡

2008 年"5·12"汶川地震期间，李家湾所处山体发生大规模滑坡，即太洪村 2 号滑坡，滑坡体由志留系砂页岩和板岩构成，滑体与下伏基岩发生强烈撞击，并触发下部滑坡，产生滑坡坝堵塞河流，形成堰塞湖，滑坡高位抛出后，撞击对岸高地，形成土石碎屑溅落体，压覆麦田，显示气垫特征，该滑坡具有明显的阶状滑床特征。2016 年 9 月 5 日 02:00，四川省都坝河流域陈家坝镇太洪村 2 组李家湾发生高位高速滑坡，该滑坡在太洪村 2 号滑坡撞击点一带再次发生滑动破坏，滑坡主滑方向为 SE120°，滑坡后缘高程约为 1050m，距坡脚都坝河河床相对高差达 310m，前缘剪出口高程约为 940m，高出坡下河床 200m，滑坡总体积达 73.32 万 m³。在滑坡高速崩滑运动中，部分滑体形成碎屑流，直接掩埋都坝河河道并形成堰塞体。

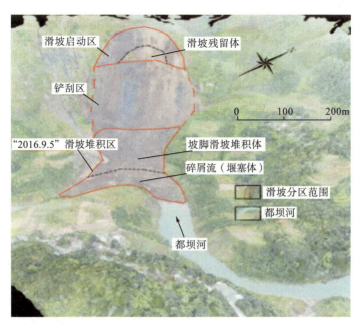

图 3-4-1　李家湾滑坡平面图［据槐永波等(2019)］

3.4.2　崩塌的成灾模式

崩塌是较陡斜坡上的岩土体在重力作用下突然脱离母体崩落、滚动、堆积在坡脚或沟谷的地质现象。结合研究区崩塌的特点和承灾体情况特征，区内崩塌的主要成灾模式见表 3-4-2。都坝河流域区内发育的崩塌灾害众多，如草岩窝崩塌的成灾模式为冲击掩埋型（承灾体位于崩塌前缘、下方及堆积区影响范围内）。

表 3-4-2　研究区崩塌成灾模式一览表

成灾模式类型	承灾体	承灾体与灾害的关系	造成危害的典型方式
拉裂破坏型	人员、基础设施	承灾体位于崩塌上方后缘或崩塌堆积体上	崩塌的变形崩落造成承灾体的拉裂破坏和人员伤亡
冲击掩埋型	人员、基础设施、人类工程活动	承灾体位于崩塌前缘、下方及堆积区影响范围内	崩塌的变形崩落造成承灾体被冲击掩埋破坏和人员伤亡
灾害链破坏型	人员、基础设施、人类工程活动	承灾体位于高位远程崩塌潜在影响范围内	高位远程崩滑发生后，转为高速碎屑流远程受灾、崩滑流堵塞河流上游形成回水淹没或下游河床淤高、行洪能力下降导致洪水冲蚀与淹没，造成承灾体被破坏和人员伤亡

3.4.3　泥石流的成灾模式

泥石流是在山区或其他沟谷深壑区，因暴雨、暴雪或其他自然灾害引发的山体滑坡并挟带有大量泥沙以及石块等固体物质的特殊洪流。结合研究区泥石流的特点和承灾体情况特征，都坝河流域泥石流成灾模式见表 3-4-3。

表 3-4-3　都坝河流域泥石流成灾模式一览表

成灾模式类型	承灾体	承灾体与灾害的关系	造成危害的典型方式
冲毁、冲击破坏型	人员、基础设施、人类工程活动	承灾体位于泥石流形成区、流通区或坡面泥石流影响范围内	泥石流发生时在形成区、流通区或坡面泥石流影响区内造成承灾体的冲毁、冲击破坏和人员伤亡
淤埋破坏型	人员、基础设施、人类工程活动	承灾体位于泥石流堆积区及影响范围内	泥石流发生时在堆积区及影响范围内造成承灾体被泥石流淤埋破坏和人员伤亡
阻塞破坏型	人员、基础设施、人类工程活动	承灾体位于泥石流阻塞的河道、沟道区影响范围内	泥石流发生后，沟道堆积体或两岸崩滑堆积体阻塞沟道、河道，形成回水淹没、堰塞湖或下游河床淤高，行洪能力下降导致洪水冲蚀与淹没；形成的堆积坝发生溃决，引起的洪水灾害、次生泥石流灾害等，造成承灾体被破坏和人员伤亡

　　都坝河流域区内发育的泥石流灾害众多，如杨家沟泥石流的成灾模式为阻塞破坏型，即承灾体位于泥石流阻塞的河道区影响范围和泥石流堆积区及影响范围内。

　　杨家沟在"5·12"汶川地震后暴发了大小共 5 次泥石流，其中较大规模暴发时间分别为 2008 年 9 月 24 日及 2013 年 7 月 9 日，一次性冲出量分别为 17 万 m^3 与 29 万 m^3。由于主河道都坝河输砂能力有限，大量的冲出物淤积在杨家沟沟道及沟口至陈家坝镇场镇段内，致使都坝河主河道淤积严重。泥石流的威胁主要表现为泥石流物质冲出后在都坝河陈家坝镇大量淤积，抬高河床，威胁陈家坝镇场镇及两岸居民，威胁人口达 3000 余人，威胁财产达 2.8 亿元左右(图 3-4-2)。

图 3-4-2　杨家沟泥石流沟谷特征

第4章　地质灾害危险性评价、生态环境脆弱性评价及耦合关系

4.1　国内外研究现状

4.1.1　地质灾害危险性国内外研究现状

地质灾害是因为地质作用或者人类工程活动改变地质环境,从而引发山体崩塌、滑坡、泥石流等对人类人身财产具有较大危害的环境破坏过程。地质灾害危险性是指地质灾害危险区及其可能造成的人员伤亡和财产损失。地质灾害危险性评价是在查清地质灾害活动历史、形成条件、变化规律与发展趋势的基础上,进行危险性评价。研究地质灾害危险性评价意义重大,它是减轻地质灾害对人类危害和经济损失的重要步骤,对承灾体的承灾能力、财产损失评估、人员伤害评估具有较大的指导性和实用性。

国外的地质灾害危险性研究主要分为三个阶段:第一阶段从20世纪60年代开始,这一时期的地质灾害危险性研究可以归类为萌芽起步阶段,侧重于地质的勘探工作,研究地质灾害的形成机理以及地质灾害的预测,重点在于自然地质灾害的形成条件和活动过程。在此期间,美国和苏联分别出版了关于地质灾害研究的书籍《滑坡与工程实践》和《苏联铁路防滑坡经验》,研究重点为各类工程建设的地质灾害问题,此时地质灾害风险是作为工程建设的附属进行研究的。美国在20世纪70年代对地质灾害危险性区域划分进行了大量的研究工作,Assiates 等对美国加州某地区的滑坡进行了区域评价(Cotecchia and Guerricchio,1986)。

20世纪80年代,地质灾害问题研究进入第二阶段,即逐渐发展时期,很多国家都展开了对地质灾害危险性区域划分和预测问题的研究并对地质灾害进行评估,M.Ruff 和 K.Czurda(2006)初次利用层次分析法对地质灾害过程进行评价,获取滑坡的敏感性结果数据。Brabb(1984)利用统计学原理对地质灾害的危险性进行评价;Campbell(1991)使用 GIS 技术对滑坡进行了研究。在这一时期,GIS 技术以及统计学相关的知识技术都开始运用到地质灾害研究过程当中,各类地质灾害研究都具有创新性,地质灾害研究逐步成为一项独立且系统的科学研究工作。

20世纪90年代后,地质灾害研究工作进入第三阶段,即蓬勃发展阶段,由于 GIS 技术的广泛运用,区域性的地质灾害评价也得到了很大的发展。20世纪90年代初期,Pachauri 等(1998)在地形分类的基础上对滑坡的易发性进行制图。Gupta 和 Joshi(1990)、Borga 等(1998)、Carrara 等(1991)、Mantovani 等(1996)、Uromeihy 和 Mahdavifar(2000)和 Fall

等(2006)利用 3S 技术对地质灾害进行各种评价研究和区域划分等。Aleotti 和 Chowdhury (2000)、Michael-Leiba 等(2003)对地质灾害开展危险性和风险区划研究。

当前,国际上对于地质灾害的研究无论是从理论研究上还是从实践上来讲都已经进入成熟的阶段,上述的地质灾害研究过程对于我国地质灾害研究也都提供一定帮助,为丰富我国地质灾害研究作出了理论和方向指导。

我国在地质灾害方面研究较晚,20 世纪 70 年代之前尚且处于萌芽阶段,开始是以地震灾害为对象的研究,其次是与重大的工程项目相关的地质灾害研究,这类研究主要针对单个类别地质灾害而且对地质灾害危险性评价涉及不深,同时相关的研究方法亦不成熟。20 世纪 80 年代开始,我国主要针对各类工程项目进行地质灾害研究,黄润秋(1988)通过岩石强度各向异性的研究计算边坡稳定性;黄润秋和李曰国(1992)通过信息模型方法对三峡水库区域斜坡稳定性进行了评估。刘希林(2000)提出了关于泥石流风险的指标和体系。

20 世纪 90 年代之后,我国开始进行区域性地质灾害的评价研究工作阶段,对地质灾害进行区域性的联防整治,这一时期我国的科学家们开始应用 GIS 技术,对区域地质灾害进行综合性的评价研究。姜云和王兰生(1994)利用 GIS 研究了重庆市地面岩体变形破坏机制,并且利用数字减灾系统 DRISI 系统对其进行了时空预测;殷坤龙等(2000)利用 GIS 技术对我国地质灾害进行管理和评估;吴柏清等(2008)对 GIS 与 Logistic 模型进行结合,研究灾害危险性并进行分区。随着 3S 技术的日益完善,3S 技术在地灾的监测、可视化和防控方面起着重要作用。杜军和杨青华(2009)利用 GIS 对"5·12"汶川地震之后发生的地质灾害进行了评价研究,为汶川地区的灾后重建以及生态恢复提供了理论依据;徐为等(2010)研究了我国地质灾害特征和研究现状;张雅茜等(2016)、孟庆华等(2014)、刘彦花和叶国华等(2015)、徐继维等(2015)系统讨论了利用 GIS 技术对地质灾害进行风险评估,为减少各类地质灾害发生提供了更加可靠科学的依据;李佩佩等(2017)对流域地质灾害危险性进行评价;易明华等(2017)第一次将地质灾害、地理国情普查与社会经济数据相结合,综合评估地质灾害的危害。

4.1.2 生态环境脆弱性国内外研究现状

生态环境脆弱性又称生态脆弱性,是指生态系统在不同时空尺度上对外界干扰的反应以及恢复状况,它是生态系统的固有属性在干扰情况下的表现(雷波等,2013)。目前,关于生态环境脆弱性评价还没有统一的规范标准,IPCC(2010)的定义相对权威,生态环境脆弱性研究的内容主要包括四个方面:①系统变化的评估;②系统响应变化的敏感性评价;③变化对系统造成的潜在影响估测;④系统对变化及影响的适应性评价。

国外的生态环境脆弱性研究主要分为三个阶段。第一阶段:国外生态环境脆弱性研究开始于 20 世纪 60 年代,随着世界经济的发展,人口数量剧增,自然资源日益枯竭,导致气候、资源等问题加剧,生态环境脆弱性成为热点问题。第二阶段:20 世纪 90 年代,很多学者(Smithers and Smit,1997;Smit et al.,1999)开始研究生态脆弱性的人地耦合系统,生态环境脆弱性内容得到很好的发展与拓宽。在此阶段,生态脆弱性理论与等级理论、可持续发展理论等相结合,生态脆弱性理论得到很大的提高和完善。第三阶段:进入 21 世纪，大量运用 3S 技术结合生态脆弱性模型，进行定量的生态脆弱性评价。

我国的生态环境脆弱性研究开始较晚，20 世纪 80 年代末期，生态脆弱带的概念在国际环境问题科学委员会（Scientific Committee on Problems of the Environment，SCOPE）第七届会议上被首次确认，我国开始对生态脆弱带进行研究并逐渐得到加强。在初步发展阶段，我国生态环境脆弱性是以理论研究等定性研究为主，赵桂久（1993）、罗承平和薛纪瑜（1995）、王经民和汪有科（1996）、周劲松等（1997）、赵跃龙和张玲娟（1998）、孙武等（2000）、冉圣宏和毛显强（2000）围绕生态环境脆弱性的概念与分类区划、生态系统和脆弱带的特征与指标识别、脆弱生态环境与可持续发展等方面开展了理论探讨；2008 年"5·12"汶川地震之前对生态环境脆弱性的评价多是单因素研究或者以自然因素研究为主，王让会等（2001）、赵雪雁和巴建军（2002）、赵艺学（2003）、胡宝清等（2004）、覃小群和蒋忠诚（2005）、王德炉和喻理飞（2005）、陶和平等（2006）、张红梅和沙晋明（2007）开始采用各种数学定量方法，对不同自然地域生态脆弱性进行了区域评价，评价方法趋于定量化和区域化，3S 技术开始在生态评价中得到运用；"5·12"汶川地震之后生态环境脆弱性开始出现研究总结和综合化研究的趋势，很多学者开始将人类活动的影响纳入生态环境脆弱性的指标因子。李鹤等（2008）、刘小茜等（2009）、李博和和韩增林（2010）、靳毅和蒙吉军（2011）、李鹤和张平宇（2011）利用模型系统分析总结生态脆弱性研究现状与动态，在生态脆弱性评价中 3S 技术得到大量运用，耦合系统脆弱性的理论开始与实证研究结合，生态环境脆弱性研究趋于整体性和综合性。

4.1.3　地质灾害与生态环境效应研究

关于地质灾害危险性与生态环境脆弱性耦合关系的研究比较少，2011 年我国学者叶思源将引水工程地质灾害与环境效应联系起来，探讨了地质灾害与环境效应之间的耦合关系，分析了地质灾害对环境的具体响应（周劲松，1997）。巩杰等（2012）分析了陇南山区的地质灾害对生态环境的威胁，并构建了生态风险评价模型。祝俊华等（2017）运用统计分析和遥感技术分析了延安地区生态环境与地质灾害发育程度的关联性，为延安的防灾减灾提供了相应依据。

4.1.4　研究方法及技术路线

本章在收集整理北川县都坝河流域地质灾害防治研究资料的基础上，通过对都坝河流域自然地理环境和地质灾害易发点进行详细的野外调查，分析都坝河流域地灾点的时空分布格局及危害特征，构建都坝河流域的地质灾害危险性评价指标体系和生态环境脆弱性指标体系，利用 GIS 技术，采用主成分分析法和信息量模型对都坝河流域展开地质灾害危险性进行评价；利用 ArcGIS 平台的空间主成分分析法，结合层次分析法，评价都坝河流域地区的生态环境脆弱性，并采用耦合度模型探究两者之间的耦合关系，实现都坝河流域地质灾害与生态环境效应评价，为地质灾害极重生态脆弱区生态环境综合治理和乡村振兴提供决策依据。

(1)研究方法。地质灾害危险性及生态环境脆弱性研究涉及要素众多,作用机理复杂,具有非线性的关系特征。鉴于研究对象的复杂性,从融合地质灾害学、生态环境学、自然地理学、人文地理学、地理信息科学、可持续发展等学科的相关理论出发,应用 RS 和 GIS 的相关理论和方法,通过对遥感图像进行解译与分类、GIS 空间数据处理与空间分析、地学统计数据的格网化处理等,将定性分析与定量计算结合起来,客观揭示山区小流域(生态环境脆弱地区)地质灾害及其生态环境效应的相互作用机理。

①遥感技术:随着遥感技术的不断发展,高分辨率遥感数据在地质和环境等领域的应用范围不断增大。本章应用地理空间数据云下载 DEM 数据和 LANDSAT8 数据,经过 ArcGIS 和 ENVI 软件处理遥感数据,得到都坝河流域地质灾害危险性和生态环境脆弱性评价相关因子。

②格网 GIS 技术:运用格网 GIS 技术,将都坝河流域切分成 30m×30m 的格网单元,每个格网单元的栅格数据对应一个特征数值,如果一个格网单元的信息不适当,则被视为无效值(NODATA)。

③空间分析技术:运用空间分析技术,进行都坝河流域河流与道路等缓冲区分析、地质灾害危险性和生态环境脆弱性评价图以及两者之间耦合关系图的叠加分析等。

④数理统计分析方法:采用信息量模型、主成分分析法以及层次分析法等数量统计分析方法分析获取地质灾害危险性和生态环境脆弱性指标权重系数。

⑤文献综述法:针对地质灾害的危险性和生态环境的脆弱性以及地质灾害对生态环境产生的效应等相关问题,收集文献,并加以整理和分析,阐述了三个研究问题的发展现状。

(2)技术路线。依据研究目的、研究内容和研究方法,主要研究过程包括以下步骤:①研究区基础自然环境和社会经济资料收集整理;②地质灾害调查数据整理;③选择合适的指标,建立科学的评价指标体系;④利用 GIS 技术,结合数学模型进行地质灾害危险性评价和生态环境脆弱性评价;⑤进行总结与验证,获取地质灾害危险性与生态环境脆弱性之间的耦合关系,并且为灾害防治提供策略,其技术路线如图 4-1-1 所示。

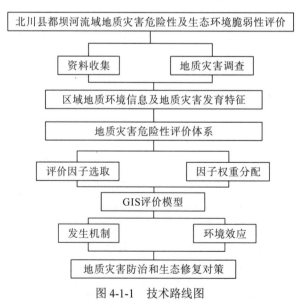

图 4-1-1 技术路线图

4.2　地质灾害危险性评价

4.2.1　地质灾害危险性评价单元划分

利用 ArcGIS10.0 对都坝河流域地质灾害危险性评价因子栅格数据图进行处理，便于数字模拟、栅格数据的叠加、处理数字图像、空间分析等，将评价单元格网确定为 30m×30m，与 DEM 数据分辨率相同，单元网格数量为 351912 个，行政区划依据《北川羌族自治县年鉴(2017)》。

4.2.2　地质灾害危险性评价模型构建

危险性评价中重要的环节是构建地质灾害危险性评价模型，确定评价因子权重。利用信息量模型和主成分分析法都能有效地确定权重系数，利用数学分析方法定量确定各影响因子权重，有效避免了人的主观因素的影响，比较科学、客观。

1.　评价指标体系的建立和因子的选取

地质灾害危险性评价是一项对所研究区域的地质灾害发生、发育以及产生的危害进行评估的、复杂的技术工作，目前评价方法和思路在世界范围内都较为成熟(李博和韩增林，2010；刘小茜等，2009)。本书采用 GIS 方法进行地质灾害危险性评价，评价指标主要包括地质灾害发生的控制因素和诱发因素，选取坡度、河流、地层岩性、地震烈度、降水等指标因素，同时这些指标可以归类为基础地质因素(地形地貌、地层岩性、地震因子、地震诱发灾点)和诱发因素(外界诱发因子)两类指标因素，构成地质灾害危险性评价体系(图 4-2-1)。

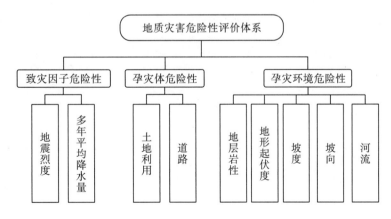

图 4-2-1　都坝河流域地质灾害危险性评价体系

　　通过所获得的数据，利用数字高程模型(DEM)生成地形起伏度、坡度、坡向的专题图，由于 DEM 数据的分辨率是 30m×30m，以下分析栅格数据空间网格均是 30m×30m。然后，对指标进行量化，各个指标特征值的具体量化过程如下，各指标特征值分布如图 4-2-2 所示。

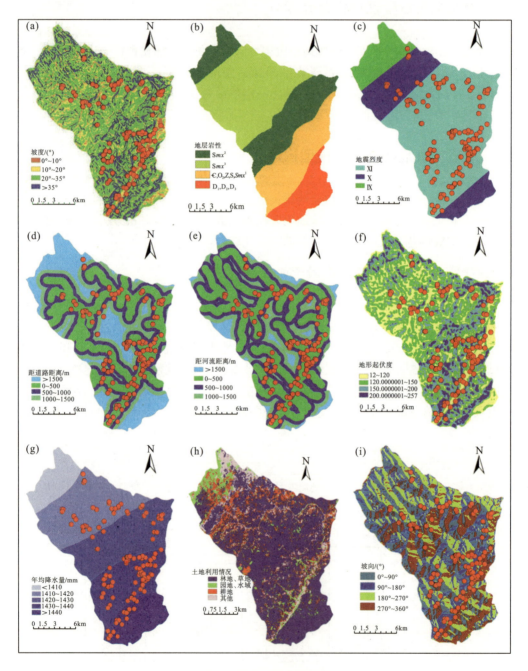

图 4-2-2　地质灾害危险性评价指标特征值分布图

(1)坡度：根据 GIS 软件空间分析，将 30m×30m 的 DEM 数据经过淹没提取得到都坝河流域 DEM 影像数据，再利用 ArcGIS 软件中 Spatial Analyst 工具中的"表面分析"可以提取都坝河流域的坡度，将坡度重分类划分为 0°～10°、10°～20°、20°～35°、>35°。

(2)地层岩性：扫描北川县都坝河流域的地层岩性图，在 GIS 中进行配准并矢量化，将研究区的地层岩性根据地质灾害点在各个地层的密度划分为四类。

(3)地震烈度：将地震烈度指标进行量化，即地震发生时产生的烈度，研究区中地震烈度包含Ⅸ级、Ⅹ级和Ⅺ级。

(4)距道路距离：人类工程活动影响滑坡的种类很多，主要选择道路。道路修建，开挖坡脚，形成高陡边坡，有利于地质灾害发育。将道路进行缓冲区分析，分为 0～500m、500～1000m、1000～1500m 和 >1500m 四种类型。

(5)距河流距离：利用都坝河流域的 DEM 影像数据，利用 ArcGIS 软件中 Spatial Analyst 工具中的"水文分析"提取河网。提取河网时，汇流累积量阈值为 4000 时得到比较理想的都坝河流域河网，删除一些伪沟谷，提取都坝河流域的水系网。然后将河流进行缓冲区分析，分为 0～500m、500～1000m、1000～1500m 和 >1500m 四种类型。

(6)地形起伏度：地形起伏指标是指区域内最高海拔与最低海拔的差值，是地貌划分的重要指标。以 30m×30m 为一个单位，分别提取每个单位海拔的最大值和最小值，生成两个图层，根据 ArcGIS 栅格计算将两个图层相减，最终得到地形起伏度图，再将地形起伏度进行重分类，主要分为 <100m、100～200m、200～300m、>300m 四类。

(7)年均降水量：都坝河流域地质灾害暴发时间集中，主要发生在 5～9 月雨季期间，且多暴雨和夜雨，这都是诱发地质灾害的重要条件，是降雨诱发型地质灾害区。年均降水量分布根据区域内气象站点观测资料(时间从 2014 年 1 月 1 日到 2017 年 1 月 1 日)，通过 ArcGIS 样条函数插值法获取都坝河流域内的降水量。将都坝河流域多年平均降水量进行重分类，划分为 <1410mm、1410～1420mm、1420～1430mm、1430～1440mm 四种类型。

(8)土地利用情况：根据地质灾害点在各个土地利用类型上的密度将其划分为林地(含草地)、园地(含水域)、耕地、其他四类。

(9)坡向：将 30m×30m DEM 数据经过淹没提取得到都坝河流域 DEM 影像数据，再利用 GIS 软件中 Spatial Analyst 工具中的"表面分析"可以提取都坝河流域的坡向，将坡向划分为 0°～90°、90°～180°、180°～270°、270°～360°四种类型。

2. 指标量化方法

本书利用统计学方法中信息量模型对指标进行量化，并建立指标因素的敏感性模型，进而进行敏感度赋值。模型主要过程为利用 GIS 工具对研究区进行敏感度赋值计算，该计算方法为

$$W_i = \ln\left(\frac{D_c}{D_m}\right) = \ln\left[\frac{\dfrac{N(S_i)}{A(S_i)}}{\dfrac{\sum N(S_i)}{\sum A(S_i)}}\right] \tag{4-2-1}$$

式中，W_i 表示选择指标的敏感度的信息量；D_c 表示选取指标的地质灾害点密度；D_m 表示整个研究区的地质灾害点密度；$N(S_i)$ 表示某类特定选择指标的地质灾害点数目；$\Sigma N(S_i)$ 表示地质灾害点总个数；$A(S_i)$ 为某一类特定指标所占的总面积；$\Sigma A(S_i)$ 为研究区域的总面积。

通过式(4-2-1)对指标进行量化处理，获取指标的敏感度数据(表 4-2-1)，某一指标范围内的地质灾害发生频率高，此时的指标敏感度较高，对于选定的指标来说，不同的指标量化范围对应不同的敏感度变化，基于敏感度的变化，对指标进行分析，获取所选取指标的敏感性比重。

本书利用 ArcGIS10.1 栅格数据，根据都坝河流域 DEM 影像数据，处理得到坡度图和坡向图，并提取得到都坝河流域的地形起伏度以及河流网，将地层岩性图、道路缓冲区和河流缓冲区图栅格化。将都坝河流域多年平均降水量栅格图、坡度栅格图、坡向栅格图、地形起伏度栅格图、地层岩性栅格图、地震烈度栅格图、河流栅格图、道路栅格图、土地利用类型栅格图根据主成分分析法计算的权重，将敏感性因子图经过 ArcGIS 加权叠加得到敏感性综合图，再经过 ArcGIS 几何间隔重分类将地灾敏感性划分为四个区域，得到地质灾害敏感性分区图(图 4-2-3)。

表 4-2-1   北川县都坝河流域地质灾害危险性指标分级与赋值

选取指标	属性	面积/km²	灾害数目/个	平均密度/(个/km²)	敏感度	敏感性(级)
坡度/(°)	0~10	20	11	0.55	0.258	3
	10~20	65	39	0.60	0.345	4
	20~35	158	68	0.43	0.013	2
	>35	70	15	0.214	−0.685	1
距道路距离/m	<500	109	85	0.780	0.607	4
	500~1000	78	23	0.295	−0.366	2
	1000~1500	55	19	0.345	−0.207	3
	>1500	71	5	0.070	−1.779	1
距河流距离/m	<500	142	103	0.725	0.535	4
	500~1000	106	20	0.189	−0.812	2
	1000~1500	46	10	0.217	−0.670	3
	>1500	19	0	0	—	1
地层岩性	D_1, D_2, D_3	36	5	0.139	−1.118	1
	$\in$, O_2, Z, S, Smx^1	67	62	0.925	0.778	4
	Smx^2	87	33	0.379	−0.114	3
	Smx^3	123	33	0.268	−0.460	2
坡向/(°)	0~90	85	32	0.376	−0.121	2
	90~180	75	44	0.587	0.322	4
	180~270	74	28	0.378	−0.116	3
	270~360	79	29	0.367	−0.146	1

续表

选取指标	属性	面积/km²	灾害数目/个	平均密度/(个/km²)	敏感度	敏感性(级)
地形起伏度/m	100	22	21	0.425	0.809	4
	100~200	176	91	0.425	0.196	3
	200~300	98	19	0.425	−0.785	2
	300	17	2	0.425	−1.284	1
地震烈度	IX级	36	1	0.425	−2.728	1
	X级	72	10	0.425	−1.118	2
	XI级	205	122	0.425	0.337	3
年均降水量/mm	<1410	32	0	0.425	—	1
	1410~1420	90	1	0.425	−3.644	2
	1420~1430	85	27	0.425	−0.8291	3
	1430~1440	66	26	0.425	−0.076	4
	>1440	40	79	0.425	1.536	5
土地利用情况	林地(含草地)	264	79	0.425	−0.351	1
	园地(含水域)	12	12	0.425	0.856	3
	耕地	18	14	0.425	0.604	2
	其他用地	19	28	0.425	1.243	4

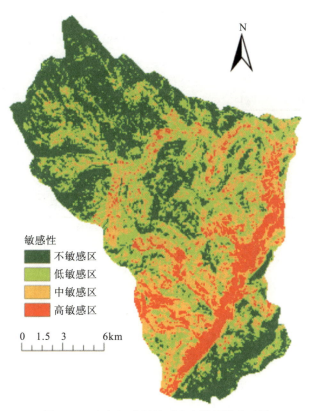

图 4-2-3　都坝河流域地质灾害敏感性分区图

由都坝河流域地质灾害敏感性分区图(图 4-2-3)可以看出,高敏感区很明显沿河流和道路分布,都坝河流域的道路多是沿着河流沟谷修建,河流与道路的相关性很高,两者产生的影响相互叠加,使得都坝河流域高敏感区具有沿河沿路呈带状分布的特点。都坝河流域不敏感区主要分布在北部,中部和南部有少部分分布,这些地区人类活动相对较少,植被覆盖率高。

3. 指标因素权重计算

本章采用主成分分析法获取权重。主成分分析法(principal component analysis,PCA)是一种统计方法,它利用降维的思想,将多指标转化为少数几个主成分,使得复杂的因素变得简单化,并且考虑了因子与因子之间的相关性。将表 4-2-1 的数据录入 SPSS19.0,选择 PCA 分析,然后进行降维因子分析,最终得到分析结果,见表 4-2-2~表 4-2-5。

表 4-2-2　相关系数矩阵及坡度与坡向

因子	地形起伏度	距道路距离	距河流距离	年均降水量	地层岩性	地震烈度	土地利用情况
地形起伏度	1.000	0.069	0.205	0.101	0.137	−0.053	−0.227
距道路距离	0.069	1.000	0.438	0.054	0.097	0.011	−0.166
距河流距离	0.205	0.438	1.000	−0.007	−0.010	−0.114	−0.098
年均降水量	0.101	0.054	−0.007	1.000	0.628	0.463	−0.203
地层岩性	0.137	0.097	−0.010	0.628	1.000	0.369	−0.136
地震烈度	−0.053	0.011	−0.114	0.463	0.369	1.000	0.082
土地利用情况	−0.227	−0.166	−0.098	−0.203	−0.136	0.082	1.000
坡度	0.560	−0.032	0.004	0.031	−0.018	−0.129	−0.138
坡向	−0.061	0.015	−0.020	0.102	0.061	−0.101	−0.137

相关系数矩阵表明各指标因子之间具有的相关性强弱。通过表 4-2-2 可以看到在都坝河流域地形和坡度相关性比较强,距道路距离和距河流距离的相关性也比较强。

表 4-2-3　主成分方差贡献率和累计贡献率

成分	初始特征值		
	合计	方差贡献率/%	累计贡献率/%
1	2.071	23.015	23.015
2	1.786	19.842	42.857
3	1.384	15.376	58.233
4	1.138	12.643	70.876
5	0.776	8.620	79.496
6	0.589	6.539	86.035
7	0.536	5.950	91.985
8	0.414	4.605	96.590
9	0.307	3.409	99.99

表 4-2-4　主成分矩阵

因子	成分			
	1	2	3	4
地形起伏度	0.366	0.688	−0.371	0.182
距道路距离	0.257	0.350	0.713	0.126
距河流距离	0.138	0.508	0.626	0.220
年均降水量	0.844	−0.248	−0.048	−0.066
地层岩性	0.805	−0.228	−0.010	−0.011
地震烈度	0.551	−0.515	−0.025	0.323
土地利用情况	−0.385	−0.398	−0.053	0.450
坡度	0.177	0.629	−0.574	0.085
坡向	0.099	0.009	0.098	−0.849

表 4-2-5　主成分评分系数矩阵

因子	主成分			
	1	2	3	4
地形起伏度	0.177	0.385	−0.268	0.160
距道路距离	0.124	0.196	0.515	0.111
距河流距离	0.067	0.284	0.453	0.193
年均降水量	0.407	−0.139	−0.035	−0.058
地层岩性	0.388	−0.128	−0.007	−0.010
地震烈度	0.266	−0.288	−0.018	0.284
土地利用情况	−0.186	−0.223	−0.038	0.396
坡度	0.085	0.352	−0.415	0.074
坡向	0.048	0.005	0.071	−0.747

4. 地质灾害危险性评价模型

随着地质灾害评价体系的不断发展，基于 GIS 的地质灾害评价体系被广泛应用。本章的地质灾害危险性评价基于 GIS 技术建立，通过相关软件完成，本次地质灾害危险性评价模型如下：

$$W_{X_i} = \sum_{j=1}^{m} X(i,j) R(j) \tag{4-2-2}$$

式中，W_{X_i} 表示危险性指数；m 表示危险性要素的总数；$X(i,j)$ 为选取的指标因素得分；$R(j)$ 表示各个指标的权重。

根据主成分分析法得到地形起伏度 X_1、距道路距离 X_2、距河流距离 X_3、年均降水量 X_4、地层岩性 X_5、地震烈度 X_6、土地利用情况 X_7、坡度 X_8 和坡向 X_9 等因子的权重分别为 0.101、0.071、0.038、0.233、0.222、0.152、0.106、0.049 和 0.027，最后得到都坝河流域的地质灾害危险性评价模型：

$$W_{X_i} = X_1 \times 0.101 + X_2 \times 0.071 + X_3 \times 0.038 + X_4 \times 0.233 + X_5 \times 0.222 + X_6$$
$$\times 0.152 + X_7 \times 0.106 + X_8 \times 0.049 + X_9 \times 0.027 \tag{4-2-3}$$

4.2.3 地质灾害危险性分区

1. 地质灾害危险性分区

在 GIS 平台中结合危险性评价数据获取，采用 ArcGIS 自然间断点分级法将都坝河流域地质灾害危险性区域划分为高危险区、中危险区、低危险区和相对安全区四种，进而获取都坝河流域地质灾害危险评价分区图(图 4-2-4)。

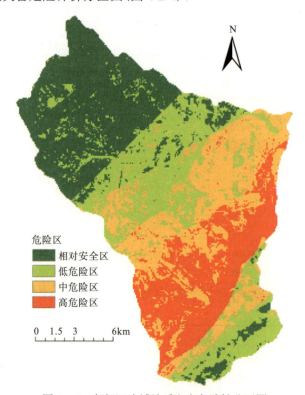

图 4-2-4 都坝河流域地质灾害危险性分区图

2. 地质灾害危险性评价结果

通过图 4-2-4 可以获取都坝河流域地质灾害高危险区、中危险区、低危险区及相对安全区的分布面积比例构成。

(1)高危险区占流域总面积的 29.4%，主要集中在流域中部偏南的方向，分布在桂溪镇的杜家坝和云兴村，陈家坝镇的太洪村、金鼓村、大竹村、马鞍村、平沟村、青林村、小河村、樱桃沟村、通宝村、老场村和西河村，以及曲山的云里村等。由于该区域位于都坝河流域的下游，人口密度大，道路分布密集，北川断裂穿过该区域，地层岩性破碎，地震烈度高，为地质灾害的发生发育提供了良好的条件。

（2）中危险区占流域总面积的 26.5%，位于流域中部，主要分布在陈家坝镇大兴村、双堰村、红岩村以及部分的龙湾村、老场村和西河村，贯林乡南部的岩林村和水堰村，桂溪镇的金星村、树坪村和黄莺村，以及都坝乡的水井村。该地区耕地和园地所占面积较大，人类活动影响较大。

（3）低危险区占流域总面积的 25.6%，位于流域中偏北部以及最南部，主要分布在陈家坝镇最南部的县林场甘溪工作区和西河村、都坝乡的民权村和贯林乡的中心村和复兴村等。

（4）相对安全区占流域总面积的 18.5%，主要位于都坝河流域北部，分布在都贯乡的柳坪村、油坊村、皇帝庙、县林场甘溪工作区、金洞村和岩路村等，是都坝河流域降水量最少的地区，土地利用类型以林地为主，森林面积大，植被覆盖率高，人类工程活动影响很小，道路密度相对较低，位于都坝河上游地区，径流量小，河流冲刷力小，是都坝河流域内地质条件较稳定的地区。

4.3　生态环境脆弱性评价

4.3.1　流域生态环境脆弱性评价单元划分

都坝河流域生态环境脆弱性评价单元划分原则及方法与 4.2.1 流域地质灾害危险性评价单元划分原则与方法相同，行政区划依据《北川羌族自治县年鉴(2017)》。

4.3.2　生态环境脆弱性评价模型构建

1.　指标体系的构建与因子的选择

都坝河流域环境脆弱性评价指标选取借鉴田亚平和常昊(2012)对中国生态脆弱性文献的统计分析，西南和南方地区选取的生态环境脆弱性指标采用率在 50%以上，并且通过对都坝河流域当地的生态环境特点进行分析，选择年均降水量、地表起伏度、坡度、坡向人均 GDP、城镇化率、人口密度、地质灾害点密度、土壤类型、植被覆盖率、土地垦殖率等指标因素对流域进行脆弱性评价。采用 ArcGIS 与主成分分析法，依然将各指标因子的栅格数据格网化。具体影响因子指标详见表 4-3-1，其指标因子特征值如图 4-3-1 所示。

年均降水量：年均降水量对都坝河流域地区的生态环境变化有很重要的作用，其对都坝河流域地区生态环境的稳定性影响很大，如图 4-3-1 所示。北川县都坝河流域的年均降水量大部分地区为 1400mm 以上，从南向北处于递减趋势，总体水平保持相对稳定。

表 4-3-1　都坝河流域生态环境脆弱性评价指标

一级指标	二级指标	三级指标	数据来源
生态环境 脆弱性	自然指标	年均降水量	气象局
		地形起伏度	DEM 数据
		坡度	DEM 数据

续表

一级指标	二级指标	三级指标	数据来源
生态环境脆弱性		坡向	DEM 数据
		土壤类型	自然资源部
		植被覆盖率	Landsat8 遥感影像
		地质灾害点密度	自然资源部
	经济指标	人均 GDP	北川县统计年鉴
		土地垦殖率	自然资源部
	社会指标	人口密度	北川县统计年鉴
		城镇化率	北川县统计年鉴

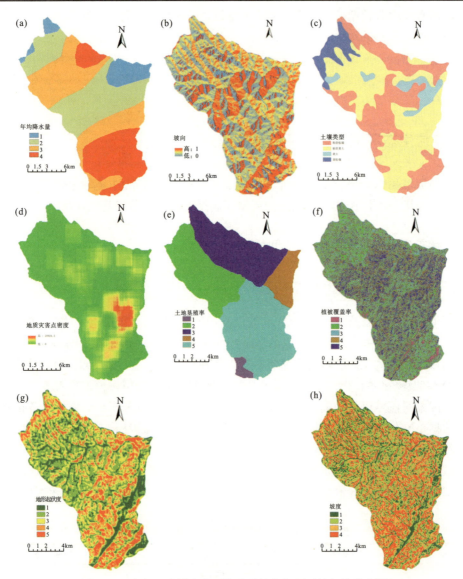

图 4-3-1　都坝河流域生态环境脆弱性指标因子特征值分布图

注：图例中 1、2、3、4 是无量纲特征体。

地形：地形条件对区域生态环境具有很重要的影响作用，地形的高低分布、坡度大小、坡向范围、起伏度的大小对生态环境影响很大，同时地形也对人类利用土地的方式具有一定程度的制约作用。都坝河流域地形地貌主要为低中山和低山，北面地势高，南面地势低，西面地势高，东面地势低。

土壤类型：土壤是由一层层厚度不同的矿物质成分所组成的大自然主体，土壤类型影响土壤侵蚀强度，土壤肥力与土壤生态有着直接的关系，同时土壤肥力与人类利用情况也直接关联。

植被因素：研究区内的植被情况与生态环境有着较为直接的关系，由于植被具有固土保水以及净化空气的作用，因此是较为重要的环境因素，本章采用 NDVI（normalized difference vegetation index，归一化植被指数），在地理空间数据云下载 Landsat8 数据，选择天气较好，云量只有 7.8% 的 2016 年数据，利用 ENVI5.0 经过影像数据在都坝河流域内进行范围提取、辐射矫正、大气校正等处理之后，用 ENVI5.0 中的 NDVI 计算影像植被指数，再将计算得到的植被指数经过归一化处理，得到植被指数图，再到 ArcGIS10.0 平台中根据自然间断点法重分类，最终得到都坝河流域植被指数特征值栅格图。

地质灾害点密度：都坝河流域是北川县地质灾害最严重的地区之一，是北川县地质灾害防治的重点流域。都坝河流域地质灾害也是影响流域地区生态脆弱性的因子之一。本书从研究区的生态环境脆弱性出发，选取生态环境的影响因素，对环境生态性进行评价。

社会经济指标：社会经济指标选取了人均 GDP、人口密度、土地垦殖率、城镇化率四个因子作为评价都坝河流域生态脆弱性的指标。人均 GDP=地区生产总值/研究区总人口、人口密度=人口数/研究区总面积、土地垦殖率=耕地面积/研究区总面积、城镇化率=城镇总人口/研究区总人口。

2. 指标量化处理方法

对于指标的量化，本书参照雷波等（2013）的研究将指标分为正、负两种指标，前者是指指标值与环境脆弱性成正比，包括坡度、地形起伏度等，后者与环境脆弱性成反比，包括土壤类型、土地利用类型，定义为定性指标。对于定性指标标准化，根据指标对环境脆弱性的影响程度进行科学取值，分等级赋值标准见表 4-3-2。

表 4-3-2　分等级赋值标准

量化分值	1	2	3	4	5
土壤类型	黄土	黄棕壤	粗骨黄壤	粗骨棕壤	—

指标因素之间存在量纲差别，无法直接进行比较，从而无法评价生态环境的脆弱性，所以我们需要对指标因素进行量化处理。评价指标与脆弱性有正负向的关系之分，正向指标包括地表起伏度、坡度、年均降水量、土地垦殖率和人口密度等；负向指标包括人均 GDP、城镇化率、地质灾害点密度、植被覆盖率等。用极差标准化法对指标因素进行标准化处理，正、负指标分别代入式（4-3-1）和式（4-3-2）：

$$Y_{ij} = \frac{X_{ij} - X_{\min,j}}{X_{\max,j} - X_{\min,j}} \tag{4-3-1}$$

$$Y_{ij} = \frac{X_{\max,j} - X_{ij}}{X_{\max,j} - X_{\min,j}} \tag{4-3-2}$$

式中，Y_{ij} 表示的是第 i 栅格的指标 j 的标准化值，变化值为 0～1；X_{ij} 表示第 i 栅格的指标 j 的初始值；$X_{\min,j}$、$X_{\max,j}$ 分别表示第 i 栅格的指标 j 的最小值和最大值。

3. 指标权重确定

生态系统脆弱性评价中确定指标权重的方法主要有层次分析法（于伯华和吕昌河，2011）、综合指数法（Feng and He，2009；Turvey，2007）、熵权法（张振东等，2009）、灰色聚类分析法（何才华等，1996）、主成分分析法以及空间主成分法（钟晓娟等，2011；樊哲文等，2009）、景观生态学模型（邱彭华等，2007；陈萍和陈晓玲，2010）等。本书利用主成分分析和层次分析法相结合的方法进行生态环境脆弱性评价。空间主成分分析结合层次分析法计算生态系统脆弱性评价指标权重，避免空间主成分分析过于客观和层次分析法过于主观的缺陷，将 ArcGIS 中得到各因子的主成分的相关矩阵来确定因子在层次分析法中的重要程度。

本书使用联合国环境规划署（United Nations Environment Programme，UNEP）提出了自然环境脆弱性指数 EVI（陈萍和陈晓玲，2010）计算都坝河流域生态环境脆弱性。

将脆弱性评价指数定义为 n 个因素的加权和，先将所有成分因子利用 ArcGIS 主成分分析和波段统计确定每个成分因子的相关关系，查阅相关资料文献，建立层次分析法指标体系，再结合都坝河流域实际情况确定生态环境脆弱性分级和赋值，即

$$\text{EVI} = \sum_{i=1}^{n} P_i W_i \quad (i = 1, 2, \cdots, n) \tag{4-3-3}$$

式中，EVI 为生态环境脆弱性指数；P_i 为第 i 个主成分；W_i 为第 i 主成分对应的贡献率。

通过 ArcGIS10.1 平台，将指标因素进行主成分综合分析，获取生态脆弱性指数的相关系数。在 ArcGIS 平台下将影响因子重分类和量化赋值，得到各个因子的栅格图层；再利用 ArcGIS 栅格计算器将影响因子乘以层次分析法计算得到的权重，然后将乘积相加，将得到的栅格图用几何间隔法重分类得到都坝河流域生态环境脆弱性分区图。

$$\text{EVI} = P_1 \times 0.051 + P_2 \times 0.153 + P_3 \times 0.307 + P_4 \times 0.077 + P_5 \times 0.097 + P_6 \times 0.034 + P_7 \times 0.103 + P_8$$
$$\times 0.022 + P_9 \times 0.061 + P_{10} \times 0.044 + P_{11} \times 0.051 \tag{4-3-4}$$

式中，P_1 为土地垦殖率；P_2 为人口密度；P_3 为年均降水量；P_4 为地质灾害点密度；P_5 为人均 GDP；P_6 为坡向；P_7 为坡度；P_8 为城镇化率；P_9 为植被指数；P_{10} 为地形起伏度；P_{11} 为土壤类型。用 Excel 数值分析得到各因子权重是具有可接受一致性的。

4.3.3 生态环境脆弱性分析

1. 生态环境脆弱性分区

根据式（4-3-4），将都坝河流域生态环境脆弱性各影响因子及其权重按照公式输入

ArcGIS 栅格计算中的计算叠加，得到流域生态环境脆弱性指数 EVI 综合分布图，对都坝
河流域研究区的生态环境脆弱性按照 ArcGIS 自然间断点法重分类为相对安全、低脆弱性、
中脆弱性和高脆弱性四个级别，利用 GIS 等制图技术得到都坝河流域生态环境脆弱性分
区图(图 4-3-2)。

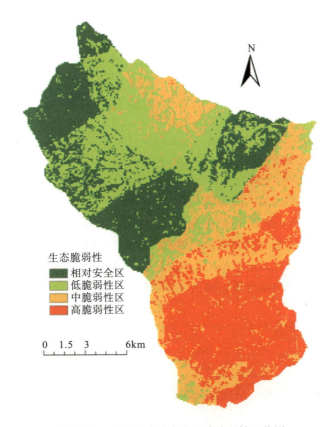

图 4-3-2　都坝河流域生态环境脆弱性评价图

2. 评价结果分析

根据图 4-3-2 计算分析得到以下结论。

(1)相对安全区面积占流域总面积的 24.98%，在流域最北部以及西部地区分布较大，
主要分布在都贯乡柳坪村、油坊村、民权村、水井村、县林场甘溪工区和岩林村等，该地
区植被覆盖率高，人口密度小，人类工程活动少，地灾密度也是最小的，是都坝河流域降
水较少而且地质条件稳定的区域。

(2)低脆弱性区占流域总面积的 27.97%，主要分布在流域中部偏北地区，在都贯乡油
坊村、国际村、皇帝庙、岩路村、竹坝村、中心村、复兴村以及水堰村等分布范围较大，
该地区人口密度较小，以农耕为主，经济比较落后，植被覆盖率也高，是都坝河流域降水
和地形起伏度较小的区域。

（3）中脆弱性区占流域总面积的22.93%，主要分布在流域内曲山镇的云里村和黄家坝村，桂溪镇的金星村、树坪村、黄莺村，以及陈家坝镇北部的龙坪村、马鞍村、平沟村等，处在都坝河的中下游地区。

（4）高脆弱性区占流域总面积的24.12%，基本上分布在陈家坝区域内，主要在都坝河下游地区。该区域是都坝河流域降水最多的，也是地质灾害点密度最大的地区，人类活动频繁，"5·12"汶川地震后陈家坝镇建立了一个容纳3000多人的安置点，建筑面积和耕地面积所占比例大，植被覆盖率小，生态脆弱性程度是都坝河流域最高的。

4.4 地质灾害危险性与生态环境脆弱性耦合关系

耦合协调度最初应用于物理学中，是指两个或两个以上的电路元件或电网络之间紧密配合与相互影响，现在该模型被广泛应用于各个领域，指两个或两个以上的系统或作用方式之间相互影响、相互作用的关联关系（梁中和徐蓓，2016）。本书采用耦合协调度模型，利用 DEM 数据和 GIS 平台能快速准确地计算流域地质灾害与生态环境的耦合程度，定量地计算地质灾害与生态环境之间的耦合协调度，明确在都坝河流域两者之间相互影响、相互作用的空间分布变化规律，在流域不同地区采取不同措施治理地质灾害和恢复重建震后生态环境，为都坝河流域的综合整治提供决策依据。

4.4.1 耦合协调度模型

分析都坝河流域地质灾害危险性与生态环境脆弱性的耦合关系，以揭示地质灾害与生态环境的相互作用与相互影响，借此反映地质灾害对生态环境产生的效应。耦合度一般采用的模型如下：

$$C = \left[\frac{u_1 \times u_2 \times \cdots \times u_n}{\prod (u_i + u_j)} \right]^{1/n} \qquad (4\text{-}4\text{-}1)$$

由于本书只涉及地质灾害危险性指数和生态环境脆弱性指数，所以将式（4-4-1）变形为

$$C = \left[\frac{u_1 \times u_2}{(u_1 + u_2)^2} \right]^{1/2} \qquad (4\text{-}4\text{-}2)$$

式中，C 表示耦合度，取值[0,1]；u_1 表示地质灾害危险性指数；u_2 为生态环境脆弱性指数。

为了避免在流域内没有发生地质灾害的安全地区与生态环境的耦合度都出现很高的情况，引入耦合协调度模型来反映地质灾害与生态环境的耦合程度：

$$D_{(i,j)} = (C \times T)^{1/2} \qquad (4\text{-}4\text{-}3)$$

$$T = au_1 + bu_2 \qquad (4\text{-}4\text{-}4)$$

式中，D 为耦合协调度；C 表示耦合度；T 表示都坝河流域地质灾害与生态环境综合协调

指数；a、b 为待定系数，本章考虑流域地质灾害危险性与生态环境脆弱性地位相当，取值都为 0.5。

4.4.2　地质灾害与生态环境耦合协调度分析

为了进一步研究都坝河流域地质灾害与生态环境脆弱性的耦合关系的空间分布特征，根据耦合度模型测算的数据在 ArcGIS10.1 平台上绘制了都坝河流域地质灾害危险性与生态环境脆弱性的耦合度的空间分布图。在 ArcGIS 的 Spatial Analyst 工具中地图代数里的栅格计算中输入耦合度模型，计算得到耦合度的空间分布图（图 4-4-1）。

由图 4-4-1 和图 4-4-2 可以看出，都坝河流域地质灾害危险性与生态环境脆弱性耦合度都在 0.5 以上，在 ArcGIS10.1 平台中根据耦合度大小，可以对都坝河流域地质灾害危险性与生态环境脆弱性的耦合度类型进行划分（陈晓红等，2014；刘耀彬等，2007；王长建等，2014），见表 4-4-1。根据表 4-4-1，在 ArcGIS10.1 平台中将都坝河流域地质灾害危险性与生态环境脆弱性耦合协调度图重分类，得到都坝河流域地质灾害危险性与生态环境脆弱性耦合度分级图（图 4-4-2）。在 ArcGIS 的 Spatial Analyst 工具的区域分析中采用面积制表功能统计各协调度分区的面积，经过计算得到各耦合度分区的面积及其比例（表 4-4-2）。

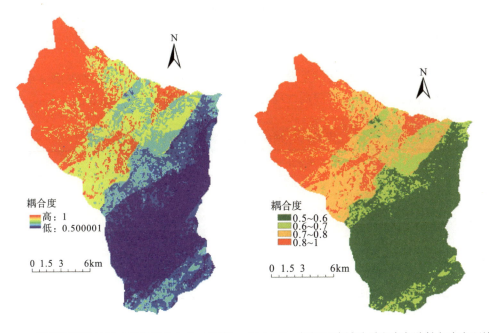

图 4-4-1　都坝河流域地质灾害危险性与生态环境　　图 4-4-2　都坝河流域地质灾害危险性与生态环境
脆弱性耦合度图　　　　　　　　　　　　　脆弱性耦合度分级图

表 4-4-1　耦合度分等级赋值标准

耦合度	<0.6	[0.6,0.7)	[0.7,0.8)	[0.8,1]
耦合等级	低度耦合	中度耦合	良好耦合	优质耦合

表 4-4-2　　不同耦合度面积及比例

耦合等级	低度耦合	中度耦合	良好耦合	优质耦合
面积/km²	132.56	34.9	60	85.54
所占比例/%	42.35	11.15	19.17	27.33

从图 4-4-2 可以看出，都坝河流域地质灾害危险性与生态环境脆弱性耦合度在 0.5 以上，大致呈现出由北向南递减的趋势。①低度耦合区域：地质灾害危险性与生态环境脆弱性耦合度为 0.5～0.6，主要分布在曲山镇的云里村北部、桂溪镇的绝大部分以及陈家坝镇地区，占都坝河流域总面积的 42.35%，主要是都坝河流域地质灾害高危险区和生态环境高脆弱性地区。②中度耦合区域：地质灾害危险性与生态环境脆弱性耦合协调度为 0.6～0.7，范围并不大，仅占都坝河流域总面积的 11.15%，主要分布在陈家坝镇最北的县林场甘溪工作区、平沟村和最南的西河村，曲山镇云里村的南部，桂溪镇金星村的东北部，都贯乡的中心村、复兴村、水堰村、岩林村、国际村等。③良好耦合区域：地灾危险性与生态环境脆弱性耦合协调度为 0.7～0.8，占都坝河流域总面积为 19.17%，主要分布在都贯乡南部的水井村、民权村、金洞村、竹坝村、中心村、复兴村和岩林村等。④优质耦合区域：地质灾害危险性与生态环境脆弱性耦合度为 0.8～1，主要分布在都贯河流域的最北部，都贯乡最北部的油坊村、皇帝庙、岩路村、县林场甘溪工区以及金洞村等，占都坝河流域总面积的 27.33%，是都坝河流域地质灾害危险性和生态环境脆弱性相对较低的地区。

耦合协调度分等级赋值标准见表 4-4-3，不同耦合协调度面积及比例见表 4-4-4。都坝河流域地灾危险性与生态环境脆弱性耦合协调度及分级图见图 4-4-3 和图 4-4-4。

表 4-4-3　　耦合协调度分等级赋值标准

协调度	协调等级	耦合协调度	耦合协调等级
0～0.19	极度失调	0～0.19	极度不和谐
0.2～0.39	中度失调	0.2～0.39	中度不和谐
0.4～0.59	勉强协调	0.4～0.59	勉强和谐
0.6～0.79	中度协调	0.6～0.79	中度和谐
0.8～1	良好协调	0.8～1	高度和谐

表 4-4-4　　不同耦合协调度面积及比例

协调等级	极度失调	中度失调	勉强协调	中度协调	良好协调
面积/km²	36.59	53.87	68.08	69.11	85.35
所占比例/%	11.69	17.21	21.75	22.08	27.27

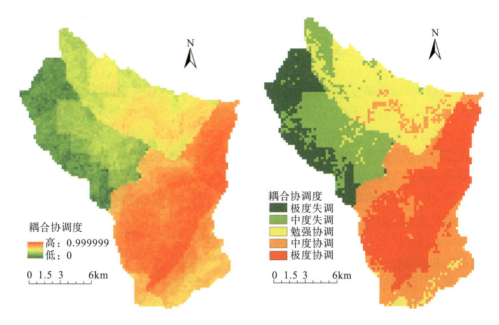

图 4-4-3　都坝河流域地质灾害危险性与生态环境　　图 4-4-4　都坝河流域地质灾害危险性与生态环
脆弱性耦合协调度图　　　　　　　　　　境脆弱性耦合协调度分级图

　　从图 4-4-3 可以看出，都坝河下游陈家坝和桂溪的地质灾害危险性与生态环境脆弱性耦合协调度较高，都贯乡地质灾害危险性和生态环境脆弱性的耦合协调度最低，两者之间的耦合协调度大致为南部乡镇高于北部乡镇。

　　图 4-4-4 中，都坝河流域地质灾害危险性与生态环境脆弱性极度失调的区域主要分布在都贯乡的北部和东部，占流域面积最少，比例为 11.69%，该区域人迹罕至，森林覆盖率高，在河流最上游，地质灾害发生少，生态环境良好，地质灾害对生态环境的影响作用小。中度失调区域主要分布在都贯乡其余地区，占整个都坝河流域面积的 17.21%。勉强协调区域基本分布在都贯乡，中度协调区域主要分布在陈家坝镇南部和北部以及曲山镇在都坝河流域内的区域，所占面积比例为 21.75%。中度协调区域分布在陈家坝镇南部和北部以及曲山镇这些区域，占都坝河流域面积的 22.08%。良好协调区域主要分布在陈家坝镇中部大部分地区和桂溪镇，是所占面积比例最大的区域，占 27.27%，该地区属于北川大断裂经过的区域，都坝河下游，人口集中，是地质灾害高发区和生态环境脆弱区。

　　综上所述，都坝河流域地质灾害危险性指数和生态环境脆弱性指数越高，两者之间的耦合协调度也越高，即地质灾害危险性高的地区和生态环境脆弱性高的地区相互影响、相互作用性最强，说明生态环境脆弱性高的地区主要是由于该地区地质灾害危险性高，因此生态环境脆弱性与地质灾害危险性耦合协调度高的地区，想要重建和恢复该地区的生态环境的关键是治理好地质灾害。相反，在都坝河流域，地质灾害危险性低和生态环境脆弱性低的地区，两者之间的耦合协调度较小，地质灾害对生态环境脆弱性的影响很小，治理地质灾害对这些地区生态环境的恢复不起决定性作用。

4.4.3 都坝河流域地灾综合防治生态修复对策

通过都坝河流域地质灾害危险性与生态环境脆弱性的耦合关系可以看出,在都坝河流域地质灾害对生态环境作用强烈,都坝河流域灾后的生态环境恢复和重建很大程度上建立在对地质灾害进行治理的基础之上。在"5·12"汶川地震10多年之后,都坝河流域的地质灾害在工程治理上基本完成,以后的治理和恢复以生态修复为主,地质灾害的生态修复是一个复杂系统的工程,要想达到长效治理和根本治理,要"以人为本,防治结合,因地制宜,统筹兼顾,综合治理",走可持续发展之路、绿色发展之路,坚持生态优先,做好都坝河地区地质灾害治理、生态环境修复和脱贫攻坚工作。

都坝河流域地区农业是主导产业,矿产资源少,工业不发达,根据流域多山的特性,适合发展生态观光农业。这样能提高植被覆盖率,加快震后生态环境的恢复重建,也能增加农民的收入,做好扶贫工作。

在都坝河流域北部地区(即都贯乡),地质灾害与生态环境耦合协调度最高,地质灾害危险性和生态环境脆弱性最低,生态环境良好,地质灾害风险低。可继续保持该地区生态环境优势,将茶、果、林业结合畜禽类养殖,增加经济收入,保持地区生态环境持续良好恢复。充分利用当地生态环境优势,可大力发展自驾游和探险旅游,利用旅游业污染低、利润高和增加就业的特点,既保护当地生态环境又增加收入,解决该地区经济收入偏低的问题,为该地区脱贫攻坚工作做出贡献。

"5·12"汶川地震之后,都坝河流域南部,北川逆断层经过的地区(即陈家坝镇、曲山镇和桂溪镇),岩层破碎,产生大量松散堆积物,为次生地质灾害的发生发育提供了丰富的物源条件,再加上该地区是都坝河流域降水量大的区域,导致该地区泥石流和滑坡等地质灾害频发,也给流域生态环境的恢复重建带来了难度。该地区也是都坝河流域人口密度大的区域,一旦发生地质灾害,人民的生命将面临严重威胁,造成的经济损失也是巨大的。因此,该地区的地质灾害治理和生态恢复重建十分重要和迫切。

治理该地区的地质灾害首先是稳定斜坡上大量的松散堆积物,增加其稳定性。用竹栅栏或生态袋固定松散的岩土体,雨水下渗后,岩土体自身重量增加,降低岩土体之间的抗剪强度,挖掘排水沟做好排水措施,这样能基本固定松散的岩土体。竹栅栏或生态袋加上排水措施经济有效。在"5·12"汶川地震后,发生大量次生地质灾害,尤其是泥石流灾害,造成地表土壤的严重污染破坏,大量水土流失,基岩裸露。要做好流域地质灾害生态治理,要先改良受污染的土壤,做好土地复垦工作,科学合理规划地区土地利用,减少荒地和裸地面积。在陈家坝镇农业仍处于主导地位,但震后,水土流失严重,干流河道淤积,耕地面积减少,生态环境脆弱性程度高。改善都坝河流域生态环境,提高土地利用率,对地质灾害破坏的土地进行再造复垦,在复垦的土地上种植李子树、核桃树、枇杷树、茶树等经济树种,既能提升土地利用价值,又能增加森林覆盖率、减少流域水土流失,还能提高经济收入,做到生态与经济兼顾。为了维持生态环境良好的态势,农村地区改变粗放的生产模式,提高土地单产,保证耕地生态系统的稳定;城镇要提高公共绿化面积,做好防洪排水工作,努力改善生态环境,提高环境宜居性。

陈家坝中部地区和桂溪镇是都坝河流域地质灾害危险性与生态环境耦合协调度最高的区域，治理地质灾害是该地区生态环境恢复和重建的重中之重。陈家坝中部地区是陈家坝镇人口聚集区，也是都坝河流域人口密度较大的地区，整个流域的大部分泥石流分布在陈家坝镇，如樱桃沟、青林沟等巨型泥石流就位于陈家坝镇。桂溪镇是都坝河流域旅游业发展较好的地区，旅游资源丰富，九皇山、药王谷等著名旅游景点坐落于此。在该地区主要是巨大型泥石流的治理，既要快速恢复，减少对村民生命财产的威胁，又要治标治本，长效治理长远发展。建议该地区将工程措施、生态环境保护措施和农耕措施结合起来，在各大泥石流沟已做好逐级拦挡及排水工程措施；在泥石流物源区及两岸做好土地复垦工作，种植经济树种，减少物源流失和雨水的冲刷；在泥石流沟可进行农业耕作，逐级种植水稻等作物，既能减少泥石流发生，改善生态环境，又能获得经济效益，增加村民收入。

都贯乡是流域地质灾害危险性与生态环境脆弱性耦合协调度最低的地区。都贯乡人口密度小，森林覆盖率高，生态环境脆弱性低，地质灾害以滑坡、崩塌为主。该地区生态环境良好，地质灾害危险性相对较小，在没有威胁到人类生命财产安全的地质灾害点采取自然恢复的方式，符合自然生态系统自然顺向演替规律；在有危险的灾害点，针对危岩、崩塌点，主要采用工程治理措施，对受影响的居民建议搬迁；滑坡点以工程措施加生态修复为主，修建排水沟做好排水工作，利用生态袋和竹栅栏等做好逐级固定工作，在滑坡体上种植果树、茶树等，对于陡峭的高位滑坡加强监测，做好预警预防工作。

第5章 都坝河流域生态环境敏感性评价

生态环境敏感性是生态系统对自然环境的变化或受到人类社会活动的干预而做出的反应，是生态学、地理学学者进行区域生态系统评价和生态环境规划及生态环境建设时关注的焦点。进行流域生态环境敏感性评价，对流域生态功能区划、制定流域生态环境综合治理及保护政策具有重要的现实意义。北川县位于青藏高原东部边缘的龙门山断裂带内，境内出露有大量的松散物质，地层复杂，构造活动强烈。多滑坡、泥石流、崩塌、不稳定斜坡等地质灾害，水土流失较为严重，直接影响着北川山区小流域的生态安全状况。

本章以都坝河流域为生态环境敏感性评价对象，以地域分异规律和水流域环境承载力原理为理论基础，以流域可持续发展为目标，确定都坝河流域生态环境敏感性评价的影响因子，构建都坝河流域生态环境敏感性评价指标体系。利用都坝河流域的植被类型、降水量、土壤类型、地形起伏度、地质灾害点密度、地层岩性、地质构造线、土地利用类型、水域缓冲区、道路缓冲区等不同类型因素相关数据，采用层次分析法和 GIS 空间分析法，对都坝河流域进行生态环境敏感性综合性评价，以期得到不同敏感区的空间分布特征并制定相应的措施。

5.1 生态环境敏感性研究进展

5.1.1 国外研究进展

国外学者在生态环境敏感性研究领域进行了不断探索，取得了一系列的研究成果。20世纪初的医学和生物学在全球首次出现了敏感性的概念，20 世纪 70 年代，在数学分析和经济研究领域内敏感性分析得到了进一步的发展和应用。Nriagu 和 Harvey(1978)以湖泊生态系统为研究对象进行了酸雨沉降的敏感性研究。Kane 等(1990)以农业生态系统为研究对象进行了气候变化的敏感性研究。Horne 和 Hiekey(1991)以澳大利亚的热带雨林为研究对象，进行了选择性伐木后生态环境敏感性差异研究。Rodriguez(1992)以阿根廷大陆架为研究对象进行了敏感性的深层次探讨，明确了生态环境不同的敏感区域，并利用专业软件绘制出大陆架的生态环境敏感性空间分布图。Muzik(2001)以水文系统为研究对象对气候的敏感性开展了深入的研究。Kumar 和 Parilch(2001)以 1960~1980 年印度气候、土壤、农业收入及其他因子作为评价指标，构建敏感性评价指标体系模型，对农业气候敏感性进行研究。Carrington 等(2001)依据空间数据特征构建模型，选取不同的生态环境敏感性指标因子，对湿地及植物对气候的敏感性进行了研究。

Stefania 等(2001)以北爱尔兰地区为研究对象，评价并明确划分了北爱尔兰地区蜘蛛集聚的环境敏感性区域。Briceño-Elizondo 等(2006)年以欧洲云杉林、桦林、赤松林为研究对象，运用 FINNFOR 模型，评价了其在气候变化下的敏感性。Rossi 等(2008)通过建立栖息地生态敏感指数、生态系统压力价值指数和人口压力指数，综合评价并划定了自然保护区。Eggermont 等(2010)以湖泊为研究对象，在气候变暖的大背景下对鲁文佐里山脉湖泊生态环境敏感性进行研究，发现了气候变暖是导致湖泊生态脆弱的重要因素。Iosjpe 和 Liland(2012)对海洋放射生态环境进行敏感性评价。Nogué 等(2013)以加那利群岛的戈梅拉岛上的古老森林为研究对象，对其随着环境变化的敏感性变化进行分析。Klaar 等(2014)通过建模分析了抽水对河流的敏感性。Taffi 等(2015)以受污染食品链中的重要参与者为研究对象，利用生物累积建模进行敏感性分析。Leman 等(2016)以马来西亚兰卡威的土地利用规划为研究对象，利用 GIS 技术为支撑，对研究区域的环境敏感性进行综合评估。

5.1.2　国内研究进展

国内许多学者也做了大量的生态环境敏感性研究，如陈利顶(1995)在理论研究上提出了生态环境敏感性的定义，并且对生态环境敏感度做出了相应的阐述；欧阳志云(2000)明确了生态环境敏感性的确切概念，2002 年此概念正式被《生态功能区划暂行规程》引用，并对指标选取和评价标准提出了具体的要求。

根据敏感性研究对象的差异性，国内对生态环境敏感性的研究大致分为两大类：一是单一生态环境敏感性分析；二是综合生态环境敏感性分析(马琪，2013)。进行单一生态环境敏感性分析的研究有：赵晓丽等(1999)以西藏中部区域为研究对象，依据土壤侵蚀动态监测数据，对西藏中部地区的土壤侵蚀敏感性进行了研究；刘康等(2002)以土地沙漠化问题为研究对象，运用地理信息技术对甘肃省土地沙漠化进行了敏感性综合评价；陈建军等(2005)以通用土壤流失方程为理论基础，以植被类型、地形起伏、土壤质地和降雨侵蚀力为评价指标体系，进行吉林省的土壤侵蚀敏感性研究；张征云等(2006)以土壤盐渍化为研究对象，确定蒸发量、降水量及地形地貌等为评价因子，对天津市的土壤盐渍化进行了敏感性分析；周修萍和秦文娟(1992)、罗先香和邓伟(2000)、王效科等(2001)、卢远等(2006)等分别对酸雨敏感性、土壤盐渍化敏感性、水土流失敏感性和土壤侵蚀敏感性进行了一系列的研究，并获得了丰硕的成果。进行综合生态环境敏感性分析的研究主要有：靳英华等(2004)以吉林省为研究对象，对吉林现阶段存在的环境问题进行分析，并提出了相应的对策；贾良清等(2005)以安徽省为研究对象，结合区域内的主要环境问题，进行了生态敏感性评价，并初步划分了安徽省的生态功能区；万忠成等(2006)以辽宁省为研究对象，研究了辽宁省的生态敏感性区域分异规律，分析了不同环境问题的敏感性；尹海伟等(2006)以吴江东部地区为研究对象，进行了生态敏感性研究。

在不同空间尺度上进行单一或综合生态环境敏感性分析时，生态敏感性评价都有时段性特征，评价因子的选取具有地域特征。进行单时段生态敏感性评价有：潘竟虎和董晓峰(2006)以黑河流域为研究对象，以 1997 年土地利用图、1999 年黑河流域草场类型图、1999年 TM(thematic mapper)影像为基础数据，进行黑河流域单一时段的生态敏感性评价，并

划分了敏感性区域；曹建军和刘永娟(2010)以上海市为研究对象，运用 GIS 软件，利用
2008 年及年份较近的统计数据、遥感影像、规划数据，在此基础上分析评价上海市的生
态敏感性；潘峰等(2011)以克拉玛依市为研究对象，利用克拉玛依市及相邻区域 2006 年
全年降水量、蒸发量和大风天数数据，2006 年克拉玛依市植被图，2008 年 ETM+(enhanced
thematic mapper，即增强 TM)影像数据，对该市进行了单因素和多因素综合生态敏感性评
价分析；佘济云等(2012)以万泉河流域为研究对象，以海南省 2010 年森林资源二类调查
数据及 2008～2010 年海南省统计年鉴数据为基础，对万泉河流域生态敏感性进行单一时
段的评价分析。进行多时段生态敏感性评价有：林涓涓(2005)以山仔水库流域为研究对象，
对不同时段的基础数据进行该区域土壤侵蚀敏感性的时空动态监测与变化研究；陈燕红等
(2007)以吉溪流域为研究对象，通过对不同年份的降水量和 TM 影像数据的处理，进行吉
溪流域土壤侵蚀敏感性评价；张荣华(2010)以桐柏大别山区为研究对象，利用 GIS 技术
处理了多年 TM 影像数据和降水数据，分析了桐柏大别山区土壤侵蚀敏感性的时空变化，
但在评价时仍只是进行单时段评价；王宏(2011)以新疆艾比湖流域为研究对象，利用多年
TM/ETM+数据以及土地利用图，分析了艾比湖流域土壤盐渍化敏感性的时空动态变化；
乔治和徐新良(2012)在 GIS 技术支持下，对全国 752 个气象站点、1990～2005 年逐日降
水资料，以及 1990 年、1995 年、2000 年、2005 年土地利用数据集进行处理，对东北林
草交错区 1990～2005 年土壤侵蚀敏感性时空分异规律进行了分析与评价。

　　随着现代信息技术的飞速发展，在 RS 与 GIS 软件的支持下进行生态环境敏感性评价
已经是较为成熟的评价方法。一般情况下的研究方法和评价过程如下：首先，根据研究区
域的生态环境状况，选取单个或多个敏感因子，构建指标体系并以此进行单因子评价和综
合性评价；然后，在 3S 技术支持下，通过绘图明确单因素或综合生态环境敏感性的空间
分布特征，为区域的发展提供更有效的意见和建议。在敏感性评价过程中，众多学者倾向
于选取容易获取且方便量化的因子作为评价指标，在 RS 和 GIS 技术的支撑下，将定性与
定量相结合，对生态环境敏感性进行综合评价。张春梅(2006)利用重庆市璧山县(2014 年
撤县设区)的遥感影像数据，建立璧山县生态环境敏感性评价指标体系，对璧山县的生态
敏感性进行单一评价与综合性评价；杨晶(2007)以荆州市为研究对象，利用 ArcGIS 平台
对荆州市区进行生态环境敏感性综合分析与评价，并对各敏感区提出相应的环境保护对
策；尚伟涛(2014)以金坛市为研究对象，利用 GIS 和 RS 对金坛市的土地敏感性进行评价
分析；王佳旭(2015)以异龙湖为例，利用 RS 与 GIS 对高原湖泊流域的人居环境进行生态
敏感性评价及空间优化研究；刘川川等(2016)以河北省承德市清水河生态清洁小流域为
例，在 GIS 和 RS 技术的支持下，运用空间分析技术对清水河流域进行生态敏感性评价研
究；樊彦芳等(2004)以水环境为研究对象，利用层次分析法确定指标权重值，对水环境进
行安全综合评价；贺新春等(2005)以河南省宁陵县的浅层地下水为研究对象，基于模糊数
学和人工神经网络理论，对地下水环境进行了脆弱性评价和分区。

5.1.3　研究内容与技术路线

　　本章进行的生态环境敏感性研究，是依据都坝河流域所存在的主要生态环境问题，

如土壤侵蚀和地质灾害频发等问题，选取地形坡度、植被类型、降水量、土壤类型、地表起伏度、地灾分布、地层岩性、构造线、土地利用类型、水域缓冲区、道路和聚落 12 个因素为评价指标因子，建立都坝河流域土壤侵蚀敏感性、地质灾害敏感性、流域生境敏感性和人类活动敏感性准则层，进行都坝河流域生态环境敏感性评价，再将 RS 技术与 GIS 技术应用到都坝河流域生态环境敏感性评价研究当中，使研究结果更加准确和直观。研究内容主要有以下几个方面：①依据都坝河流域主要的生态环境问题，结合流域内的主要环境特征，建立都坝河流域生态环境敏感性评价指标体系；②依据都坝河流域所构建的敏感性评价指标体系，研究都坝河流域生态环境敏感性各指标因子的特征及空间分布；③确定对都坝河流域生态环境敏感性评价的方法，并结合流域内实际情况对评价方法进行改进；④通过改进后的敏感性评价方法对都坝河流域的敏感性单因子指标进行评价，在此基础上进行都坝河流域生态环境敏感综合性评价，并计算出流域内生态环境不同敏感区的面积及空间分布，分析结果并提出相应的对策。

在掌握生态环境敏感性概念的基础上，了解生态环境敏感性评价对象的多样性、多区域性，以及多时段性。小流域生态环境系统既有大空间尺度生态环境的共性，又具有小尺度区域环境的独特性，因此，选择小流域环境系统作为评价对象。都坝河流域也是一个相对完整独立的系统单元，其内部形态结构复杂，系统层次多变且子系统间相互联系、相互作用。为确保研究结果更为科学，在研究过程中，采用 AHP（analytic hierarchy process，层次分析法）进行研究，在层次分析理论系统的指导下，构建更加完善的敏感性评价层次指标框架。首先，在遵循我国生态环境敏感性评价的地域分布规律的基础上，结合都坝河小流域的实际环境问题确定小流域生态环境敏感性评价的内容，采用专家打分法、频度分析法和专家咨询法等不同方法对生态敏感性的具体指标因子进行选取。其次，根据已构建的生态敏感性评价指标体系提取各指标因子和参数图层，在 RS 和 GIS 软件的支持下，对都坝河流域的地形地貌数据、地层地灾数据、气象数据、社会经济数据进行处理。最后，运用 GIS 空间分析法对不同的单因子敏感性进行评价，进而对都坝河流域的综合敏感性进行评价（图 5-1-1）。

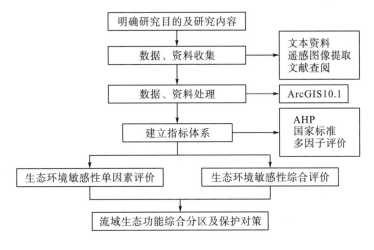

图 5-1-1　技术路线图

5.2　生态环境敏感性评价理论与方法

5.2.1　生态环境敏感性评价相关理论

1. 生态环境敏感性

在不受外界干扰的状态下，生态环境中的各生态因子之间保持着一种相对稳定、相对平衡的关系，当生态环境中的某一生态因子受到来自外界的自然或人为因素影响，并超过了生态环境系统所能承受的最大范围时，就会打破这种相对稳定、相对平衡的关系，某些生态因子便趁机快速发展，进而影响与之相关联的生态过程，最终导致严重的生态环境问题。生态环境敏感性就是在生态环境中衡量生态系统对自然环境变化和人类活动等外界干扰的反映程度，并反映一个区域产生生态失衡与生态环境问题的关联性大小及复原速度的一项指标。因此，生态环境敏感性评价通常是选取一些生态因子，确定这些生态因子对于外界的干扰或者对于外界环境因素的变化所表现出来的适应能力，以及这些生态因子遭到破坏后的恢复能力，通常用这些指标来衡量一个区域的生态环境敏感性程度。

生态环境敏感性评价的实质就是对某一区域进行综合性评价，即评价区域内的自然生态环境与人文生态环境。其中，自然生态环境包括气象气候状况、地形地势状况、水土资源等方面以及在人类或外界某一要素的变化下而引发的一些地质灾害；人文生态环境包括人口、交通、城市建设及经济发展状况等，以此来确定区域在目前的自然、社会环境背景下可能存在的生态环境问题，并将其落实到具体空间区域范围上，最终来反映生态环境系统对各种生态因子变化和人类活动干预的敏感程度（饶戎等，2003；阁婕，2006）。因此，对生态系统敏感性进行评价，一方面有利于分析区域生态系统的稳定性，另一方面有利于确定生态系统保护与恢复的重点，并据此制定出行之有效的措施（崔胜辉等，2009）。

2. 生态系统理论

生态系统是一个相互联系、相互影响的统一整体，在一定的时间与空间范围内，生态环境下的生物与非生物之间不停地进行物质转换与能量流动，使各种环境因子相互关联。组合在一起的各种环境因子形成生态环境，这些环境因子称为生态因子。在生态环境条件的影响下，某些具有特定生态特征的物种只能在限定的区域内生存与发展，我们把这些区域称为该物种的生境。生境的类型划分与物种的生命活动有着密切联系，它可以用来研究某一生物与生境之间的相互关系。在一定空间范围内的生物物种及群落，分析其空间分布特征与其区域内的自然资源分布和利用状况，找出区域内的所有生态因子，其中有对生物和人类活动起直接影响的直接生态因子，也有起间接影响的间接生态因子；对生物生存与发展起关键性作用的生态因子称为主导因子，有利于指导区域进行生态环境规划，最后促进人与自然环境的和谐统一，维护生态环境系统的平衡和谐发展（戈峰，2008）。

3. 地域分异理论

地域分异不仅包含自然环境地域分异，还包括社会经济活动地域分异，其中自然环境地域分异是社会经济活动地域分异的前提，相反，社会经济活动又不同程度地影响自然生态系统，进而影响自然环境地域分异。地球有不同的外部圈层，如岩石圈、水圈、大气圈、生物圈等，因此地球本身就拥有复杂的生态环境，而且各个圈层之间是相互联系、相互渗透的，最后服务于生物的生存与发展。河流流域是地球环境中的有机地理单元，其环境要素包含地形地貌要素中的海拔、坡度、坡向、地形起伏度，气象气候要素中的降水、气温、大风，水文水系要素中的流量、流速、汛期、流域面积等各种自然因素，以及人口密度、交通状况、GDP 等社会因素。流域内的各种因素相互影响、相互联系、相互渗透，构成流域生态环境体系。

4. 环境承载力原理

在特定的时间和空间范围内，所有环境资源所能够持续供养的最大人口数量称为环境承载力，重点体现一个地区的存在状态。由于空间的范围、资源数量和资源质量都是有限的，因此环境的承载力也是非常有限的。一旦来自外界的干扰超过极限，生态环境便出现各种不同的生态问题，尤其在自然生态系统中表现得更加明显。随着人类社会的进步发展，某些河湖生态系统出现退化现象，在保证河流水域生态系统结构完整的前提下，水域生态系统所能承受的自身生境的变化阈值及其所能供给的社会经济发展规模称为流域生态承载力，它用来衡量某条河流生态环境系统是否稳定，是否有利于促进整个生态系统实现可持续发展。

5.2.2　指标体系构建

1. 指标体系构建原则

指标体系是由能客观反映生态系统中不同属性特征的各项指标因子，按照各指标因子之间的内在联系有序组成的集合体。科学合理的指标体系是进行生态环境敏感性评价的基础与前提，在生态环境敏感性评价研究中，最重要的问题就是建立适合研究区域的评价指标体系。因此，在选择生态环境敏感性评价指标的过程中，要以研究区的特点和研究目标为选取依据，确定合适、可行的评价指标。一般情况下，在构建生态系统敏感性指标体系时要选择那些敏感性强的因子，同时又方便度量的因子作为评价指标因素（康秀亮和刘艳红，2007）。建立评价指标体系为敏感性评价的开展奠定了坚实的基础，如城市的生态环境敏感性评价，由城市的生态环境质量状况、土地利用程度、经济发展状况等多项指标因子构成的评价指标体系，进而对城市的生态环境敏感性进行综合性评价；流域生态环境敏感性评价是通过评价降水量、地形起伏度、植被覆盖指数或土壤侵蚀、酸雨、水环境污染等因子，找出敏感性的分布特征，并进行功能分区。流域由陆地、水陆交错带、水域生态系统构成，具有自身的独特性，因此在对其生态环境敏感性评价时要进行全面的考虑，包括自然因素、社会因素、经济因素以及流域内生态系统之间的各因素。所以在构建流域生态系统敏感性指标体系时要选择那些既能反映生态系统主要特征,又能方便建模、运算、度量的因素。因此,在指标选取时应遵循以下几个原则(张笑楠,2006;黄烈生,2007)。

(1)科学性原则。在科学客观的基础上合理地构建评价指标体系,严格规范各评价指标的定义,且应该具有行之有效的现实理论意义,能够真实地进行定量分析,并反映流域生态环境的现状、发展趋势及内在机制。本章在构建评价指标体系的过程中要求评价指标的选择、权重系数的确定以及各地理数据的计算都要以公众认可的科学理论为基础,并密切结合都坝河小流域的实际生态环境状况。

(2)完备性原则。流域作为一个完整、独立的生态系统,在建立评价指标体系的过程中应较全面地反映生态环境各个子系统的主要特征和状况。生态环境敏感性的影响因素既有自然因素,还有社会、经济等人文环境因素,具有明显的综合性。

(3)代表性原则。尽管流域生态环境敏感性是多个敏感因素综合作用的结果,但各个敏感因子对生态环境敏感度的影响作用有着明显的差异性,但是,敏感因子的重要性和敏感因子对系统贡献率有大有小,各不相同。在进行生态环境敏感性评价的过程中,要找出各敏感因子的主次关系,按照敏感程度依次罗列出主要的敏感因子,并以此为主要依据划分出整个流域的不同生态环境敏感性区。

(4)可量化性原则。在对流域进行生态环境敏感性评价的过程中,要求学者尽量采取数学统计方法,将选取的评价指标因子进行定量化分析,给定性指标与定量指标直接或间接地赋予不同的等级值,坚持定性与定量相结合的原则;与此同时,结合研究区生态环境的实际状况、敏感性因子的多样性以及各敏感因子之间的相互关系,找出它们之间存在的非线性关系,进行分析、评价和直观描述,以此减少人为的随意性以及主观性,进而使评价结果更具有客观性,最终提高流域生态环境敏感性评价的质量。

(5)可操作性原则。由于指标体系太过简单不能反映研究区的生态环境特征,但过于复杂难度系数太高,不利于进行评价。某些生态环境指标数据难以测量与获取,所以在指标选取时要选择现有的能直接或间接反映流域生态环境问题的各种数据或在实际工作过程中便于获取的地理数据,同时考虑流域的社会经济发展水平,实现理论与实践的结合。

2. 都坝河流域评价因子选取

首先,利用网络数据库、专刊与专著查阅有关生态环境敏感性评价的海量文献,对文献中所涉及的评价因子制定各类表格进行统计分析,选出出现频率较高的敏感因子;其次,对文献中统计分析得出的因子进行更加深入的分析与研究,并结合都坝河小流域进行实地走访调查获取相关的直接数据,另从研究区所在地的有关部门获取相关间接数据,以确保所选的评价因子适合本研究区范围的环境特征;最后,邀请一些对生态环境敏感性评价以及都坝河流域实际情况较为了解的专家,组成一个小组,将经过列表统计分析和实际数据状况分析后选出的因子以问卷的方式给予专家组,采用匿名方式填写问卷,进行问卷的分类整理后,得到专家们针对研究区生态环境敏感性评价最为集中的评价因子。

3. 都坝河流域评价指标体系

本书在参考《生态功能区划技术暂行规程》等规程的基础上，加入都坝河流域地质灾害空间分布、道路分布及聚落等因素，以期使都坝河流域生态环境敏感性评价更加科学、更加客观。综上所述，结合各种选取方法，最终确定都坝河流域生态环境敏感性评价指标体系（图 5-2-1），由目标层 A、准则层 B、指标层 C 组成。

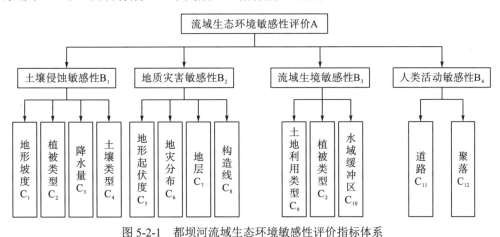

图 5-2-1　都坝河流域生态环境敏感性评价指标体系

5.2.3　评价指标体系权重的确定

敏感性评价过程中建立指标体系确定权重的方式有多种，常见的有层次分析法、相关系数法、主成分分析法、专家打分法、秩和比法、德尔菲法和因子分析法等各种类型的权重确定法，各种方法都有自身的优缺点。为确保各敏感因子的准确性和科学性，在进行生态环境敏感性评价过程中，通常采用层次分析法和专家打分法相结合的方法确定各个敏感因子的权重。其中，层次分析法在流域范围内应用非常广泛。

1. 层次分析法基本原理

层次分析法是由美国学者萨蒂（Saaty）提出的一种分析方法，通过一种相对简单的方式来分析相对复杂的环境系统（Saaty，1980），其基本思想是首先了解区域内常出现的环境问题，并以此为依据罗列出其影响因素；其次对各要素进行分析，并找出各要素间的联系，构建一个具有描述和分析系统功能的层次结构；再次对指标体系中的目标层、准则层中的元素进行两两比较，确定其相对重要性，找出相应的比例尺度，构建目标层因素对准则层各类因素和准则层因素对指标层各类因素的判断矩阵；最后计算出判断矩阵的最大特征值及其对应的正交化特征向量，进而得到该层元素对准则层和指标层的相对权重，确定出各类评价元素对上一层评价因子的相对重要程度。

层次分析法是通过分析复杂系统的单个因素，然后找出因素之间的内在联系，建立一个相对简单的层次结构，将复杂系统中可测量的客观数据代入，根据对一些客观现象的判断，确定同一层次中各个因素之间的相对重要性，学会用数学方法定量化表现出相对重要性次序的数值，结合各因子重要性的排序结果分析问题，最终解决问题。这是一种复杂问题简单化，且多准则决策的方法，能够综合处理研究中的定性与定量问题，具有明显的层次性、逻辑性和有效性等优点，应用范围也是非常广泛。

2. 层次分析法基本步骤

(1)建立层次结构模型。AHP 是先对同层次影响因素的重要性两两比较，再逐层比较各影响因子的重要性，然后确定各种影响因素整体关系的一种方法。层次结构模型一般分为三层，自上而下为目标层、准则层和指标层。

(2)构建判断矩阵。判断矩阵是用来表示对上一层中的某个因素，本层次中各种有关联的影响因素之间的相对重要性程度的比较，其方法如下。

假设判断矩阵中的某层有 n 个因素 $B=\{b_1,b_2,b_3,\cdots,b_n\}$，通过比较此层中各因素对上一层中的某个因素影响程度的大小，确定它们在上一层某因素中的重要程度。比较时取出同层次的两个因素 b_i 和 b_j 进行两两比较，用 b_{ij} 表示它们对上一层中某一因素的影响程度的比值，所有因素的比较结果用矩阵 $\boldsymbol{B}=(b_{ij})_{n\times n}$ 来表示，$\boldsymbol{B}$ 被称为判断矩阵。构造判断矩阵时为了让各因素之间的相对重要性可以定量化，引入 Saaty 选取的标度方法(王邓喜，2012)，用来确定判断矩阵的数值，判断矩阵及其标度见表 5-2-1。

表 5-2-1　判断矩阵及其标度

标度	含义
1	两个因素相比，具有相同的重要性
3	两个因素相比，一个因素比另一个因素稍微重要
5	两个因素相比，一个因素比另一个因素明显重要
7	两个因素相比，一个因素比另一个因素强烈重要
9	两个因素相比，一个因素比另一个因素极端重要
倒数	因素 b_i 与因素 b_j 相比得 b_{ij}，则 b_j 比 b_i 判断为 $b_{ji}=1/b_{ij}$
	2、4、6、8 表示上述相邻判断的中值

(3)权重的计算。根据上述确定的判断矩阵，采用方根法计算出判断矩阵的最大特征值 $\lambda_{\max}$ 和特征向量 ω_i，再对所得的特征向量进行归一化处理，得到向量分量 ω_i，便得出所求的相关因素对于上一层某一因素的相对权重值，其计算步骤如下。

①计算矩阵各行因素的乘积：

$$m = \prod_{i=1}^{n} b_{ij} \quad (i=1,2,3,\cdots,n) \tag{5-2-1}$$

②计算 n 次方根：

$$\omega_i = \sqrt[n]{m_i} \tag{5-2-2}$$

③将所得分量 $\omega_i=\left(\omega_1,\omega_2,\omega_3,\cdots,\omega_n\right)^{\mathrm{T}}$ 进行归一化处理，即为权重向量。

$$\omega_i = \frac{\bar{\omega}_i}{\sum_{i=1}^{n}\bar{\omega}_i} \quad (i=1,2,3,\cdots,n) \tag{5-2-3}$$

④计算矩阵的最大特征值 $\lambda_{\max}$ ：

$$\lambda_{\max} = \frac{1}{n}\sum_{i=1}^{n}\frac{(A\omega)_i}{\omega_i} \tag{5-2-4}$$

⑤计算判断矩阵一致性指标，并检验其一致性。计算判断矩阵的一致性指标 CI 和判断矩阵的随机一致性比例 CR 用来检验判断矩阵的一致性。当阶数为 1 或 2 时，判断矩阵总有完全一致性；当阶数大于 2 且一致性比例 CR＜0.1 时，判断矩阵具有让人比较满意的一致性，否则需要重新对判断矩阵进行调整。上面的 CI 可由式(5-2-5)得出：

$$\mathrm{CI} = \frac{\lambda_{\max}-n}{n-1} \tag{5-2-5}$$

RI 表示平均随机一致性，它的作用是为了度量不同阶的判断矩阵是否具有让人满意的一致性，研究过程中对平均随机一致性指标的规定见表 5-2-2。

表 5-2-2　平均随机一致性指标

阶数	1	2	3	4	5	6	7	8
RI	0	0	0.58	0.9	1.12	1.24	1.32	1.41

3. 评价指标因子的分级标准

根据水利部 1996 年颁布的《土壤侵蚀分类分级标准》(SL 190—2007)及《生态功能区划技术暂行规程》(2002)，将影响流域生态环境敏感性的各个影响因子进行分级并分别赋予相应分值，详见表 5-2-3。

表 5-2-3　评价指标体系中各因子的分级标准表

	影响因子	不敏感	轻度敏感	中度敏感	高度敏感	极敏感
土壤侵蚀	地形坡度(°)	＜8°	8°～20°	20°～30°	30°～45°	＞45°
	植被类型	阔叶林、冷云杉、软阔	硬阔	经济林	灌木林	—
	降水量(mm)	＜1414mm	1414～1422mm	1422～1430mm	1430～1438mm	＞1438mm
	土壤类型	黄棕壤	黄壤	粗骨黄棕壤	粗骨黄壤	—
地质灾害	地形起伏度(m)	0～13	13～22	22～32	32～48	48～116
	地灾分布(处)	0 处	0～3 处	3～8 处	8～12 处	12～17 处
	地层	$\in_{1c}$、Z_b	O_{2b}	$S_{2\text{-}3}$、$S_{2\text{-}3}mx^1$ $S_{2\text{-}3}mx_2$ $S_{2\text{-}3}mx^{3\text{-}1}$ $S_{2\text{-}3}$ $S_{2\text{-}3}mx^{3\text{-}4}$ $S_{2\text{-}3}mx^{3\text{-}2}$ $S_{2\text{-}3}mx^{2\text{-}3}$ S_2mx^2	D_1、D_2、D_{3tn}	E
	构造线(m)	＜70m	70～200m	200～500m	500～1100m	＞1100m
流域生境	土地利用类型	村庄、采矿用地	林地、草地	耕地、园地	水域及水利设施用地(河流、坑塘、沟渠)	其他用地(沼泽地、裸地、设施农用地)
	水域缓冲区(m)	＜3m	3～50m	50～110m	110～300m	＞300m
人类活动	道路(m)	＜30m	30～130m	130～300m	300～700m	＞700m
	聚落(人/km²)	＜2.2	2.2～4.4	4.4～5.7	5.7～7.0	＞7
分级赋值(C)		1	3	5	7	9

4. 评价指标体系权重值的计算

(1) 层次结构模型。根据图 5-2-1 构建的都坝河流域生态环境敏感性评价指标体系，明确目标层 A、准则层 B 和指标层 C 中各要素之间的相互关系。

(2) 模型计算。根据都坝河流域敏感性因子之间的层次结构，再结合其他学者的研究成果、都坝河流域的相关数据资料以及专家意见构造出判断矩阵，然后进行层次单排序、层次总排序和对各排序后的判断矩阵进行一致性检验，具体如下。

①计算四个准则层 B_1、B_2、B_3、B_4 的相对权重值（表 5-2-4），表示每一个准则层因子对目标层的影响程度。

②计算每一个指标层 $C_{(1\sim4)}$、$C_{(5\sim8)}$、$C_{(2、9、10)}$、$C_{(11\sim12)}$ 对每个准则层的相对权重值（层次单排序，表 5-2-5～表 5-2-8），并用 B_1、B_2、B_3、B_4 的权重和指标层的对应权重进行加权相加，计算出各指标层的组合权重（层次总排序，表 5-2-9），它们表示每一个指标层对整个目标层的影响程度。

表 5-2-4   A-B 判断矩阵及其层次排序

A	B_1	B_2	B_3	B_4	ω	排序
B_1	1	1/2	4	3	0.353	2
B_2	1/2	1	3	2	0.405	1
B_3	1/4	1/3	1	1/2	0.107	4
B_4	1/3	1/2	2	1	0.135	3

表 5-2-5 B_1-$C_{(1\sim4)}$ 判断矩阵及层次单排序

B_1	C_1	C_2	C_3	C_4	ω	排序
C_1	1	3	2	2	0.403	1
C_2	1/3	1	1/3	1/2	0.105	4
C_3	1/2	3	1	4	0.339	2
C_4	1/2	2	1/4	1	0.153	3

表 5-2-6 B_2-$C_{(5\sim8)}$ 判断矩阵及层次单排序

B_2	C_5	C_6	C_7	C_8	ω	排序
C_5	1	1/2	2	2	0.262	2
C_6	2	1	3	3	0.453	1
C_7	1/2	1/3	1	2	0.167	3
C_8	1/2	1/3	1/2	1	0.118	4

表 5-2-7　B_3-$C_{(2、9、10)}$判断矩阵及层次单排序

B_3	C_9	C_2	C_{10}	ω	排序
C_9	1	3	2	0.484	1
C_2	1/2	1	1/3	0.168	3
C_{10}	1/2	1/3	1	0.349	2

表 5-2-8　B_4-$C_{(11～12)}$判断矩阵及层次单排序

B_4	C_{11}	C_{12}	ω	排序
C_{11}	1	2	0.614	1
C_{12}	1/2	1	0.386	2

表 5-2-9　指标层的层次总排序

层次	B_1 0.353	B_2 0.405	B_3 0.107	B_4 0.135	ω	排序
C_1	0.403				0.142	2
C_2	0.105		0.168		0.055	8
C_3	0.339				0.120	3
C_4	0.153				0.069	6
C_5		0.262			0.106	4
C_6		0.453			0.183	1
C_7		0.167			0.068	7
C_8		0.118			0.048	11
C_9			0.484		0.052	10
C_{10}			0.349		0.037	12
C_{11}				0.614	0.083	5
C_{12}				0.386	0.052	9

(3)结果分析。从准则层来看,都坝河流域生态环境敏感性总目标的分析,主要是地质灾害敏感性,其权重值为 0.405;同时也要充分考虑土壤侵蚀敏感性,其权重为 0.353;此外,还会受到人类活动敏感性和流域生境敏感性的影响,其权重值分别为 0.135 和 0.107。从指标层来看,都坝河流域生态环境敏感性评价过程中地质灾害分布密度因子的影响作用尤其明显,其权重为 0.183;地形坡度因子、降水量因子和地形起伏度因子的影响程度也很大,其权重分别为 0.142、0.120、0.106,在平时的土地利用及未来的土地规划过程中应注意以上影响因子。

5.2.4　GIS 空间分析

地理信息技术是与地球表面上地理空间信息有关的所有现代技术的总称,主要包括地理信息系统(GIS)、全球定位系统(GPS)、遥感(RS)和数字地球技术(聂影和张超,2000)

等技术，其中 3S(GIS、GPS 和 RS)技术是地理信息技术的主体核心部分。GIS 是在计算机软硬件系统支持的前提条件下，通过对地球表层的地理空间数据进行收集、管理、分类处理、空间分析、建模和显示等的信息技术；GPS 是利用空间卫星设备，在全球范围内全时段进行经纬度和海拔定位、路线导航等的系统；RS 是指远离对象物，在不与目标物直接接触的条件下，通过传感器获取其特征信息，进而识别分析对象物的属性及其分布特征的技术，在本章的研究中主要采用遥感技术与地理信息系统相关技术。

(1)数据获取与处理。地理数据是以地球表面空间位置为基础的自然要素、社会要素和经济要素等数据，其具体的表现形式多种多样，可以是图形、文字、表格、数字及图像等，只要可以用来描述某一地理事物的形状、大小、性质及特征的任何表现方式都可以称作地理数据。从数据的结构上来看，地理空间数据主要分为矢量地理数据和栅格地理数据，矢量地理数据结构包含有拓扑信息，通常用于空间关系分析；栅格地理数据则常用于面状要素的空间分析和图像处理，栅格数据是进行空间叠置分析的前提条件。在进行叠加分析之前要先对都坝河流域的空间矢量数据进行转换。

本章所收集到的都坝河流域数据主要是矢量数据，还有文本、图片、表格和工程文件等数据，利用 ArcGIS10.1、MapGIS6.7 和 MapGIS K9 软件中的数据采集功能，将纸质图片扫描到计算机中，再利用数据编辑功能将扫描图进行矢量化处理，在此过程中需要注意数据框的坐标系及投影类型，然后对矢量图中的点、线、面进行属性赋值，最后利用分析工具中的转换功能把矢量图转变为栅格图，为空间叠置分析及重分类做好准备(汤国安和杨昕，2006)。

(2)表面分析。表面分析是利用遥感卫星所获得的数据，派生出地形等高线、地形坡度、坡向及地形起伏度等空间数据，通常是通过空间数据云等下载的数字地形模型和数字高程模型来生成研究需要的其他表面分析数据(高一平，2012a)。数字高程模型(DEM)是通过能够获取的地形高程数据对地球表层的地形地貌进行数字化模拟，用来表示地理高程的一种实体模型。DEM 是一种建立各种数字地形模型的基础数据，通过 DEM 可以间接地获取各种地表形态的特征数据，其应用领域广泛。本章的表面分析是对 Landsat MSS 中涵盖的都坝河流域遥感数据，进行都坝河流域的等高线绘制，通过 ArcGIS10.1 中 Spatial Analyst 工具下的表面分析提取都坝河流域的坡度和曲率。

(3)缓冲区分析。缓冲区分析是 GIS 空间分析中一种重要的分析方法，就是一个、一组或一类空间对象(点、线、面等实体)依据一定的缓冲区距离建立带状区的过程。其目的是便于为某项分析或决策提供依据，用以识别这些实体或主体的邻域所产生的辐射度或影响度。缓冲区分析操作成功后形成一个或多个多边形区域，单独地构建缓冲区并没有太大的实际意义，要与其他的空间分析方法一起使用才能发挥出缓冲分析的真正功能。缓冲区分析是为了达到某种研究目的而进行的一系列空间分析中的一部分，其数据来源也可能是其他空间分析的结果，其分析结果也能进一步地为空间分析提供分析数据(蓝运超，1999)。缓冲区分析在本章的研究中主要用于都坝河流域地质构造线、水系及道路。

(4)叠加分析。叠加分析是地理信息系统一个重要的空间分析功能，是在同一个地理空间参照系下将研究区内不同的地理因子数据图层进行叠加，按照一定的权重值对多个地理因子数据图层进行逻辑运算，形成新的空间属性数据图层，建立新的空间对应关系。它不仅是对空间视觉信息的叠加，更是对空间数据属性重新运算的叠加，叠加的每个图层具有自身的属性值，逻辑运算时加入每个叠加层的权重值，得出综合运算后新的属性值。叠加分析功能主要运用于确定某一地理现象下几种不同影响因子的空间分布，按照某种评价指标，对叠加分析后产生的图层进行重分类或分级。空间数据常见的叠加分析有视觉信息的叠加、点与面的叠加、线与面的叠加、栅格图层的叠加等。本章采用的主要是对栅格图层进行叠加，对都坝河流域的地形坡度、植被类型、降水量和土壤类型进行空间叠加得到土壤侵蚀敏感性，对都坝河流域的地质灾害分布、地形起伏度、地层和构造线进行空间叠加分析得到地质灾害敏感性，对都坝河流域土地利用类型、植被类型和水域缓冲区叠加分析得到都坝河流域生境敏感性，对都坝河的道路和聚落进行叠加分析得到人类活动敏感性，最后对都坝河流域的土壤侵蚀、地质灾害、流域生境和人类活动进行叠加分析得到都坝河流域生态环境敏感性。

5.3　都坝河流域生态环境数据信息提取

5.3.1　数据准备

根据都坝河流域生态环境敏感性评价指标体系中的评价因子，主要涉及的数据有以下方面。

(1)遥感数据。覆盖北川都坝河流域的 Landsat MSS 数据，来源于空间数据云数据库中美国陆地卫星系列的空间数据产品，平均 16 天扫描同一个区域，其空间分辨率为60m×60m。

(2)数字高程数据。覆盖都坝河流域的 ASTER GDEM 数据，来源于日本和美国国家航空航天局共同开发的产品，从地理空间云平台(http://www.gscloud.cn)获取，其空间分辨率为30m×30m，基于此可获取坡度、坡向、地形起伏度数据。

(3)气象数据。2015 年之前经过处理分析后的多年平均降水量数据和 2015 年 1 月至2017 年 1 月每小时降水原始数据，来源于北川县气象局气候资料日值站以及都坝河流域综合治理项目技术报告参考资料。

(4)土壤、植被数据。来源于《绵阳市国土资源图集》中的绵阳市土壤图(1∶600000)和绵阳市森林资源分布图(1∶600000)(2010)。

(5)土地利用现状数据。各乡镇的土地利用现状数据来源于四川省第二次全国土地调查数据集。

(6)村镇资料。村镇、道路、聚居点等数据来源于 2016 年北川统计年鉴和乡镇统计年报告表及实地调查。

(7)地质及灾害数据。地层和构造线数据来源于 2015 年地质灾害详查报告中北川县地层分布略图和北川县构造体系图；历史上主要地质灾害是从北川县自然资源局下设机构——地质环境监测站收集与实际调查统计而得。

5.3.2 数据预处理

(1)遥感数据。从空间数据云中下载的涵盖都坝河流域的遥感影像是以 104°E、31°N 为中心的 Landsat 数据，利用 ArcGIS10.1 中 Spatial Analyst 工具下的提取分析，设置好提取范围，对此数据中的都坝河流域进行掩膜提取，得出都坝河流域的遥感影像数据，其像元大小为 30m×30m。

(2)数字高程数据。空间数据云中，覆盖都坝河流域的 DEM 数据条带号为 104，行编号为 31～32，先通过 ArcGIS10.1 分别对两个 DEM 数据进行掩膜提取，得出本章的研究区域；再通过高程数据的镶嵌处理，得出都坝河流域的 DEM 数据，基于此数据再获取都坝河流域的坡度、坡向、地形起伏度数据。

(3)气象数据。对 2015 年之前的多年平均降水量进行处理，再对 2015 年 1 月至 2017 年 1 月每小时降水原始数据进行统计计算，结合多方数据综合得出都坝河平均降水量，在 ArcGIS 中添加已处理好的都坝河流域多年平均降水量.csv 数据再导出数据，利用插值分析进行处理，最后得出都坝河流域多年平均降水量数据。

(4)土壤、植被数据。原始数据为 1∶600000 绵阳市土壤、森林资源分布图，经过裁剪得到研究区范围，然后通过实地调查校正后，再利用 ArcGIS 进行矢量化处理，得到都坝河流域的土壤空间分布图与森林资源空间分布图。

(5)土地利用数据。获取的原始数据是北川县的不同乡镇，首先对覆盖都坝河流域土地利用的乡镇进行筛选，利用 ArcGIS 合并相邻乡镇，再裁剪出本章研究区域，最后提取不同的土地利用类型。通常情况下进行土地调查时所作的成果图分类标准采用二级分类标准(2007 年 8 月 10 日发布的《土地利用现状分类标准》)，因此所作出的土地利用类型成果图中土地利用种类较多，需要按照一级分类标准进行合并处理。

(6)村镇资料。根据自然资源局提供的土地利用变更调查数据和交通干线数据，利用 ArcGIS 图形编辑功能进行矢量化处理。

(7)地质及灾害数据。以北川县标准地图为基础，对 2015 年地质灾害详查报告中北川县地层分布略图和北川县构造体系图进行地理配准，根据研究区工作底图进行裁剪获取研究区地层分布图和构造体系栅格图，然后进行矢量化处理。根据地质灾害调查数据表中灾害点坐标信息，将经纬度坐标单位为度分秒格式转换为单位度(°)的小数格式，然后建立研究区地质灾害点空间数据集。

5.3.3 敏感性因子提取

1. 土壤侵蚀敏感性因子提取

(1)地形坡度和地形起伏度。由于地形坡度和地形起伏度两个因子的提取分析过程有着密切联系，所以放在同一小节来进行阐述。①先将 http://www.gscloud.cn 网站下载的 DEM 数据导入 ArcGIS10.1 软件中。再导入已经确定好的研究区范围*.shp 文件，通过

Spatial Analyst 工具下的提取分析工具——按掩膜提取工具进行裁剪操作，最后裁剪出研究区域的 DEM 数据图[图 5-3-1(a)]，其像元大小为 25m×25m。②利用 ArcGIS10.1 系统工具箱中 Spatial Analyst 工具下的表面分析进行都坝河流域的地形坡度提取，出现都坝河流域坡度分析窗口，输入都坝河流域的 DEM 栅格数据，输出都坝河流域地形坡度分布图[图 5-3-1(b)]。③利用 ArcGIS 系统工具箱中 Spatial Analyst 工具下的领域统计对都坝河流域的栅格文件进行处理，邻域类型为矩形，大小为 22m×22m 的像元，分别统计并输出每个栅格中的海拔最高值和海拔最低值图；然后利用 Spatial Analyst 工具下地图代数中的栅格计算器工具，录入地图代数表达式：海拔最高值-海拔最低值，输出都坝河流域地形起伏度分布图[图 5-3-1(c)]。

　　(2)植被。①在 ArcGIS 中打开已经设置好数据框属性的都坝河流域范围图，添加 1：60000 的绵阳市森林资源分布图，在已有坐标系的基础上，取消自动校正，通过添加控制点方式进行地理配准，更新地理配准即可。②利用 ArcGIS 系统工具箱 Spatial Analyst 工具提取分析下的按掩膜提取，出现都坝河流域掩膜提取窗口，输入森林资源分布栅格数据和都坝河流域范围掩膜数据，得到都坝河流域植被类型栅格数据，其像元大小为

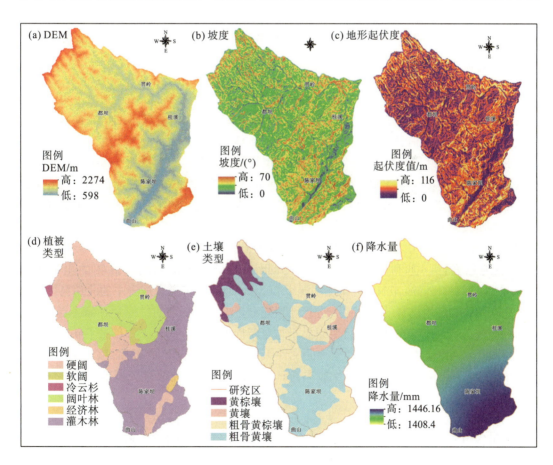

图 5-3-1　土壤侵蚀敏感性因子特征值分布图

25m×25m。③在工作目录下新建.shp 面文件，文件名称为植被类型，利用都坝河流域植被类型栅格数据，进行矢量化操作，得到都坝河流域植被类型图；通过植被类型原有数据信息，打开属性表，添加 name 与面积字段进行编辑与统计汇总，最后得出都坝河流域植被类型分布图[图 5-3-1(d)]。

(3)土壤类型。①承接植被类型提取操作步骤，移除森林资源分布图，添加 1∶60000 的绵阳市土壤图；利用原有的坐标系参数，进行地理配准，取消自动校正，添加控制点，更新显示。②利用 Spatial Analyst 工具下的提取分析，对都坝河流域的土壤类型进行掩膜提取，得到都坝河流域土壤类型栅格数据。③在工作目录下新建土壤类型.shp 面文件，矢量化得到都坝河流域土壤类型分布图；打开属性表，添加 name 与面积字段进行编辑与统计汇总，得出都坝河流域土壤类型分布图[图 5-3-1(e)]。

(4)降水量。①在办公软件 Excel 工作平台上对 2015 年 1 月至 2017 年 1 月每小时降水原始数据进行统计计算，得出年平均降水量，再结合北川气象局统计的 2015 年前的多年平均降水量，得出多年的平均降水量。②利用 ArcGIS 打开工作目录，添加都坝河流域的范围图，设置数据框属性，再导入降水数据。③利用 Spatial Analyst 工具中的插值分析工具下的克里金法，输入已经导入的点要素文件，并设置输出表面栅格数据所在目录，得出像元大小为 25m×25m 的降水量栅格数据图[图 5-3-1(f)]。

2. 地质灾害敏感性因子提取

(1)地灾分布。①在北川县 2015 年地质灾害详查报告中，将 2015 年地质灾害隐患点台账表和 2016 年地灾排查——隐患点进行汇总，并筛选得出研究区内的所有地质灾害点的经纬度及其他相关信息。②已获取的都坝河流域地质灾害点的坐标格式是度分秒，首先应在 Excel 中将经纬度坐标度分秒格式转换为度格式，新建一个度格式已转换好的电子表格，经纬度对应形成两列，X 对应经度，Y 对应纬度，将其存为.csv 文件即可。③打开 ArcGIS 导入都坝河流域范围图，选择文件下添加数据工具中的添加 XY 数据，从地图中选择都坝河流域地质灾害点.csv，指定相应的 X、Y 坐标并编辑地理坐标系为 GCS_WGS_1984，得到都坝河流域地质灾害点的空间分布图[图 5-3-2(a)]。

(2)地层岩性。①利用 ArcGIS 先打开已有的研究区范围图，此图的坐标系为 WGS_1984_UTM_Zone_48N，再添加来源于 2015 年地质灾害详查报告中的北川县地层岩性分布略图。②利用已有的坐标系，进行地理配准，添加控制点的过程中对称选点，轮廓特殊的区域选点，控制点适当，再更新显示与更新地理配准。③在工作目录下新建.shp 文件，文件名称为地层岩性，文件类型为面文件，进行矢量化处理；打开属性表，添加 name 与面积字段，并结合已有数据进行编辑与统计汇总，最后得出都坝河流域地层岩性分布图[图 5-3-2(b)]。

(3)构造线。①承接上述步骤，先移除地层岩性分布图，再添加来源于 2015 年地质灾害详查报告中的北川县构造体系图。②进行地理配准，添加控制点，更新显示与更新地理配准。③在工作目录下新建两个 shapefile，文件名分别为都坝河流域构造线(背斜、向斜)、都坝河流域构造线(断层)，文件类型为线文件；进行矢量化处理后分别得出两个线文件；继而打开属性表，添加 name 字段，结合导入的北川县构造体系图进行属性编辑，最后得出都坝河流域构造线分布图［图 5-3-2（c）］。

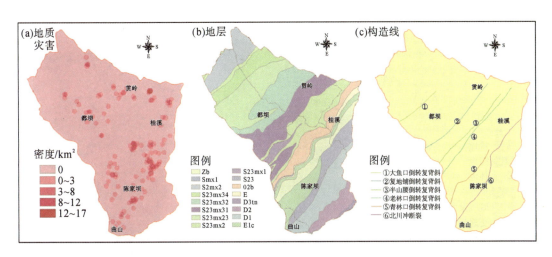

图 5-3-2　地质灾害敏感因子特征值分布图

3. 流域生境敏感性因子提取

（1）土地利用类型。①来源于四川省第二次全国土地调查的土地利用现状数据，其原始数据为都坝河流域各乡镇土地利用现状分布矢量图，格式为工程文件，在 ArcGIS 中无法直接使用，通过 MapGIS K9 下设板块 GDB 企业管理器，分别对研究区涵盖的陈家坝镇、都贯乡、桂溪镇和曲山镇的点（.wt）、线（.wl）、面（.wp）文件进行转换，完成后再导出此数据保存于工作目录下。②利用已有都坝河流域范围的 ArcMap 窗口，打开上述步骤中保存的所有数据，将所有土地利用类型数据合并为一个图层，同时进行图层的放大和移动。③利用 ArcGIS 中 ArcToolbox 中的提取分析功能，对都坝河流域土地利用类型进行裁剪，得到都坝河流域土地利用类型的矢量数据。④通过分析工具的提取分析，对都坝河流域土地利用类型进行筛选，在筛选窗口中输入土地利用现状要素，分别在表达式中录入不同的土地利用类型，得出都坝河流域有 20 个二级土地利用类型图；按照《土地利用现状分类》（GB/T 21010—2017）对土地利用现状的分类方式进行整合处理，最后将都坝河流域的 20 个二级土地利用类型合并整合为 8 个一级土地利用现状类型，即耕地、园地、林地、草地、城镇及工矿用地、交通运输用地、水域及水利设施用地、其他用地等 8 类一级土地利用类型［图 5-3-3（a）］。

（2）水系。①利用 ArcGIS 对北川水系图进行矢量化，新建 shapefile，依据参考图得到都坝河流域的水系图。②通过 ArcGIS 中的邻域分析下的缓冲区工具，获取都坝河流域水系缓冲区图［图 5-3-3（b）］；打开都坝河流域水系缓冲区的属性表，添加评价值新字段，依据与水系的远近依次按照水系因子及分类标准表赋值。

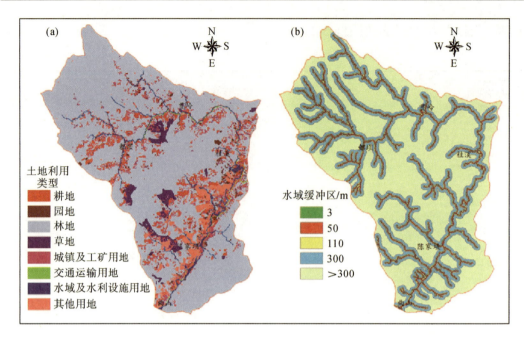

图 5-3-3　流域生境敏感性因子特征值分布图

4. 人类活动敏感性因子提取

(1)道路(省道、县道、乡道)。①打开 ArcGIS 操作平台，添加研究区范围图，核对数据框属性；添加北川县交通图，进行地理配准。②在工作目录下新建线文件：公路(包含 S105)，设置地理坐标系为 GCS_WGS_1984，参照已有的北川县交通图矢量化公路数据。

(2)聚落。承接上述操作的工作环境，新建居民地面文件和聚居点文件，添加已有数据进行矢量化。

5.4　都坝河流域生态环境敏感性综合评价

5.4.1　流域生态环境敏感性单因素评价

1. 土壤侵蚀敏感性评价

土壤侵蚀是土地退化的一种表现形式，不同地区土地退化的成因亦不同，因此土壤侵蚀的表现方式也多种多样。干旱、半干旱地区往往以风力侵蚀为主，湿润、半湿润地区是以流水侵蚀为主。都坝河流域属亚热带湿润季风气候，降水充沛，夏季没有酷暑，冬季亦无严寒，因此都坝河流域内的土壤侵蚀以流水侵蚀为主。本章在《生态功能区划技术暂行规程》(2002)的基础之上，结合都坝河流域的实际情况，确定都坝河流域的地形坡度、植被类型、降水量和土壤类型为此区域土壤侵蚀的影响因子，并参照《土壤侵蚀分类分级标准》(SL 190—2007)对都坝河流域土壤侵蚀下的各个敏感性因子进行分级赋值。

在上述过程的基础上，首先利用 ArcGIS 打开都坝河流域土壤侵蚀敏感性因子的矢量数据，分别对各因子进行分级赋值，生成各指标因子的栅格图，并根据表 5-2-4 的评价指标体系中的分级标准得出各类指标因子的敏感性单因素评价分级图（图 5-4-1），由图 5-4-1(a)可知，都坝河流域土壤高度敏感区面积约为 152.12km²，约占都坝河流域总面积的 49.1%，主要分布在陈家坝镇的小河、大竹、太洪的全部，西河、老场、龙湾、通宝、樱桃沟、青林等 15 个村的部分区域，曲山镇的云里和岩羊，桂溪镇的杜家坝、云兴，都贯乡的岩路、中心、岩林、油坊、柳坪、皇帝庙、国际、水井、民权村的大部分区域；都

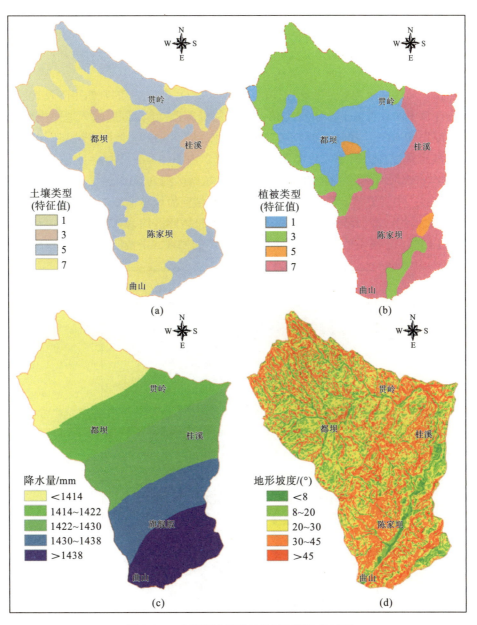

图 5-4-1 土壤侵蚀敏感性单因素评价分级图

坝河流域土壤中度敏感区面积约为 115.69km²，约占都坝河流域总面积的 37.3%，主要分布于陈家坝镇与都坝乡、贯岭乡的乡界线附近区域以及陈家坝镇的南部边界区域；都坝河流域土壤轻度敏感区面积约为 20.31km²，约占都坝河流域总面积的 6.6%，零散分布于树坪、黄莺、凤凰、水堰、岩路等部分区域。都坝河流域土壤不敏感区域面积约为 22.67km²，约占都坝河流域总面积的 7.3%，主要包括柳坪、油坊、岩路西北部区域。由图 5-4-2(b) 可知高度敏感区面积约为 129.97km²，约占研究区总面积的 41.9%，主要分布在曲山镇、陈家坝镇和桂溪镇大部分区域；中度敏感区面积约为 4.23km²，约占研究区总面积的 1.4%，零星分散于民权、红岩及双堰的部分区域；轻度敏感区面积约为 102.97km²，约占都坝河流域总面积的 33.2%，集中分布于都贯乡的北部；不敏感区面积约为 73.6km²，约占都坝河流域总面积的 23.7%，主要分布于都贯乡的南部区域。由图 5-4-2(c)可知，都坝河流域降水量的敏感程度由东南向西北方向呈现出依次递减的态势。

运用都坝河流域土壤侵蚀敏感性评价模式，以及 O_1-$C_{(1\sim4)}$ 中的判断矩阵及其层次单排序结果表计算出的权重值，运用 ArcGIS 里的栅格计算器功能，同时输入地图代数表达式："地形坡度"×0.403+"植被类型"×0.105+"降水量"×0.339+"土壤类型"×0.153，得出都坝河流域土壤侵蚀的敏感性分布图(图 5-4-2)。由图 5-4-2 可知，不敏感区面积约为 34.6km²，约占都坝河流域总面积的 11.2%；轻度敏感区约为 60.5km²，约占都坝河流域总面积的 19.5%；中度敏感区约为 81.6km²，约占都坝河流域总面积的 26.3%；重度敏感区约为 76.4km²，约占都坝河流域总面积的 24.7%；极敏感区约为 57km²，约占都坝河流域总面积的 18.4%。土壤不敏感区集中分布在都贯乡的柳坪、皇帝庙、油坊村；轻度敏感区

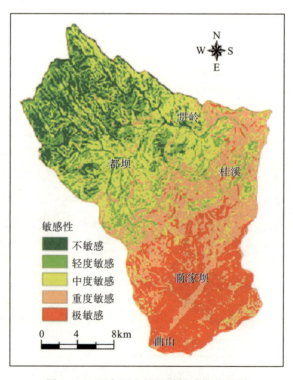

图 5-4-2　研究区土壤侵蚀敏感性分布图

分散分布于都贯乡；中度敏感区集中分布于都贯乡的水井、民权、国际、水堰、岩林、复兴、中心、竹坝村；重度敏感区主要分布于陈家坝镇的平沟、马鞍、龙坪、勇敢、金鼓村，桂溪镇的杜家坝、云兴、黄莺村；极敏感区集中分布在曲山镇及陈家坝镇的东南部地区。

2. 地质灾害敏感性评价

都坝河流域内的地质灾害类型种类较多，常见的有滑坡、泥石流、崩塌和不稳定斜坡。都坝河流域的地质灾害敏感性评价就是分析其影响因子及诱发因子之间的相互联系，确定都坝河流域内各种地质灾害发生的概率。都坝河流域内地质灾害发生的概率越大，其地质灾害敏感性就越显著。都坝河流域内的各种地质灾害之间也存在明显的关联性，如滑坡是斜坡上的大量土体和岩体在自身重力作用下，沿一定的滑动面整体向下滑动的地质现象；崩塌是发生在坡度较陡的区域，其岩体和土体在自身重力作用和其他诱发因素作用下突然脱离母体崩落，脱落物体堆积在坡脚的现象（田磊，2004）；泥石流是在物质源充足的情况下加上暴雨等强降水的作用，短时间内将含有沙石和较松散的土质山体通过流水稀释后形成的一种特殊洪流。这三种地质灾害联系密切，滑坡、崩塌易发区域也是泥石流易发区域，滑坡和崩塌之间有密不可分的关系，它们形成的内在因子及诱发因子大致相当，因而在一定条件下可以相互转化和相互影响，且滑坡体的物质源大多来自泥石流的堆积体，滑坡运动过程中还可能转换成泥石流，形成滑坡的次生地质灾害。其影响因素主要有以下几个方面。

(1) 地质构造的差异性。岩体和土体所在斜坡常常被各种构造面分割成不连续面，且斜坡内的节理、褶皱、断层等软弱面与斜坡面大致平行时，滑坡与泥石流等地质灾害发生的概率大大增加。此外，北川县位于地质构造复杂区域，尤其是擂鼓—曲山—陈家坝一带的北川断层最为典型，震后岩体破坏程度大，稳定性差，易风化，岩体较为破碎。

(2) 地层岩性的影响。岩体和土体是产生滑坡的基础物质来源，不同性质的岩土都能形成滑坡、泥石流，但是主要在易饱和与稀释的软岩土层中发育形成，这种岩土结构松软、抗风化和抗侵蚀能力弱，在重力以及风吹雨打过程中极易产生移动，震后风化的岩体更易发生地质灾害。

(3) 地形地貌的影响。不同高程、不同地貌、不同坡度对地质灾害发生的频率和规模存在明显差异。高陡的地形地势为地质灾害的发生创造了有利条件，地势相对高度越大、地形起伏度越大，地质灾害发生的频率就越大；与此同时，都坝河流域内坡度较小地区，坡体上的松散堆积层较厚，由于此区域人类活动程度最大，地质灾害发生频率高；此外，都坝河流域距离"5·12"汶川地震北川断裂带较近，风险较大。

(4) 其他影响因素。水文气象因素中的地表水、地下水以及地面的降水均对滑坡、泥石流的形成有着很大的影响。地表水（如沟流和河流）可以对斜坡上的岩土体进行侵蚀冲刷；高强度的地面降水可以在斜坡上形成沟流，对地面进行冲刷时会挟带斜坡表层的大量土层；地下水可以软化地表之下的岩土体，使其质地变得松软。由于北川县所处的独特地理位置，形成了年降水量丰沛，降水时间和降水量集中的特点，极易引发滑坡、泥石流、崩塌等自然灾害。同时，已发生过的地质灾害以及人类活动对地表形态的改造势必也会产生极大的影响。

利用 ArcGIS 打开都坝河流域地质灾害敏感性因子的矢量数据，根据表 5-2-6 评价指标体系的分级标准分别对各敏感因子进行分级赋值，生成地质灾害各指标因子 30m×30m 栅格单因素评价分级图(图 5-4-3)，如都坝河流域的地层岩性有 16 小类，根据都坝河流域实际情况及研究需要，结合业内专业学者的研究成果和参考已有的等级划分标准，本章将都坝河流域的地层岩性划分为 5 个敏感性等级[图 5-4-3(a)]。运用地质灾害敏感性评价模式，以及 O_2-C(表 5-4-6)的判断矩阵及层次单排序结果表中的权重值，运用 ArcGIS 里的栅格计算器功能，输入地图代数表达式："地形起伏度"×0.262+"地灾分布"×0.453+"地层"×0.167+"构造线"×0.118，对都坝河流域地质灾害的敏感性进行分析评价，得出都坝河流域地质灾害敏感性分布图(图 5-4-4)。

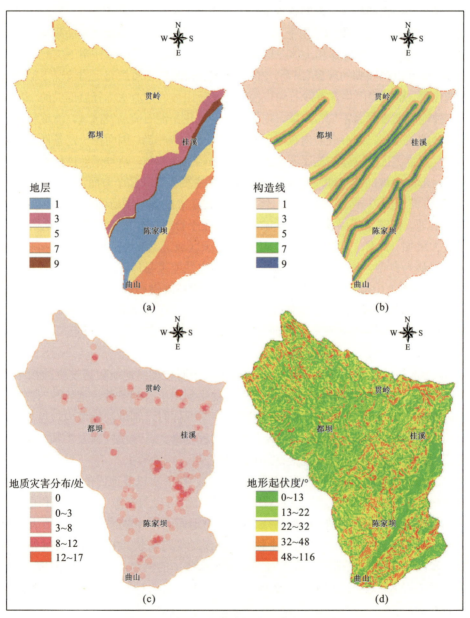

图 5-4-3　地质灾害敏感性单因素评价分级图

由图 5-4-3（a）可知都坝河流域地层极敏感区约为 4.31km²，约占都坝河流域总面积的 1.4%，分布于陈家坝镇和桂溪镇，呈东北—西南狭长的条带状分布；高度敏感区约为 40.49km²，约占都坝河流域总面积的 13.1%，集中分布于陈家坝镇的东南部，如西河、老场、龙湾、双堰、大兴、红岩、金鼓等几个村；中度敏感区约为 205.06km²，约占都坝河流域总面积的 66.1%，其分布涵盖都贯乡全部，以及陈家坝的部分区域；轻度敏感区约为 20.37km²，约占都坝河流域总面积的 6.6%，分布于陈家坝镇和桂溪镇，呈东北—西南向的带状分布；不敏感区域约为 40.22km²，约占都坝河流域总面积的 13.0%，主要分布在陈家坝镇的通宝、樱桃沟、青林等村。由图 5-4-3（b）可知，都坝河流域内的断层和褶皱构造都呈东北—西南走向分布，距构造线距离的远近，依次为不同程度的敏感区。由图 5-4-3（c）可知，极敏感区面积约为 0.4km²，约占都坝河流域总面积的 0.1%；高度敏感区约为 2.5km²，约占都坝河流域总面积的 0.8%；中度敏感区约为 6km²，约占都坝河流域总面积的 1.9%；轻度敏感区约为 26.5km²，约占都坝河流域总面积的 8.6%；不敏感区约为 275.5km²，约占都坝河流域总面积的 88.9%。由图 5-4-3（d）可知，都坝河流域地形起伏度相差较大，尤其是陈家坝镇和都贯乡的一些山地表现明显，地形起伏度越大，敏感性就越明显。

图 5-4-4 为研究区地质灾害敏感性分布图。由图可知都坝河流域地质灾害不敏感区面积约为 116km²，约占都坝河流域总面积的 37.4%，主要集中分布于都贯乡的柳坪、油坊、国际、水井、金洞、岩路、竹坝、中心村及县林场甘溪工区；轻度敏感区约为 89.2km²，

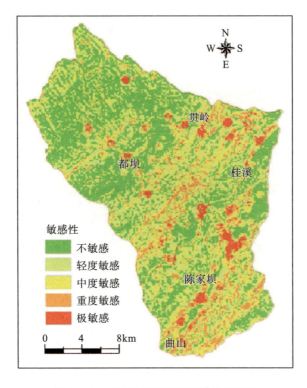

图 5-4-4　研究区地质灾害敏感性分布图

约占都坝河流域总面积的 28.8%；中度敏感区约为 62.4km²，约占研究区总面积的 20.1%，分散分布于陈家坝镇、都贯乡和桂溪镇；重度敏感区约为 34.7km²，约占都坝河流域总面积的 11.2%，集中分布于曲山镇的云里和岩羊村，陈家坝镇的东南度西河、老场、龙湾、大兴、双堰、小河、红岩村及县林场甘溪工区；极敏感区约为 7.4km²，约占都坝河流域总面积的 2.4%，主要分布在陈家坝镇的西河、老场、红岩、金鼓、大竹、马鞍、龙坪等村，都贯乡的岩林、复兴、水堰、金洞等村。

3. 流域生境敏感性评价

生境敏感性是在某一特定的区域范围内某些物种的栖息地，通过某种形式表现对人类活动的敏感程度(Nogué et al., 2013)，流域生境的种类和数量在保护流域内物种的多样性，以及改善流域内生态环境质量等方面有重要的作用；此外，还直接作用于流域内整个生态环境的稳定性和敏感性。流域内生境资源的空间分布具有明显的区域性，流域面积越大，地形种类越复杂，植被和土地利用类型就越多，流域内的敏感性差异就越明显。都坝河流域生境敏感性评价主要分析研究区域内水域缓冲区、植被类型及土地利用类型等因素，并对流域生境敏感区进行划分。对都坝河流域生境敏感性下的各影响因子进行分级赋值，分别生成水域缓冲、植被类型、土地利用类型敏感性单因素评价分级图(图 5-4-5)。如都坝河流域的土地利用类型有 20 种二级土地利用类型，8 种一级土地利用类型，依据都坝河流域的研究实际需要，结合前人的研究成果，参考等级划分标准，本章将都坝河流域的土地利用类型划分为 5 种不同的敏感性等级。运用都坝河流域生境敏感性评价模式，以及表 5-2-7 中的权重值，运用 ArcGIS 里的栅格计算器功能，输入都坝河流域生境敏感性的地图代数表达式："土地利用类型"×0.484+"植被类型"×0.168+"水域缓冲区"×0.349，对都坝河流域生境敏感性进行评价，得出都坝河流域生境敏感性分布图(图 5-4-6)。

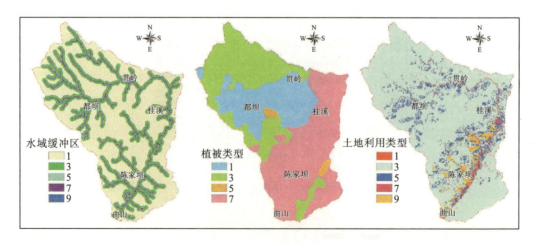

图 5-4-5　研究区生境敏感性单因素评价分级图

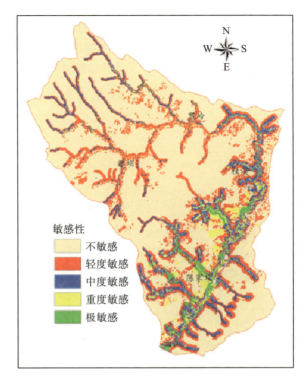

图 5-4-6　研究区生境敏感性分布图

通过对流域生境敏感性分布图进行统计分析得出，流域生境不敏感区面积约为 211km²，约占都坝河流域总面积的 68.1%，集中分布在陈家坝镇大兴、平沟等村和县林场甘溪工区；轻度敏感区约为 55.3km²，约占流域总面积的 17.8%，集中分布在都坝河流域水系附近；中度敏感区约为 24.9km²，约占流域总面积的 8.0%，集中分布在陈家坝镇的西河、老场、通宝、樱桃沟、青林等村，擂鼓镇的凤凰、黄莺、树坪、金星等村；重度敏感区约为 12km²，约占都坝河流域总面积的 3.9%，集中分布在陈家坝镇的龙湾、大竹、太洪、勇敢等村；极敏感区约为 7.3km²，约占都坝河流域总面积的 2.4%，主要分布在曲山镇的岩羊、云里村，陈家坝镇的西河、老场、樱桃沟、青林、龙湾、小河、龙坪、太洪等村。

4. 人类活动敏感性评价

随着经济的发展，都坝河流域的人口不断增加，交通线路逐渐完善，这势必会加大对都坝河流域生态环境的压力。一方面，当地居民从自然环境中索取更多的各种各样的自然物质资源，侵占更多的生态环境栖息地；另一方面，交通线路修建时对沿线附近的生态环境影响巨大，主要表现为生态破坏、水土流失和环境污染等，尤其是建设过程中排放的生产废水及混凝土养护废水等造成的水污染，路基开挖及旧路改造中拆掉的旧混凝土产生的固体废弃物污染。在研究区范围内，人口集聚区和主要交通干线的分布具有明显的空间分布特征，因此根据构建的人类活动敏感性评价指标体系，结合评价指标体系中对道路缓冲及人口密度的分级标准表，分别对各影响因子进行分级赋值，然后生成都坝河流域人类活动敏感性单因素评价分级图(图 5-4-7)。运用人类活动敏感性评价模式，以及表 5-2-8 中的权重值，运用 ArcGIS 里的栅格计算器功能，输入都坝河流域人类活动敏感性的地图代数表达式："道路"×0.614+"聚落"×0.386，对人类活动敏感性进行评价，得出都坝河流域人类活动敏感性分布图(图 5-4-8)。

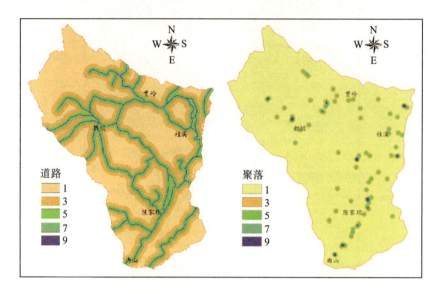

图 5-4-7　研究区人类活动敏感性单因素评价分级图

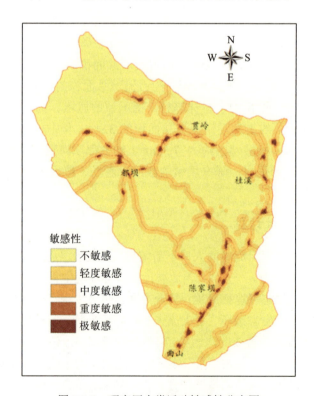

图 5-4-8　研究区人类活动敏感性分布图

经过对人类活动敏感性分布图进行统计分析表明，不敏感区面积约为 222.7km²，约占都坝河流域总面积的 71.7%；轻度敏感区约为 69km²，约占都坝河流域总面积的 22.2%；中度敏感区约为 14km²，约占都坝河流域总面积的 4.5%；重度敏感区约为 3.5km²，约占都坝河流域总面积的 1.1%；极敏感区约为 1.6km²，约占都坝河流域总面积的 0.5%。其中，人类活动极敏感区集中分布在曲山镇的云里村中心，陈家坝镇的西河、老场、通宝、龙湾、小河、青林、双堰、大竹、龙坪、金鼓等村中心，桂溪镇的云兴、黄莺、树坪、金星等村中心，都贯乡的中心、金洞等村中心，都坝河流域的其他敏感区都以极敏感区为中心逐渐向外延伸。

5.4.2　流域生态环境敏感性综合评价

1. 综合评价结果

在分别对都坝河流域的土壤侵蚀敏感性、地质灾害敏感性、流域生境敏感性和人类活动敏感性进行单因素评价的基础上，运用流域生态环境敏感性综合评价模式，结合表 5-2-9中的权重值，运用 ArcGIS 里的栅格计算器功能，输入都坝河流域生态环境敏感性地图代数表达式："土壤侵蚀"×0.353+"地质灾害"×0.405+"流域生境"×0.107+"人类活动"×0.135，对都坝河流域的生态环境敏感性进行综合评价，得出都坝河流域生态环境敏感性分布图(图 5-4-9)。

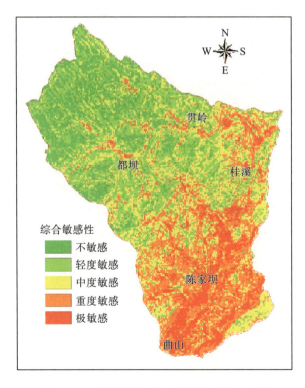

图 5-4-9　都坝河流域生态环境敏感性分布图

2. 评价结果分析

通过对都坝河流域生态环境敏感性综合评价分布图进行统计分析，得出以下结论。

(1) 不敏感区面积约为 49.4km²，约占研究区总面积的 16%，集中分布于都贯乡的柳坪、油坊、皇帝庙、水井、金洞、岩路等村和县林场甘溪工区。此区域位于都坝河的源头区域，海拔高，植被茂盛，目前没有危害较大的生态环境问题，但随着人口的不断增加，经济的不断发展，越来越多的人利用土地资源、森林资源发展经济，以期获取较好的经济收益，同时由于人们对自然环境的发展规律及发展特点认识不全面，以致在对自然资源的利用过程中，出现开采过度、生态环境恶化，为滑坡和泥石流的发生提供了充足的物质基础。

(2) 轻度敏感区面积约为 87.2km²，约占都坝河流域总面积的 28.3%，分布在都坝河流域不敏感区的周围区域，集中分布于都贯乡的民权、水井、国际、皇帝庙、中心、复兴、水堰等村。此区域位于都坝河流域的上游地区，海拔较高，坡度较陡，区域内森林资源分布较茂盛。有少量的矿产资源和草地资源，在开矿和草地资源利用过程中对此区域的生态环境有一定的影响，逐渐出现了地表裸露、草地减少及水土流失等环境问题。

(3) 中度敏感区约为 79.7km²，约占都坝河流域总面积的 25.8%，集中分布在都贯和陈家坝与桂溪的交界附近。此区域海拔较低，坡度较缓，草地和平地的占比较不敏感区和轻度敏感区均有所增多，随着经济的发展，人口增多，耕地面积不断增大，导致人类工程活动加剧，植被覆盖率下降，地表裸露面积增加，岩土松散，给滑坡、泥石流、崩塌等各种灾害的发育提供了有利条件。

(4) 重度敏感区约为 63.9km²，约占都坝河流域总面积的 20.7%，主要集中分布在陈家坝镇的通宝、樱桃沟、平沟、青林、马鞍、金鼓、红岩、双堰等村。此区域以低地为主，地形坡度较大，土地生产力不足，经济作物种植分散，作物需水量较大，常有旱涝、泥石流、崩塌等地质灾害发生，尤其在区内的樱桃沟、杨家沟、青林沟等支流沟内表现尤其显著。

(5) 极敏感区约为 28.3km²，约占都坝河流域总面积的 9.2%，主要分布在曲山镇的岩羊、云里两个村，陈家坝镇的西河、老场、龙湾、青林、小河、大竹、太洪等村。此区域位于都坝河流域的下游地区，地势低平，耕地面积广，地表裸露，人口密度大，城镇建设面积大，过度开垦，导致森林植被的覆盖率降低，水土流失现象愈发严重，强降水下极易出现的水土流失、洪涝、滑坡、泥石流等灾害发生频繁增大。

通过对都坝河流域的生态环境敏感性评价研究，结合都坝河流域的实地调查状况，发现都坝河流域内某一区域的敏感层次越丰富，流域内的生态敏感程度向外逐渐增大时，这一区域的生态环境状况就越好；与之相对的是，如果都坝河流域的某一区域的敏感层次较单一，而且流域内的各种敏感性层次间距较小，那么这一区域的生态环境质量就相对较差，就越容易出现各种各样的生态环境问题。

5.4.3 流域生态环境保护对策

都坝河流域内多山地地形，以低山和低中山为主，根据都坝河流域生态环境敏感性评价结果，对主要的不同敏感区提出相应的保护对策及建议。

(1)根据都坝河流域不敏感区的空间分布特点及其环境问题，都坝河流域不敏感区不适合大规模地进行土地资源和森林资源的开发利用，应继续加强自然植被的保护力度，可适当地进行人工种植，不断提高都坝河流域不敏感区的植被覆盖度，将滑坡和泥石流灾害扼杀于萌芽状态，尽量减少其发生的概率；还应结合此区域海拔高、植被茂盛等特点适当发展野外徒步旅游，结合都坝河不敏感区域的环境特点，制定出既刺激又能保障安全的旅行线路；此外，还应强化都坝河流域不敏感区范围内的生态环境保护方面的宣传力度，做到流域内的环境保护人人有责且人人参与。

(2)根据都坝河流域轻度敏感区的空间分布特点，本区域应加强生态规划建设，适宜作为土地资源和森林资源的储备资源，如需对此区域进行开发利用，还应投入更多的建设；可利用原生自然资源进行生态观光；不断提高人们的生态环境保护意识。

(3)都坝河流域中度敏感区主要分布于都坝河流域海拔较高的区域，是小流域重要集水区的分水岭，重点工作是保护河流源头地区的自然植被尤其是天然林，加强都坝河流域中度敏感区范围内次生林的人工种植，不断提高流域内土壤和植被涵养水源的能力；还应进行小流域综合治理及生态环境工程的建设，在干支流中上游地区修建大坝，拦截河流汛期从山区冲刷挟带而下的物质资源。

(4)都坝河流域重度敏感区主要集中分布于陈家坝镇与桂溪镇和都贯乡的交界地带，针对此问题结合都坝河流域重度敏感区的实际状况，应该重点发展以茶叶和中药材为主的经济作物，精耕细作，人工提高土壤肥力，积极实施沃土工程，提高区域耕地生产力，保障生态系统的整体协调发展，与此同时，还应在都坝河流域重度敏感区范围内的适当河段修建水坝等水利工程设施，提高流域枯水期水资源的供给量。

(5)都坝河流域极敏感区主要集中分布在曲山镇和陈家坝镇两个行政区范围内的都坝河流域的下游和河流的交汇处附近。根据此区的空间分布特征及其环境问题，支沟沟内堆积了大量的泥石流堆积物源，且目前仍以强烈的下切冲刷作用为主，应采取增设防冲刷桩林、增设调节坝和建设场镇防护堤等工程措施，农业部门还可宏观地调整土地利用方式，继续推进退耕还林政策，发展特色水果林基地，改造低产林等生态环境保护措施。

第6章 都坝河流域水土流失综合防治

水土流失综合防治能够使水土资源得到充分利用、生产生活条件得到改善、人与自然和谐相处、经济社会可持续发展，是解决水土流失问题最直接最有效的方法。小流域水土流失综合防治研究是重点地质灾害区域综合防治和生态环境修复研究的主要内容之一，也是山区乡村振兴和脱贫攻坚关注的生态环境问题。

本章立足四川龙门山断裂带地质灾害重点区域综合防治，选取北川羌族自治县境内的都坝河流域为研究区，以都坝河流域2014~2018年的降水和地质灾害基础资料及地表覆被变化遥感影像数据作为数据源，将3S(RS、GPS、GIS)与修正通用土壤侵蚀方程(revised universal soil loss equation，RUSLE)模型结合，定量估算出水土流失量，并基于水土流失量与地质灾害风险等级分级评价水土流失等级，最后，针对流域水土流失现状与生态环境修复重建，进行水土流失综合防治分区，遵循生态小流域建设理念，分别配置适宜的水土流失防治措施。

6.1 水土流失综合防治研究进展

6.1.1 国外研究进展

国外水土流失模型的研究过程一般分为四个类型：一是基于小区的试验观测数据估算水土流失统计模型；二是基于土壤侵蚀过程的研究成果开发物理模型；三是基于物理模型的成果并与 GIS 结合的水土流失预报模型；四是基于小流域水力侵蚀估算模型的研究成果以及结合 3S 技术开发流域水土流失模型(郑粉莉等，2004)。

(1)关于水土流失统计模型的研究。起始于坡地水流剥蚀的野外观测，最早始于1882年，英国哈德逊创建了利用野外小区开展土壤流失试验的方法，其后，作为水土流失规律与力学机理研究的一个重要手段，为水土流失以及土壤侵蚀估算模型发展奠定了基础。Cook(1936)对大量径流小区资料进行系统分析后，提出了定量描述土壤侵蚀的三大因子——土壤可蚀性、降雨侵蚀力及植被覆盖，为侵蚀检验模型标志性进展，也是如今大部分经验模型的基础。1965 年 W.Wischmeier 等在美国农业部的帮助下，针对美国东部地区 3 个州 1000 多个径流小区近 30 年的观测资料进行系统分析的基础上，提出了著名的通用土壤流失方程(Smith，1948)。20 世纪 70 年代，在对土壤抗冲性进行进一步研究的同时，世界各地初步形成以小流域为单元进行水土流失研究和治理的思路。然而，以多年侵蚀资料为基础建立起来的通用土壤侵蚀方程(universal soil loss equation，USLE)模型，无法进行次降雨土壤侵蚀的预报,影响了水土流失研究结果的精确性,美国土壤保持局于 1985 年开始针对 USLE 的修正工作,该工作于 1997 年完成,建立了 USLE 的修正模型 RUSLE (Wischmeier and Smith, 1960),通过多年研究,证明该结果具有较好的应用性。

(2)关于土壤侵蚀物理模型的研究。Meyer 和 Foster(1969)等将土壤侵蚀过程划分为降雨分离、径流分离、降雨输移和径流输移 4 个子过程,这是土壤侵蚀模拟首次利用数学模型进行,为水土流失估算物理模型的研究提供了可靠的研究发展方向。1972 年,G. R.Foster 等根据侵蚀泥沙的来源将坡面侵蚀划分为细沟间侵蚀和细沟侵蚀,假定并在近似稳定流的条件下,根据泥沙输移连续方程建立了坡面侵蚀泥沙连续方程,为基于侵蚀过程土壤侵蚀物理模型的发展奠定了理论基础(Lohw, 1952)。20 世纪 80 年代初到 20 世纪末,众多基于土壤侵蚀过程的物理模型相继问世,其中以美国的 WEPP(water erosion prediction projet)物理模型、适用于欧洲的 EUROSEM 模型(Morgan et al., 1998)、荷兰学者建立的 LISEM(Limburg soil erosion model)模型(Morgan et al., 1998)、澳大利亚的 GUEST 模型 (Misra and Rose, 2010)最具代表性。但是 WEPP 模型是目前国际上最为完整,也是最复杂的土壤侵蚀预报模型,该模型可以对土壤沟蚀、沟间侵蚀、泥沙运动进行连续模拟,并且 WEPP 模型能够模拟不同气候、灌溉、水文、土壤、地表作物、残渣管理与分解以及水土保持措施等条件下的土壤侵蚀过程,是目前最有效的物理模型。

(3)关于基于 3S 技术的水土流失估算模型的研究。20 世纪 80 年代以来,RS 和 GIS 等技术开始被应用于水土流失研究中,区域性土壤侵蚀研究有了可能性,学者们开始探索区域性土壤侵蚀模型的开发。LISEM 模型是 ROO 于 1996 年建立的一个基于水土流失物理过程和 GIS 平台的土壤侵蚀和地表径流模型,LISEM 开创了水土流失物理过程与 GIS 完全集成的先河,且可以直接将遥感数据运用于水土流失研究之中,相较于之前的研究可以更加直观地反映水土流失的机理与时空变化,为水土流失研究展示了水土流失模型发展的新方向。美国科学家将 WEPP 模型与 GIS 相结合,开发研制了 GeoWEPP(Geo-spatial interface for WEPP)模型,GeoWEPP 进一步提供了流域范围水土流失研究的可能性。

近年来,随着计算机技术和地理信息技术的发展,国外建立的代表模型还有 HSPF(hydrological simulation program fortran)模型、EPICC(erosion productivity impact calculator)模型等,这些模型都是基于计算机强大的计算能力,依据不同水土流失研究区的特征,快速估算水土流失特征。

6.1.2　国内研究进展

我国水土流失研究起源于 20 世纪 20 年代,当时的金陵大学森林系部分教师在西北地区开展了水土流失的调查和监测,并先后在天水、西安、平凉和东江等地建立了水土保持试验站。此后很长一段时间,我国水土流失仍以传统监测为主。刘善建等(1953)根据径流小区观测资料,首次提出了坡面年土壤侵蚀量的估算公式,揭开了我国水土流失定量化研究的历史篇章。1942 年,天水水土保持试验站的建立标志着我国对水土保持规律研究进入发展阶段。20 世纪 50 年代,黄秉维等学者对水土流失类型特征、相关影响因素及分布区域的深入研究,为我国水土流失的定量研究提供了基础。20 世纪 70 年代末期,随着

RS 和 GIS 技术的发展以及对外学术交流进行，我国水土流失研究受到国外研究思维很大影响。20 世纪 80 年代以来，自牟金泽等将美国 USLE 模型翻译并引进中国后，我国学者以 USLE 水土流失方程为基础，根据各研究区的实际情况对模型进行修正，对我国黄土高原、东北漫岗丘陵以及南方紫色土丘陵等主要水土流失区土壤估算预报模型进行了探索评估（袁克勤等，2009）。张宪奎等（1995）通过对水土流失研究的实验数据进行统计分析，基于 USLE 建立了针对黑龙江水土流失量估算方程；刘宝元等（2001）以 LISLE 模型为原型，结合我国区域差异，开展了系列相关研究，积累了大量资料和成果，并以 RUSLE 为基础，结合国情，构建了中国土壤流失方程（Chinese soil loss equation，CSLE）模型测算多年平均水土流失量，该模型在中国部分区域具有很好的适用性；史冬梅等（2010）结合紫色土壤丘陵区水土流失特点，通过建立径流小区试验，建立了适用于紫色土壤丘陵区的水土流失模型，并在重庆与三峡库区等地取得良好的适用性；江忠善等（2005）在总结国内外坡面水土流失估算模型成功案例的基础上，将浅沟侵蚀作为坡面侵蚀的主要影响要素，进一步提出了适用于国内的坡面水蚀估算模型，实证研究表明该模型具有较高的估算精度（姚文艺，2011）。

6.1.3 研究存在的问题

几十年来，随着几代学者的不断努力和不懈探索，我国水土流失研究也取得了丰硕成果，大量学者结合我国水土流失环境特征对 USLE、WEPP 等国外模型进行改进修正并且获得更好的适用性；同时，利用数理统计、随机理论、系统与控制论在经验模型研究中的应用，为建立水土流失经验模型提供了更多的途径和方法；同时，水土保持学科与河流动力学、生态、地理、计算机及 GIS 等多种学科技术的融合，使得水土流失研究更全面，更具有可操作性和科学依据。

与此同时，我国水土流失研究仍然存在不少问题。目前，我国已经建立的经验模型大多是由建模者基于试验区域的实测数据确定的，因而其推广应用存在较大的局限性和较差的通用性，且我国对水土流失物理模型研究大多是在国外模型的基础上进行改进，核心思想仍然是借用国外模型。迄今为止，我国学者建立的水土流失模型在推广应用中存在局限性，见表 6-1-1。总之，我国水土流失研究工作的基础研究等前期工作仍然滞后于模型研究、应用的发展，地理信息提取技术以及 GIS 与模型耦合技术、模型参数体系及其在我国区域分化差异等都是有待解决的重大应用基础课题。

表 6-1-1　中国土壤侵蚀模型

方法	作者	使用条件	局限性
农地年土壤侵蚀量经验方程式	刘善建（1953）	我国第一个小流域坡面土壤侵蚀预报模型	仅考虑了年径流量单因子，适用于 15% 坡度的农耕地砂壤土
小流域土壤侵蚀模型预报	江忠善和宋文经（1982）	根据黄土高原 10 个小流域（集水面积为 0.18～187km²）资料，建立的流域次暴雨产沙公式。选择的主要参数有流域坡度、土壤可侵蚀性、植被作用系数	没有区分坡面侵蚀与流域侵蚀，没有考虑泥沙输送过程

续表

方法	作者	使用条件	局限性
黄土丘陵区土壤侵蚀模型	江忠善等(1996)	结合 GIS 建立,考虑了沟间地和沟谷地的差异,在沟间地土壤侵蚀模型的基础上,通过对沟蚀、土质、植被等参数修正,计算沟谷地土壤侵蚀模数	利用沟坡基准坡度、沟蚀植被度反映沟坡侵蚀、重力侵蚀,缺乏明确的物理概念。在确定沟蚀系数时,认为沟坡基准坡度与研究区域内的平均坡度是随坡度的大小按线性关系变化或外延,其假定仍待探讨
黄河中游小流域土壤流失量计算模型	范瑞瑜(1985)	考虑因子有降雨、土壤、流域平均坡度、植被以及工程措施	植被影响因子是植被覆盖度的指数函数形式,而工程措施影响因子则是各种不同工程措施面积与流域面积的加权比值。仅适用于黄土高原地区 200km 以下的小流域
土壤侵蚀信息熵模型	朱启疆等(2002)	以陕西省米脂县高西沟乡作为试验小区,用 GIS 提取了坡度、坡向因子。从遥感影像上提取植被覆盖度、土地利用等因子,建立高西沟土壤侵蚀信息熵图	为信息熵模型,其应用还待进一步验证
长江中上游小流域年侵蚀模型	张仁忠和冉启良(1992)		只反映了土壤抗蚀性和降水侵蚀力的作用,对植被覆盖度以及流域地形地貌差异未能反映

随着 3S 技术的发展,3S 技术在水土流失模型模拟中的应用,能够提供强大的空间模拟能力,在进行区域水土流失估算时,能够有效降低成本,并使流失过程进一步细化。同时,随着人们对水土流失过程及规律的了解不断深入,计算机科学与 GIS 的进一步完善及其深层次的应用,水土流失研究与水土保持规划将会在未来得到快速发展,走向科学化、现代化、大数据化,并更加具有可操作性、可指导性。

6.2 研究方法与技术路线

6.2.1 研究方法

(1)文献综述法。在检索、选取、整理各类与水土流失研究相关文献的基础上,通过研读文献总结出水土流失研究方法与思路。本章就水土流失综合防治进行相关的文献检索,参考文献主要来源于 CNKI、谷歌学术、Web of Science 及中华人民共和国水利部等网站,再在参阅文献的基础上,基于前人的研究成果,结合都坝河流域生态环境现状进行相关资料收集、信息加工、整理等,并形成个人关于水土流失的观点和研究方法。

(2)模型分析法。本章采用修正通用土壤侵蚀方程(RUSLE),分别对都坝河流域水土流失进行估算。

RUSLE 由降雨侵蚀力、土壤可蚀性、地形坡度坡长、植被覆盖度和水保措施 5 个主要因子构成,表达式为

$$A = R \cdot K \cdot \mathrm{LS} \cdot C \cdot P \tag{6-2-1}$$

式中,A 为区域年均土壤侵蚀量,t;K 为土壤可蚀性因子,$t \cdot hm^2 \cdot h/(hm^2 \cdot MJ \cdot mm)$;$R$ 为

降雨侵蚀力因子，$MJ·mm/(hm^2·h)$；地形坡度坡长因子 LS、植被覆盖度因子 C、水保措施因子 P 均为量纲为 1 的因子。

(3) 数理统计法。利用 ArcGIS 的空间统计，将都坝河流域的坡度、降雨强度、土地利用类型等数据矢量化并进行叠加分析，再利用 ArcGIS 软件的面积统计制表模块，得到不同要素条件下都坝河流域水土流失强度的面积对比。

(4) GIS 空间分析。基于数理统计法，结合 ArcGIS 软件、地理探测器，分析都坝河流域水土流失强度与自然要素、人为要素之间的空间差异性，探究流域水土流失驱动力。

6.2.2 技术路线

根据研究内容和研究方法，设计如图 6-2-1 所示的技术路线。

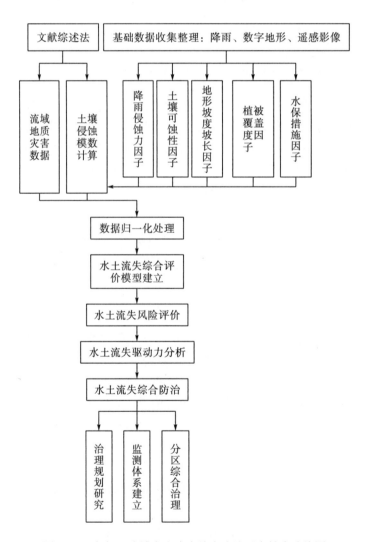

图 6-2-1 都坝河流域水土流失综合防治研究技术路线图

6.3　数据源与预处理

6.3.1　数据来源

本章以北川羌族自治县都坝河流域为研究区,对该流域水土流失进行定量分析,需要从各个网站以及相关部门收集都坝河流域不同类型的基础数据,主要包括图像数据与文字数据,具体见表 6-3-1。

表 6-3-1　数据源基本情况

数据名称	分辨率	数据格式	数据来源
DEM	30m×30m	TIFF	http://www.gscloud.cn/
地形图数据	1∶50000	DLG	四川省第二地理信息工程院
Landsat8 遥感影像	30m×30m	TIFF	https://www.usgs.gov/
无人机低飞影像	2m×2m	TIFF	无人机
绵阳市土壤类型图	1∶600000	纸质	绵阳师范学院国土资源研究中心
世界土壤数据库	1000m×1000m	mdb	寒区旱区科学数据中心
逐日降水量 (陈家坝、都贯乡)	—	txt	北川县气象局
北川县统计年鉴	—	pdf	http://www.beichuan.gov.cn/
北川地质灾害普查	—	doc	北川县自然资源局

6.3.2　数据处理环境

本章数据处理所用的软件主要有遥感影像处理软件 ENVI Classic5.3、地理信息系统软件 ArcGIS10.3、数据统计处理软件 Excel 等。

ENVI Classic5.3 是美国易智瑞 ESRI 公司开发的遥感影像处理软件,利用 ENVI Classic 5.3 处理下载的 Landsat 遥感影像,以提取都坝河流域植被覆盖和地表覆被信息。ArcGIS 也是美国易智瑞 ESRI 公司开发的一套 GIS 软件系统平台,主要利用 ArcGIS 软件对降水、土壤以及地形等数据进行编辑处理和地图代数运算,并对获得的数据进行可视化处理,使得都坝河流域相关研究内容时空变化能够清晰地展示出来。

6.3.3　数据预处理

水土流失是多因子共同作用产生的结果,因此,本章探究都坝河水土流失需要对各种基础数据进行预处理,主要分为以下 5 类。

(1)Landsat 遥感影像。Landsat 遥感影像数据在生态环境保护(植被覆盖、海洋污染等)、城市发展变化分析(城市扩张、土地类型时空变化)、生态环境管理(林业、农业等)、自然灾害(泥石流、滑坡等)监测等多个研究领域,如利用遥感影像处理进行土地覆被现状分类及时空变化调查;调查海洋资源和地下水资源;监测和协助管理农林业以及水利资源的合理分配;估算农作物产量,研究农业植物的生长情况;依据不同区域的地势地貌特征,预报和监测各种严重的自然灾害(如地震、泥石流、滑坡等)和自然环境污染,以及各种专题图(如地势地貌图、水文图、土地覆被现状)的制作等。

Landsat8 卫星包含 OLI(operational land imager)和 TIRS(thermal infrared sensor)两种传感器。OLI 传感器主要包括 9 个波段,空间分辨率主要为 30m,TIRS 传感器为 2 个,空间分辨率为 100m,其具体的波段参数见表 6-3-2。

表 6-3-2　Landsat8 OLI 卫星波段介绍

波段	波段长度/μm	空间分辨率/m	主要应用
Band 1 Coastal(海岸波段)	0.433~0.453	30	海边观测
Band 2 Blue(蓝波段)	0.450~0.515	30	水体穿透,分辨土壤植被
Band 3 Green(绿波段)	0.525~0.600	30	分辨植被
Band 4 Red(红波段)	0.630~0.680	30	处于叶绿素吸收区,用于观测道路、裸露土壤、植被种类等
Band 5 NIR(近红外波段)	0.845~0.885	30	用估算生物量,分辨潮湿土壤
Band 6 SWIR 1(短波红外 1)	1.560~1.660	30	分辨道路、裸露土壤、水,还能在不同植被之间有好的对比度,并且有较好的大气、云雾分辨能力
Band 7 SWIR 2(短波红外 2)	2.100~2.300	30	对岩石、矿物的分辨很有用,也可用于辨识植被覆盖和湿润土壤
Band 8 Pan(全色波段)	0.500~0.680	15	15m 分辨率的黑白图像,增强分辨率
Band 9 Cirrus(卷云波段)	1.360~1.390	30	包含水汽强吸收特征,云检测
Band 10 TIRS 1(热红外 1)	10.60~11.19	100	感应热辐射的目标
Band 11 TIRS 2(热红外 2)	11.50~12.51	100	感应热辐射的目标

本章研究所需要的植被覆盖度因子、水保措施因子和地质灾害因子都需要从遥感影像中获取,为了减少不同季节带来的偏差,降低不同时相对植被覆盖度等的影响,本章使用地理空间数据云(http://www.gscloud.cn/)与美国地质勘探局(United States Geological Survey,USGS)(https://www.usgs.gov/)下载的 Landsat8 遥感影像,卫星轨道号为 129,行编号为 38,选取的时间段为 4~5 月,此范围内的遥感影像能 100%覆盖都坝河流域,且能够保障季节对植被覆盖度的影响较低,都坝河流域的遥感影像如图 6-3-1 所示。

(2)数字地形数据。本章采用的数字线划地图(digital line graphic,DLG)数据来源于四川基础地理信息中心,数据采集时间为 2015 年,利用 ArcGIS 中 Toolbox 中的 3D Analyst 工具生成不规则三角网(triangulated irregular network,TIN),再生成分辨率为 10m×10m 的 DEM 图。

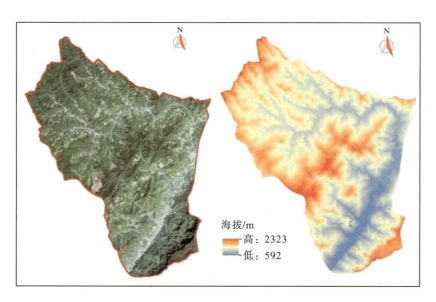

图 6-3-1 都坝河流域遥感影像与 DEM 简图

(3)降水量数据。本章的降水量数据来源于北川羌族自治县气象局，数据主要包括都坝河流域内的陈家坝镇、都贯乡(2019 年 12 月 25 日以前为都坝乡和贯岭乡两个乡，本章将其分开讨论)三个站点的逐小时降水量文本数据。由于气象数据是由当地自动气象站上传，本章首先在 Excel 中将逐小时降水数据汇集成日降水量，将缺失较多的干扰项剔除，以方便降雨侵蚀力的计算。

(4)土壤数据。本章的土壤数据主要源于绵阳市 1∶600000 土壤类型图，在 ArcGIS 上将其进行几何校正和地理配准等矢量化处理，然后结合世界土壤数据库(Harmonized World Soil Database version 1.2)(HWSD V1.2)和《四川省土种志》得到都坝河流域土壤理化性质，将其导入 Excel 中利用 EPCI 法进行计算得到土壤可蚀性。

(5)地质灾害数据。都坝河流域因地处龙门山地震断裂带，地质灾害频发，地质灾害也对该区域水土流失造成一定影响，本章选取的地质灾害数据来源于四川省地质矿产勘查开发局 2015 年对都坝河流域的地质灾害调查，将流域地质灾害数据收集并导入 Excel 中，并对 2008 年之后的地质灾害点进行筛选，去除已经治理和危害面积极小(危害面积小于 $1km^2$)的灾害点，将得到的灾害点导入 ArcGIS10.2 软件中，建立缓冲区进行进一步分析。

6.4 水土流失估算模型

6.4.1 水土流失估算模型选取

随着遥感技术与计算机科学的不断发展，利用 GIS 与 RS 估算水土流失已经成为区域水土流失研究的趋势，该方法能够快速、较准确地估算一定区域的水土流失情况。其中，

RUSLE 模型被国内外学者广为使用，该模型被验证具有较好的适用性，近些年来，国内很多学者基于不同的研究区对 RUSLE 模型进行了不同程度的修正。都坝河流域范围较大，地势跨度大，且目前在区域内尚未建立水土流失监测站点，RUSLE 模型相较于其他水土流失估算模型具有操作性强、估算结果可靠的优点。因此，本章结合都坝河流域自然环境特点，选取 RUSLE 模型进行都坝河流域水土流失量的估算。

6.4.2　降雨侵蚀力因子提取

1. 降雨分析

2014～2018 年，都坝河流域多年平均降水量为 1203.9mm，其中流域降水量峰值主要集中在每年 7 月，其中 2018 年 7 月陈家坝月降水量峰值达到 787.3mm，降水量谷值主要集中在 12 月与 1 月，最低为 0.4mm，降水量差达到 786.9mm。根据北川县降水量统计结果，都坝河流域降水量空间分布呈现东南高、西北低的特征，且流域年内降水高值主要分布在陈家坝(图 6-4-1)。

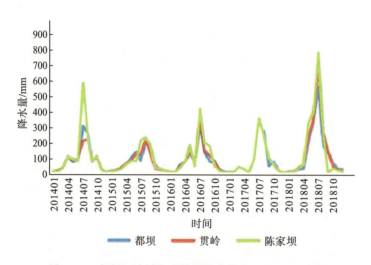

图 6-4-1　都坝河流域各乡镇月降水量(2014～2018 年)

2. 降雨侵蚀力因子提取方法

降雨侵蚀力因子 R 能够表现降雨对水土流失的影响力，是估算水土流失的最重要指标之一。目前，世界上广泛使用的水土流失估算模型，无论是基于径流小区的经验模型(USLE、RUSLE 等)还是物理模型(WEPP 等)，都将降雨作为估算水土流失的重要因子，因此降雨侵蚀力因子 R 的估算就显得尤为重要。

降雨只是一个单一的指标，如何将其转化为降雨侵蚀力，很多学者对此进行了大量研究。最早，W.H.Wischmeier 通过对径流小区进行观测发现，降雨动能 E 与 30min 最大雨强 I_{30} 的乘积 EI_{30} 和水土流失量的相关性最适宜，并将其作为估算降雨侵蚀力的指标，应用于 USLE 方程，以此来估算预报多年平均水土流失量，即当其他水土流失影响因子维持不变时，单次降雨引起的水土流失量与单次降雨总动能和 30min 内最大降雨强度的乘积成正比。年降雨侵蚀力的值为 1 年内所有单次降雨侵蚀力的总和，多年平均降雨侵蚀力是多年降雨侵蚀力值的平均值。具体计算方程如下：

$$R = EI_{30} \tag{6-4-1}$$

式中，R 为单次降雨的侵蚀力；E 为单次降雨总动能；I_{30} 为 30min 内最大降雨强度。

但是，EI（单次降雨动能与 30min 最大雨强）法估算降雨侵蚀力需要长时间连续的降雨数据，目前我国绝大部分地区缺乏此类数据。针对 EI 法估算降雨侵蚀力的不足，许多学者开始研究基于气象站点常规降雨资料的降雨侵蚀力建议算法。Richardson 等(1983)建立基于日降水量的降雨侵蚀力的简易模型。后来，卜兆宏(1999)、章文波和付金生(2003)、胡续礼(2010)等，根据我国不同区域的实际状况建立起能够体现该区域特征的建议降雨侵蚀力建议计算算法。

目前，有关降雨侵蚀力计算的方法已经有很多，主要是基于日降水量、月降水量以及年降水量的降雨侵蚀力估算模型。

(1)基于日降水量的降雨侵蚀力计算。章文波和付金生(2003)基于全国多个气象站数据建立了简易模型，具体模型如下：

$$R_i = \alpha \sum_{j=1}^{k} P_j^{\beta} \tag{6-4-2}$$

式中，R_i 为第 i 个半月内的降雨侵蚀力；P_j 为单位时间内第 j 天的日降水量，mm，依据谢云等(2001)对侵蚀性降雨标准的规定，若日降水量小于 12mm，则为 0；k 为该单位半月内降水量超过 12mm 的天数，每月以 15 日为分界，一年共有 24 个时间段；α、β 为模型参数，与研究区降雨特征相关，具体关系如下：

$$\alpha = 21.586 \beta^{-7.1891} \tag{6-4-3}$$

$$\beta = 0.8363 + \frac{18.144}{p_{日12}} + \frac{24.455}{p_{年12}} \tag{6-4-4}$$

式中，$p_{日12}$ 为日降水量大于等于 12mm 的日平均降水量；$P_{年12}$ 为日降水量大于等于 12mm 的年平均降水量。

史冬梅等基于野外人工模拟降雨建立起关于紫色丘陵区的降雨侵蚀力计算模型，该模型对重庆以及四川部分区域降雨侵蚀力估算都有较好的适用性。具体模型如下：

$$R_日 = 2.2944 P_日 + 0.066 P_日^2 \tag{6-4-5}$$

式中，$R_日$ 为日降雨侵蚀力；$P_日$ 为日降水量。

(2)基于月降水量的降雨侵蚀力计算。Wischmeier 和 Smith(1978)建立的月降雨侵蚀力模型如下：

$$R_年 = \sum_{i=1}^{12} 1.735 \times 10^{\left(1.5 \lg \frac{P_i^2}{P} - 0.8188\right)} \tag{6-4-6}$$

式中，$R_年$ 为年降雨侵蚀力，F·t·in/(a·h·m)；P_i 为月降水量，mm。

卢喜平等基于人工模拟降雨建立的月降水量模型如下：

$$R_年 = 5.249 F^{1.205} \tag{6-4-7}$$

$$F = \sum_{i=1}^{12} \frac{P_i}{P_{年}} \times P_i \qquad (6\text{-}4\text{-}8)$$

式中，$R_{年}$ 为年降雨侵蚀力，MJ·mm/(hm²·h·a)；$P_{年}$ 为年降水量；P_i 为第 i 月的降水量，mm。

(3)基于年降水量的降雨侵蚀力计算。王明晓利用三峡库区及其周边气象站点近 35 年的降雨数据分析降雨侵蚀力得到的年降雨侵蚀力模型如下：

$$R_{年} = \sum_{i=1}^{12} 0.287 P_i^{1.574} \qquad (6\text{-}4\text{-}9)$$

式中，$R_{年}$ 为年降雨侵蚀力，MJ·mm/(hm²·h·a)；P_i 为第 i 月的降雨侵蚀力，当 $P_i \leqslant 12\text{mm}$ 时，则当月记作 0。

基于都坝河流域 3 个气象站点的降水量数据，排除 2017 年(因 3 个站点出现故障，当年降水数据缺失超过 80%)，选择都坝河流域 2014～2018 年(除 2017 年)逐小时降水量并进行处理，依据日降水量公式和月降水量公式计算得到都坝河流域降雨侵蚀力，具体降雨侵蚀力如图 6-4-2 所示。

通过分析降雨侵蚀力分布可以得到，都坝河流域降雨侵蚀力空间分布整体呈现自北向南逐渐增强的趋势，受降雨直接影响，都坝河流域降雨侵蚀力峰值都出现在陈家坝镇境内，谷值一般出现都坝乡境内，2014 年、2015 年、2016 年和 2018 年都坝河流域年均降雨侵蚀力分别为 7747.2MJ·mm/(hm²·h·a)、3993.66MJ·mm/(hm²·h·a)、6780.74MJ·mm/(hm²·h·a) 及 20458.53MJ·mm/(hm²·h·a)，其中，2015 年受降雨影响降雨侵蚀最低且该年的峰值也属于较低状态；而 2018 年，都坝河流域境内汛期出现多次暴雨天气导致都坝河境内出现泥石流等灾害，同时也导致该年降雨侵蚀力远高于其他几年。

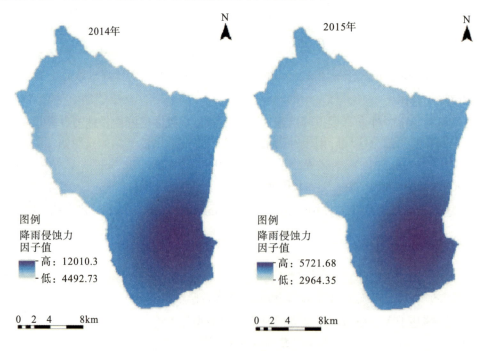

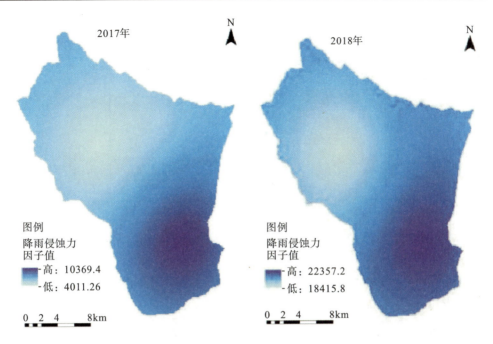

图 6-4-2　2014～2018 年降雨 R 因子空间分布特征

6.4.3　土壤可蚀性因子提取

　　土壤可蚀性是影响水土流失的内在原因，是定量研究水土流失的基础，对流域土壤可蚀性进行研究能够有效衡量土壤在降雨与径流的作用下被分散、破坏和搬移的程度，是水土流失研究的一个重要指标。土壤可蚀性与土壤的颗粒大小、土壤入渗率、土壤有机质含量以及土壤类型等密切相关。同时，土壤可蚀性受到土地利用类型等影响，不同的土地利用(农业耕作、经济林种植等)都会影响土壤结构，改变土壤可蚀性(朱冰冰，2009)。

　　土壤可蚀性是一个综合性指标，而不是一个可单一直接测定的理化性指标，因此，计算土壤可蚀性的办法通常是对相关土壤参数进行测定，从而对土壤可蚀性进行推算。目前，获得土壤可蚀性的方法主要分为直接测定法、诺模图法、修正诺模图法、EPCI 法等。

　　但是使用直接测定法需要大量时间与经费，且诺模图法使用具有局限性，需要特定的土壤和研究区。因此，本书采用了相对较为快捷的 EPCI 法，使用土壤相关理化性质来推算土壤可蚀性，EPCI 法的具体公式如下：

$$
\begin{aligned}
K = &\left\{0.2 + 0.3\,\mathrm{EXP}\left[-0.0256\,\mathrm{SAN}\left(1 - \frac{\mathrm{SIL}}{100}\right)\right]\right\} \times \left(\frac{\mathrm{SIL}}{\mathrm{CLA} + \mathrm{SIL}}\right)^{0.3} \times \\
&\left[1.0 - \frac{0.25c}{c + \mathrm{EXP}(3.72 - 2.95c)}\right] \times \left[1.0 - \frac{0.7\,\mathrm{SN_1}}{\mathrm{SN_1} + \mathrm{EXP}(-5.51 + 22.9\,\mathrm{SN_1})}\right]
\end{aligned}
\tag{6-4-10}
$$

式中，SAN 为砂粒含量，%(土壤粒径为 0.01～<0.2mm)；SIL 为粉砂含量，%(土壤粒径为 0.002～<0.1mm)；CLA 为黏粒含量，%(土壤粒径小于 0.002mm)；c 为土壤中有机质含量，%；$\mathrm{SN_1}=1-\mathrm{SAN}/100$。

都坝河流域的土壤类型以暗棕壤、棕壤、粗骨土为主，其空间分布如图 6-4-3 所示。

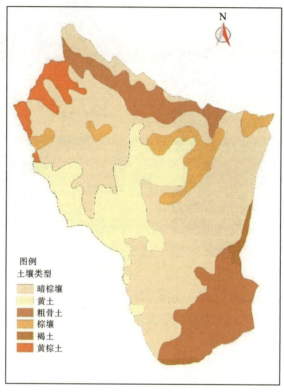

图 6-4-3　土壤类型分布图

土壤的主要类型以及相关理化性质从《1∶600000 绵阳市土壤分布图》以及《四川省土种志》获得，结合 EPIC 法得到研究区的 K 值，见表 6-4-1。

表 6-4-1　土壤 K 值表

土壤类型	K 值
暗棕壤	0.286
黄土	0.316
粗骨土	0.272
棕壤	0.294
褐土	0.312
黄棕土	0.295

研究区土壤可蚀性分布由于利用赋值法，因此土壤类型分布基本一致。都坝河流域土壤 K 值均值为 0.29，高值出现在分布研究区西部，而最低的谷值出现在都坝河流域最北和最南两个区域。

6.4.4　地形坡度坡长因子提取

地形坡度坡长因子均是流域水土流失研究的重点。当其他要素不变时，坡长越长，坡面的径流汇流量越大，径流侵蚀力加强，水土流失受到影响；坡度越大，径流速率也会增大，从而影响水土流失程度。因此，地形坡度坡长因子获取结果的精确性，极大地影响了水土流失的定量评价结果。

地形坡度坡长因子的传统获取方法需要人工实地测量，虽然能够获取较为精确的坡度、坡长，但是耗费大量时间与精力。都坝河流域面积相对较大，地形跨度大，地质灾害频发，实地测量难度大，且近年来随着数字地形技术的不断进步，利用 DEM 数据提取的技术越发成熟。因此，本章选择采用利用 DEM 来研究都坝河流域的地形坡度坡长因子。

最早，地形坡度、坡长因子经典计算公式由 Wischmeier 和 Smith（1978）提出：

$$S = 65.41\sin^2\theta + 4.56\sin\theta + 0.065 \tag{6-4-11}$$

$$L = \left(\frac{\lambda}{22.13}\right)^m \tag{6-4-12}$$

式中，S 为坡度因子；θ 为坡度，（°）；L 为坡长因子；λ 为坡长，m；m 为坡长指数，其值取决于坡度，其值与坡度的关系如下（Hickey，2000）：

$$\begin{cases} \theta<0.57, & m=0.2 \\ 0.57 \leqslant \theta<1.72, & m=0.3 \\ 1.72 \leqslant \theta<2.86, & m=0.4 \\ 2.86 \leqslant \theta, & m=0.5 \end{cases} \tag{6-4-13}$$

但是，经典公式的坡度计算并不适用于陡坡，后来刘宝元等（2001）又结合天水、安塞等地水土流失资料，建立起适用于陡坡坡度的计算公式：

$$\begin{cases} S = 10.8\sin\theta + 0.03, & \theta<5° \\ S = 16.8\sin\theta - 0.5, & 5° \leqslant \theta<10° \\ S = 21.91\sin\theta - 0.96, & 10° \leqslant \theta \end{cases} \tag{6-4-14}$$

传统的经验坡长因子计算方法仅仅适用于分布均匀且不分段的整坡。在用 DEM 计算某一区域的坡长时，单一栅格只能代表某一坡面的一部分，在这种情况下用整坡坡长公式计算坡长就会带来误差。此时应用 Foster 和 Wishcmeier（1974）提出的分段坡长因子公式来计算区域上每一栅格的坡长因子能取得相对较好的效果（倪九派等，2009）：

$$\begin{cases} L_i = \dfrac{\lambda_{\text{out}}^{m+1} - \lambda_{\text{in}}^{m+1}}{\left(\lambda_{\text{out}} - \lambda_{\text{in}}\right)\left(22.13\right)^m}, & \lambda_{\text{out}} - \lambda_{\text{in}}>0 \\[3mm] L_i = \left(\dfrac{\lambda_{\text{out}}}{22.13}\right)^m, & \lambda_{\text{out}} - \lambda_{\text{in}}<0 \\[3mm] L_i = 0, & \lambda_{\text{out}} = 0 \end{cases} \tag{6-4-15}$$

式中，L_i 为坡长因子；λ_{out} 为单个栅格出口坡长；λ_{in} 为单个栅格入口坡长；m 为坡长指数，具体取值与坡度相关：

$$\begin{cases} m=0.2, & \theta<0.5° \\ m=0.3, & 0.5°\leqslant\theta<1.5° \\ m=0.4, & 0.5°\leqslant\theta<3° \\ m=0.5, & 3°\leqslant\theta \end{cases} \tag{6-4-16}$$

张宏鸣等（2012）在前人研究的基础上，修改了水流流向的算法，并结合我国的实际情况，在陡坡上采用了 Liu 等 1994 年提出的坡度因子公式。

此外，Desmet 和 Govers（1996）年在前人研究基础上年分段坡长因子公式的基础上，考虑汇流对坡长因子的影响，提出了如下公式：

$$L_i=\frac{\left(A_{out}\right)^{m+1}-A_{in}^{m+1}}{\left(\Delta x\right)^2\cdot NCSL_m^m\cdot\left(22.13\right)^m} \tag{6-4-17}$$

式中，L_i 为第 i 个栅格的坡长因子；A_{out}、A_{in} 分别为栅格出口及入口的汇流面积，m^2；m 为坡长指数；x 为栅格分辨率，m；NCSL 为与栅格入口、出口水流方向相关的非累计坡长，m。

由于都坝河流域位于高原与盆地过渡带，地貌跨度较大，陡坡较多，因此，本章选用刘宝元的陡坡坡度因子计算公式与 Desmet 基于分段坡长因子公式改进的计算公式，得到都坝河流域地形坡度坡长因子结果，具体如图 6-4-4 所示。

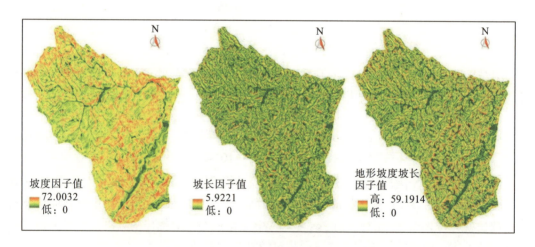

图 6-4-4　地形坡度坡长因子特征值分布图

都坝河流域坡度、坡长分布与流域地形分布基本一致，流域内坡度坡长谷值主要分布在都坝河与流域内其他支沟内，都坝河陈家坝流域地形分布差异较大，坡度跨度大，导致该区域地形跨度大，容易在降雨天气下形成坡面流，且坡面流速度较快，对坡面冲刷强度大。

6.4.5 植被覆盖度因子提取

植被覆盖度因子是水土流失学科中不可忽略的一项影响要素,随着人类对水土流失问题的重视,提高流域尺度的植被覆盖度因子的精确性也成为提高水土流失估算的关键点。随着 3S 技术的发展,利用遥感影像成为提取植被覆盖与管理因子的有效手段。

植被覆盖度是衡量植被资源和绿化指标的重要指标,它能显著表明土壤、水分与大气之间的物质与能量循环,是某一地域植物垂直投影面积与该地域面积之比。在水土流失学科,植被覆盖度是影响水土流失的关键要素,根据国内外学者多年研究表明,植被覆盖度对水土流失的敏感度极强,在其他条件一定的情况下,水土流失量与植被覆盖度呈显著负相关,植被覆盖度的增大对水土流失有着很好的抑制作用。因此,研究植被覆盖度对定量评价区域的水土流失而言相当重要(McCool et al., 1982)。

遥感技术提取植被覆盖度因子的主要方法:①基于土地利用的直接赋值法;②基于径流小区、坡面与植被覆盖度的关系式估算;③植被指数直接估算。都坝河流域面积较大,地形跨度较大且尚未在该区域建立实验小区,因此,本章利用遥感数据进行植被覆盖度计算,选取空间分辨率高的 Landsat8 oil 影像(影像时间在 4~8 月),具体计算过程如下:

$$\mathrm{NDVI} = \frac{\mathrm{NIR} - R}{\mathrm{NIR} + R} \tag{6-4-18}$$

式中,NDVI 为归一化植被指数;NIR 为近红外波段,在 Landsat8 中为 4 波段;R 为红外波段,在 Landsat8 中为 5 波段。

$$F_{\mathrm{C}} = \frac{\mathrm{NDVI} - \mathrm{NDVI}_{\mathrm{soil}}}{\mathrm{NDVI}_{\mathrm{veg}} - \mathrm{NDVI}_{\mathrm{soil}}} \tag{6-4-19}$$

式中,F_{C} 为植被覆盖度;$\mathrm{NDVI}_{\mathrm{soil}}$ 为裸地或者无植被区域的植被覆盖度;$\mathrm{NDVI}_{\mathrm{veg}}$ 为植被覆盖区植被覆盖度。

本章的植被覆盖度因子是在研究区植被覆盖度的基础上,依据蔡崇发等(2001)提出的公式提取都坝河流域的植被覆盖度因子,具体计算过程如下:

$$C = \begin{cases} 1, & 0 \leqslant F_{\mathrm{C}} < 0.009 \\ 0.6508 - 0.3436 \lg(F_{\mathrm{C}}), & 0.096 \leqslant F_{\mathrm{C}} < 0.783 \\ 0, & F_{\mathrm{C}} \geqslant 0.783 \end{cases} \tag{6-4-20}$$

结合 ArcGIS 将遥感影像进行处理后得到都坝河流域的植被覆盖度因子,植被覆盖度因子与植被覆盖度呈现负相关,植被覆盖度越高,植被覆盖度因子越低,植被覆盖度因子分布如图 6-4-5 所示。

通过计算分析得到,都坝河流域 2004~2006 年和 2008 年植被覆盖度因子分别为 0.58、0.50、0.76 和 0.81,由于植被覆盖度因子与植被覆盖度成反比,因此都坝河流域植被覆盖度应当是 2015 年>2014 年>2016 年>2018 年,通过对比可以得到,都坝河流域北部与中部区域植被覆盖度较好,植被覆盖度较高且差异较小;而都坝河陈家坝段植被覆盖度较低,这是因为该区域人类活动较强,是灾后居民安置点,且区域存在青林沟、樱桃沟和古儿山滑坡等巨型地质灾害,导致该区域植被覆盖度较低,植被覆盖度因子谷值分布与上述灾害分布基本一致。

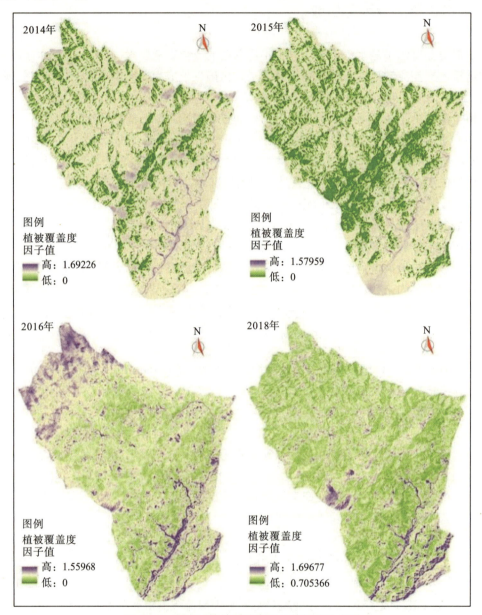

图 6-4-5　研究区植被覆盖度因子特征值分布图

6.4.6　水保措施因子提取

水保措施因子 P 值为一个量纲为 1 的数据，是最难确定的，一般情况下，在缺失恒定水保措施因子时，该区域的 P 值被认定为 0（该区域没有水保措施）。都坝河流域的水保监测和统计体系还未完善，想要获得全面且系统的都坝河流域的水保措施是有一定难度的。

本章水结合实地调查和遥感解译的方式，获取都坝河流域 P 值，P 值越大表明水保措施对水土流失抑制作用越小，水土流失严重。因此，本章 P 值的确定主要依据刘宝元等（2001）与我国不同土地利用类型 P 值表（表 6-4-2），将得到的水土保持工程措施数据进行了收集整理，利用 ArcGIS10.2 软件，结合都坝河流域土地利用类型（图 6-4-6），将土地利用类型对土壤侵蚀承受力相近的类型进行合并归类，将阔叶林、针叶林和混合林合并归为林地，公路、居民建筑和工程用地合并为建设用地，将闲置耕地和裸露土地合并为裸地；最终归纳为耕地、林地、灌木林、湿地、草地、裸地、园地、建设用地、水域和未利用地十大类土地利用类型，再依据不同的土地利用类型对照表 6-4-2 进行赋值，得到都坝河流域水保措施因子 P 值图。

表 6-4-2　土地利用类型 P 值表

土地利用类型	P 值	土地利用类型	P 值
耕地	0.35	林地	1
湿地	1	裸地	1
草地	1	园地	1
建设用地	0	水域	0
未利用地	0	灌木林	0.7

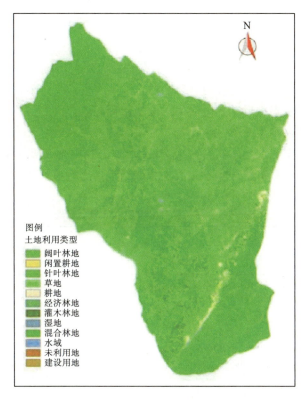

图例
土地利用类型
- 阔叶林地
- 闲置耕地
- 针叶林地
- 草地
- 耕地
- 经济林地
- 灌木林地
- 湿地
- 混合林地
- 水域
- 未利用地
- 建设用地

图 6-4-6　研究区土地利用类型图

从土壤类型分布图可以得到，都坝河流域境内大部分区域分布着林地，且主要分布在流域北部区域，而流域南部因为存在大型居民点(陈家坝)，该区域的地图利用复杂程度相较北部更强。单位面积内土地利用类型更多，该区域主要的土地利用类型是草地、耕地以及建设用地，这几类用地类型在水土涵养能力上相对较弱，因此，都坝河流域水保措施因子谷值主要分布在都坝河流域南部的陈家坝。

6.4.7　地质灾害因子提取

都坝河流域地质灾害频发，严重影响流域水土流失，但又因为地质灾害所造成水土流失量定量测定是一个长期、连续的过程，因此，本章结合《土壤侵蚀分类分级标准》(SL 190—2007)和实地调查，将地质灾害作为定性因子对土壤侵蚀等级进行分类。

都坝河流域以上中志留统茂县群千枚岩、板岩、石灰岩、砂页岩等软岩为主，由于地形坡度陡，地形切割强烈，社会经济快速发展，人类工程活动较强，且都坝河支沟发育，纵坡较陡，岩层破碎，节理裂隙发育，第四系松散堆积层发育，产生滑坡、崩塌、泥石流等地质灾害 44 处，灾害分布密度为 0.14 处/10km²。

地质灾害的发生也严重加剧了区域水土流失。因此，依据土壤侵蚀分级标准中重力侵蚀轻度分级指标，重力侵蚀分级需要计算崩塌面积占坡面面积的百分比，由于都坝河流域地势复杂，该项测量难以完成，且崩塌只占所有地质灾害的7%左右，因此，本章选取流域内的泥石流、滑坡作为地质灾害估算因子，依据泥石流和滑坡分级标准进行分级，并依据地质灾害风险程度与影响范围制作缓冲区。

从图 6-4-7 可以发现，地质灾害主要发生在都坝河陈家坝段河流沿岸区域，其中，大型和巨型地质灾害主要集中于青林村、老场村与樱桃沟村，通过实地调查发现，都坝河流域近几年地质灾害发生多由夏季短时间内的大量降雨导致，且主要发生在陈家坝境内，对当地居民生活生产带来极大威胁。

为了更精确地确定大型地质灾害的影响范围，本书利用无人机低飞影像，结合 ArcGIS 对其进行矢量化处理，最终叠加到水土流失分级结果上进行进一步分级(表 6-4-3)。

表 6-4-3　泥石流等土壤侵蚀分级标准表

级别	每年每平方千米冲出量/万 m³	固体物质补给形式	固体物质补给量/(万 m³/km²)	沉积特征	泥石流浆体密度/(t/m³)
轻度	<1	由浅层滑坡或零星坍塌补给，有河床补给时，粗化层不明显	<20	沉积物颗粒较细，沉积表面较平坦，很少有大于 10cm 以上颗粒	1.3～1.6
中度	1～2	由浅层滑坡及中小型坍塌补给，一般阻碍水流，或有大量河床补给，河床有粗化层	20～50	沉积物细颗粒较少，颗粒间较松散，有(碎屑流)堆积形态，粒较粗，多大漂砾	1.6～1.8
强度	2～5	由深层滑坡或大型坍塌补给，沟道中出现半堵塞	50	有舌状堆积形态，一般厚度在 200m 以下，巨大颗粒较少，表面为平坦	1.8～2.1
极强度	>5	以深层滑坡和大型集中坍塌为主，沟道中出现全部堵塞情况	100	由垄岗、舌状等黏性泥石流堆积形成，大漂石较多，常形成侧堤	2.1～2.2

图 6-4-7　研究区地质灾害点分布图

6.5　都坝河流域水土流失风险评价

6.5.1　水土流失定量估算结果

土壤侵蚀模数是单位时间和面积上的土壤侵蚀量,能够定量表示一个区域的水土流失情况,反映土壤侵蚀程度。通过 ArcGIS10.2 软件中的 Toolbox 工具箱,将水土流失估算各因子空间数据图层进行叠加,得到都坝河流域水土流失量:2014 年、2015 年、2016 年和 2018 年平均水土流失模数分别为 2023.16t/(km²·a)、872.81t/(km²·a)、2342.92t/(km²·a)和 7552.32t/(km²·a),土壤侵蚀总量约为 633451t、273336t、734220t 和 2366136t,并利用 ArcGIS 制作水土流失量分布图,如图 6-5-1 和图 6-5-2 所示。

6.5.2　水土流失风险等级空间格局

基于都坝河流域土壤侵蚀模数和泥石流、滑坡地质灾害水土流失量,依据《土壤侵蚀分类分级标准》(SL 190—2007)水力侵蚀分类和泥石流侵蚀分类,将都坝河流域的水土流失等级分为 6 个大类(表 6-5-1)。

表 6-5-1　水力侵蚀分类

级别	平均侵蚀模数/[t/(km²·a)]	平均流失厚度/(mm/a)
微度	<1000	<0.74
轻度	1000~2500	0.74~1.9
中度	2500~5000	1.9~3.7
强烈	5000~8000	3.7~5.9
极强烈	8000~15000	5.9~11.1
剧烈	>15000	>11.1

　　结合土壤侵蚀模数分布图(图 6-5-1)和水土流失分级图(图 6-5-2),对都坝河流域水土流失情况(表 6-5-2)进行分析得到:流域水土流失强度以中度及以下为主,共占流域面积的77%,且水土流失分布整体呈现从北到南逐渐加强的趋势,其中严重的区域主要分布在都坝河流域南部陈家坝镇,即都坝河流域杜家坝—黄家坝段,该区域大部分的水土流失等级在强烈及以上,属于都坝河流域水土流失严重区域,且陈家坝青林沟与樱桃沟属于地质灾害频发区,该区域及其周边的年均土壤侵蚀模数为 4263.89t/(km²·a),土壤侵蚀总量约为 123653t。

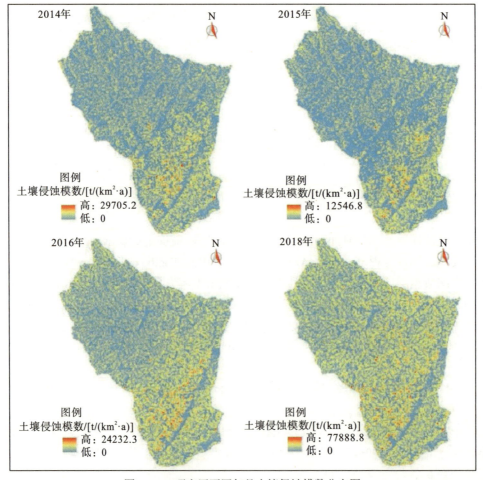

图 6-5-1　研究区不同年份土壤侵蚀模数分布图

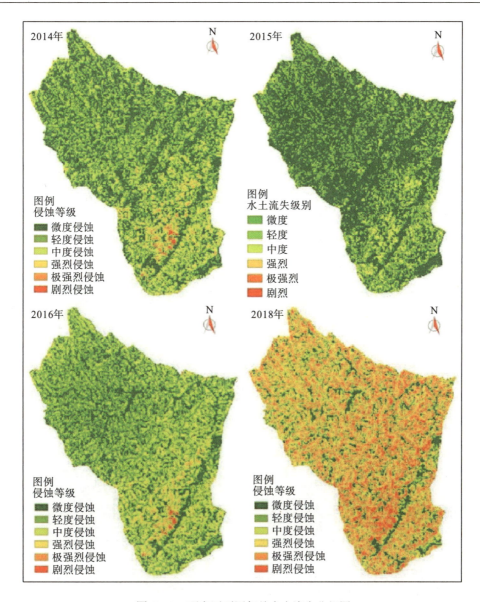

图 6-5-2　研究区不同年份水土流失分级图

　　本章将都坝河流域土地利用类型分为林地、闲置耕地、园地、草地等 10 类，分析不同土地利用类型上的水土流失强度分布，并得到不同土地利用类型水土流失面积占比（表 6-5-3）。

表 6-5-2　都坝河流域平均水土流失强度等级表

平均侵蚀模数/[t/(km·a)]	水土流失等级	面积/km²	占比/%
<1000	微度流失	72.9	23.9
1000~2500	轻度流失	64.7	21.2
2500~5000	中度流失	97.1	31.9

平均侵蚀模数/[t/(km·a)]	水土流失等级	面积/km²	占比/%
5000~8000	强烈流失	54.1	17.7
8000~15000	极强烈流失	15.2	5.2
>15000	剧烈流失	0.3	0.1

从表 6-5-3 可以看出，建设用地的水土流失相对较弱，微度流失占比达 89.47%，这是因为建设用地人为因素较强，地表都被浇上水泥，相对自然地表固定土壤能力更强，未利用地的水土流失情况最为严重，剧烈流失占比高达 58.33%，这是因为都坝河流域内大部分未建设用地是支沟内裸露土地，而流域内经常发生泥石流等地质灾害，因此水土流失最为严重。其他土地利用类型中，闲置耕地抑制水土流失能力相对较强。

表 6-5-3　都坝河流域不同土地类型水土流失强度面积占比（%）

土地利用类型	微度流失	轻度流失	中度流失	强烈流失	极强烈流	剧烈流失
林地	23.91	27.15	34.70	13.22	1.01	0.00
闲置耕地	74.26	12.87	8.91	2.97	0.99	0.00
园地	21.77	22.60	35.33	17.32	2.98	0.00
草地	23.70	16.71	28.37	22.48	8.49	0.05
耕地	54.76	27.02	16.13	1.78	0.31	0.00
灌木林	18.46	12.28	24.50	24.21	19.68	0.86
湿地	50.00	0.00	0.00	50.00	0.00	0.00
混合林	22.31	23.13	37.25	15.43	1.88	0.00
水域	38.64	8.33	9.09	10.61	25.00	8.33
未利用地	8.33	8.33	0.21	16.47	8.33	58.33
建设用地	89.47	10.53	0.00	0.00	0.00	0.00

都坝河流域地势跨度较大，因此，将坡度与水土流失强度叠加分析，得到不同水土流失强度在不同坡度下的分布情况（表 6-5-4）。

表 6-5-4　不同水土流失强度在不同坡度下面积占比（%）

流失强度	坡度							
	<5°	5°~10°	10°~15°	15°~20°	20°~25°	25°~30°	30°~35°	>35°
微度流失	16.39	12.03	14.24	15.99	14.55	11.02	7.15	8.44
轻度流失	1.27	4.17	4.17	4.17	4.17	4.17	4.17	4.17
中度流失	0.24	0.53	2.95	11.45	19.66	20.55	17.85	26.56
强烈流失	0.03	0.25	0.63	4.33	14.68	21.55	22.32	36.21
极强烈流失	0.00	0.00	0.78	1.51	7.89	18.53	28.28	43.00
剧烈流失	0.00	0.00	2.78	0.00	2.78	13.89	25.00	55.56

从表 6-5-4 可以得到，轻微水土流失主要发生在坡度小于 5°的地形条件下，而中度流失、强烈流失、极强烈流失和剧烈流失都主要发生在坡度大于 35°的地形条件下，这是由于在坡度较大的情况下，降水特别容易汇集起来形成水流对坡的表面进行冲刷，坡度越大，水流强度越大，越易产生水土流失。

6.6　都坝河流域水土流失驱动力分析

6.6.1　地理探测器原理

地理探测器(geodetector)是一组探究某一区域要素的空间分异性(是指一定空间范围内层内方差小于层间方差的地理现象)，并以此揭示其背后驱动力的统计学方法。它的核心思想是基于假设某自变量能对某因变量进行严重干预，两者间关系密切，则两者在空间分布上具有一定程度的相似性(Wang et al.，2004)。

地理探测器的应用对象不仅可以是定性数据(居民点宜居性、土地利用类型)，也可以是定量数据(植被净初级生产、土地抗生素浓度、陆表切割度)，这是地理探测器的另外一个优势。一般情况下自变量都为定性数据，如果自变量为定量数据，则需要对定量数据进行离散化处理，处理后再进行探测分析(王劲峰和徐成东，2017)。

地理探测器一共包含 4 个部分，分别为分异及因子探测器(factor detector)、交互作用探测器(interaction detector)、生态探测器(ecological detector)以及风险区探测器(risk detector)。

分异及因子探测器：该部分探测因变量 Y 的空间分异性，以及自变量 X 对因变量 Y 的空间分异性的交互程度，用数值 q 来表现两者之间影响程度的强弱，其表达式如下：

$$q = 1 - \frac{\sum_{j=1}^{L} N_j \sigma_j^2}{N\sigma^2} = 1 - \frac{\text{SSW}}{\text{SST}}$$

$$\text{SSW} = \sum_{j}^{L} N_j \sigma_j^2 \tag{6-6-1}$$

$$\text{SST} = N\sigma^2$$

式中，$j=1,2,\cdots,L$，为自变量 X 与因变量 Y 的分区；N_j 与 N 分别为层 j 和全区元数；σ_j^2 与 σ^2 分别为层 j 和全区 Y 值的方差；SSW 与 SST 分别为区内方差的和与全区总方差。q 的取值为[0,1]，q 值越大，因变量 Y 的空间分异性越显著，假设分区是由自变量 X 产生的，则 q 值与两者之间的影响程度成正比，即 q 值越大，因变量 Y 的影响力越大，反之则影响力越小。

交互作用探测器：用于探测多个自变量 X 的相互作用，即判定对比自变量单因子对因变量 Y 的解释力与多因子共同作用时对因变量 Y 的影响力是增强或者减弱，还是识别出这些自变量单因子各自对于因变量的影响是相互独立的，不受其他因子的影响。判定方法：第一步，计算自变量因子 X_j 和 X_i 对于因变量 Y 的 q 值——$q(X_j)$ 和 $q(X_i)$；第二步，将自变量因子 q 值交互叠加后得到两者交互对于因变量 Y 的 q 值：$q(X_j \cap X_i)$；第三步，将 $q(X_j)$、$q(X_i)$ 与 $q(X_j \cap X_i)$ 三者进行对比，这几者之间的关系见表 6-6-1。

表 6-6-1　交互关系表

判断依据	交互作用
$q(X_j \cap X_i) < \min(q(X_j),(X_i))$	非线性减弱
$\min(q(X_j),(X_i)) < q(X_j \cap X_i) < \max(q(X_j),(X_i))$	单因子非线性减弱
$q(X_j \cap X_i) > \min(q(X_j),(X_i))$	双因子增强
$q(X_j \cap X_i) = q(X_j) + q(X_i)$	独立
$q(X_j \cap X_i) > q(X_j) + q(X_i)$	非线性增强

表 6-6-1 中，$q(X_j \cap X_i)$ 表示 $q(X_j)$、$q(X_i)$ 两者交互；$q(X_j) + q(X_i)$ 表示两者求和；$\min(q(X_j),(X_i))$ 表示在 $q(X_j)$、$q(X_i)$ 两者中取最小值；$\max(q(X_j),(X_i))$ 表示在两者中取最大值。

生态探测器：用于比较自变量因子 X_j 和 X_i 相互之间对于因变量因子 Y 的空间分布影响是否存在显著性差异，用 F 统计量来度量：

$$F = \frac{V_{X_j}(V_{X_i} - 1)\mathrm{SSW}_{X_j}}{V_{X_i}(V_{X_j} - 1)\mathrm{SSW}_{X_i}}$$ (6-6-2)

$$\mathrm{SSW}_{X_j} = \sum_{k=1}^{L_j} N_k \sigma_k^2 \quad \mathrm{SSW}_{X_i} = \sum_{k=1}^{L_i} N_k \sigma_k^2$$

式中，V_{X_j} 与 V_{X_i} 分别代表两个自变量因子 X_j 与 X_i 所取的样本量；SSW_{X_j} 与 SSW_{X_i} 分别代表 X_j 与 X_i 获得的分区的区内方差的和；L_j 与 L_i 分别代表自变量因子 X_j 与 X_i 的分区数量。

假如在 μ 的显著性水平上拒绝 B_0，则说明 X_j 与 X_i 对于 Y 的空间分布影响存在差异。

风险区探测器：判断在同一个自变量下，其对应的子区间的因变量均值是否存在明显差异，用统计值 t 来检验：

$$t_{\bar{y}_{h-1} - \bar{y}_{h-2}} = \frac{\bar{y}_{h=1} - \bar{y}_{h=2}}{\left[\dfrac{\mathrm{Var}(\bar{y}_{h=1})}{n_{h=1}} + \dfrac{\mathrm{Var}(\bar{y}_{h=2})}{n_{h=2}}\right]^{1/2}}$$ (6-6-3)

式中，$\bar{y}_h$ 表明子区域 h 中因变量的平均值，如海拔和坡度；n_h 表示子区域内的样本数量；Var 表示方差。统计量 t 无限服从 Student's 分布，其中的自由度算法为

$$t_{\bar{y}_{h-1} - \bar{y}_{h-2}} = \frac{\bar{y}_{h=1} - \bar{y}_{h=2}}{\left[\dfrac{\mathrm{Var}(\bar{y}_{h=1})}{n_{h=1}} + \dfrac{\mathrm{Var}(\bar{y}_{h=2})}{n_{h=2}}\right]^{1/2}}$$ (6-6-4)

零假设 M_0：$\bar{y}_{h=1} = \bar{y}_{h=2}$，如果在置信水平 ε 下拒绝 M_0，则说明两个子区域间的因变量平均值存在明显差异。

6.6.2　探测数据处理

地理探测器是一种基于统计学的全新探测方法，该探测方法所需的输入数据要求是类别数据，因此，本章需要对选取的要素进行离散化处理以方便研究区驱动力分析。

本章使用 ArcGIS10.2 软件基于都坝河流域创建渔网和渔网点，结合都坝河流域实际大小，选取采样间距为 100m，获得 31381 个渔网点，并在此基础上提取该渔网的主要水土流失强度类型赋值于渔网点上，作为地理探测器的因变量因子进行探测。

水土流失是多种条件因子作用下产生的结果，不同的条件因子一同作用也造成了水土流失强度空间分布的差异性。因此，本章选取都坝河流域降雨、坡度、植被覆盖度、地质灾害 4 种自然要素以及土地利用类型这一人为要素进行探测，借地理探测器探测分析这 5 类要素与水土流失强度之间的联系和差异，以研究都坝河流域水土流失驱动力。

基于地理探测器的数据要求，本章将都坝河流域降雨、坡度、植被覆盖度、地质灾害和土地利用类型进行分类处理。

（1）降雨数据：获取的都坝河流域降雨数据年际变化差异较大，因此将都坝河流域降雨依照等间距的方法进行分类。

（2）坡度数据：依据土壤侵蚀模数计算标准将坡度分为<5°、5°~10°、10°~15°、15°~20°、20°~25°、25°~30°、30°~35°、>35°共 8 个等级。

（3）植被覆盖度：将都坝河流域的植被覆盖度分为 0.1~0.2、0.2~0.3、0.3~0.4、0.4~0.5、0.5~0.6、0.6~0.7、0.7~0.8 和>0.8 共 8 个等级。

（4）地质灾害：依据四川省地质矿产勘查开发局的北川地质灾害详查分级标准将都坝河流域区域的地质灾害分为无地质灾害、小型地质灾害、中型地质灾害、大型地质灾害和巨型地质灾害共 5 类。

（5）结合第三次全国土地调查和水土保持措施因子估算标准，将土地利用类型分为林地、草地、耕地、闲置耕地、园地、水域、建设用地、未利用用地、灌木林地、湿地共 10 类。

将以上 5 类因子在 ArcGIS10.2 中进行分类并进行离散化处理，将离散化结果导入地理探测器进行探测分析。

6.6.3　探测驱动力分析

地理探测器基于 Excel 运行，且获取结果的精确性随着输入样本量的增大而提高，运算样本量上限为 32767 个，因此，本章结合都坝河流域面积大小，选取并获得 31381 个样本点进行探测，通过探测结果对都坝河流域水土流失驱动力进行分析。

1. 分异及因子探测

通过地理探测器中分异及因子探测部分探测得到 2014 年、2015 年、2016 年以及 2018 年各自然要素和人为要素对水土流失强度空间分异干预程度 q 值，结果见表 6-6-2。

表 6-6-2　分异及因子探测结果 q 值

年份	降雨	植被覆盖度	坡度	地质灾害	土地利用类型
2014	0.0301	0.0042	0.1696	0.0029	0.0157
2015	0.0410	0.0035	0.1716	0.0807	0.0227
2016	0.0537	0.0122	0.1993	0.0353	0.0219
2018	0.0035	0.0024	0.1358	0.0067	0.0120

通过对分异及因子探测结果进行分析可以发现，对都坝河流域水土流失强度空间分布干预程度最严重的是坡度，q 值都在 0.13 以上；而植被覆盖度对于都坝河流域水土流失强度空间分布干预程度最弱，最高值仅为 0.0122；地质灾害的 q 值在这四年的差异极其明显，其中，2014 年到 2015 年 q 值增加了约 27 倍，这是由于较 2014 年而言，2015 年都坝河流域各类由地质灾害引起的水土流失较多且分布具有更高的相似性。整体来看，各项自然要素因子和人为要素因子单要素对都坝河流域水土流失强度空间分布的干预程度强弱整体呈现：坡度＞降雨＞土地利用类型＞地质灾害＞植被覆盖度，由此可知，在都坝河流域，降雨、植被覆盖度、坡度、地质灾害和土地利用类型 5 类单要素中，坡度对水土流失的影响最为严重，坡度越高的区域水土流失越严重，反之则越弱，符合都坝河流域水土流失特征。

　　2. 交互作用探测

　　水土流失是多个要素共同作用的结果，单一的自然要素(人为要素)一定程度上很难造成水土流失，同样，多要素也影响着水土流失强度的空间分布。因此，交互作用探测器可以统计分析选定的要素之间对都坝河流域水土流失强度空间分布交互作用的强弱，并分析在要素组合(交互、相加)的情况下，相较于单一要素，对都坝河流域水土流失强度的影响是增强还是减弱(表 6-6-3～表 6-6-6)。

表 6-6-3　2014 年自然要素(人为要素)对水土流失强度分布的交互影响

要素	降雨	植被覆盖度	坡度	地质灾害	土地利用类型
降雨	0.0301				
植被覆盖度	0.0440	0.0042			
坡度	0.1966	0.1718	0.1696		
地质灾害	0.0336	0.0085	0.1717	0.0029	
土地利用类型	0.0519	0.0241	0.1789	0.0185	0.0157

表 6-6-4　2015 年自然要素(人为要素)对水土流失强度分布的交互影响

要素	降雨	植被覆盖度	坡度	地质灾害	土地利用类型
降雨	0.0410				
植被覆盖度	0.0525	0.0035			
坡度	0.2107	0.1784	0.1719		
地质灾害	0.1130	0.0858	0.2452	0.0807	
土地利用类型	0.0743	0.0314	0.1930	0.1000	0.0227

表 6-6-5　2016 年自然要素(人为要素)对水土流失强度分布的交互影响

要素	降雨	植被覆盖度	坡度	地质灾害	土地利用类型
降雨	0.0537				
植被覆盖度	0.0669	0.0122			
坡度	0.2417	0.2051	0.1993		
地质灾害	0.0837	0.0487	0.2300	0.0353	
土地利用类型	0.0840	0.0342	0.2166	0.0553	0.0219

表 6-6-6 2018 年自然要素(人为要素)对水土流失强度分布的交互影响

表 6-6-6 2018 年自然要素(人为要素)对水土流失强度分布的交互影响

要素	降雨	植被覆盖度	坡度	地质灾害	土地利用类型
降雨	0.0035				
植被覆盖度	0.0095	0.0024			
坡度	0.1390	0.1379	0.1358		
地质灾害	0.0114	0.0097	0.1406	0.0067	
土地利用类型	0.0197	0.0179	0.1416	0.0187	0.0120

通过分析比较都坝河流域各自然要素和人为要素对水土流失强度分布的交互影响,可以得出以下结论:在都坝河流域内 5 类要素(降雨、植被覆盖度、坡度、地质灾害和土地利用类型)之间的交互作用呈现一致增强的作用,即交互作用要素的 p 值大于任意单要素 p 值。其中,2014 年坡度与降雨的交互作用最为明显,且在 2014～2018 年(除 2017 年),坡度和降雨的交互作用都属于相对较显著;其次是坡度和地质灾害的交互作用及坡度和土地利用类型的交互作用;而地质灾害和植被覆盖度的交互作用最弱,仅仅只是在地质灾害单要素 p 值上略微增加。

由交互作用探测结果可知,都坝河流域水土流失防治工作主要是在坡度较大,降雨较强的区域,同时,地质灾害等级较高且土地利用类型水土保持能力较弱的区域也是防治重点,通过对降水的预测以及坡度较大区域的改造能够最有效地对都坝河流域的水土流失进行防治。

3. 生态探测

生态探测主要是用以分析所选定的 5 个自变量要素对都坝河流域水土流失强度的空间分布的干预差异强弱,其结果用 Y 和 N 表示,Y 表示存在显著干预差异,N 则相反。都坝河流域生态探测结果见表 6-6-7～表 6-6-10。

表 6-6-7 2014 年都坝河流域生态探测结果

要素	降雨	植被覆盖度	坡度	地质灾害	土地利用类型
降雨					
植被覆盖度	Y				
坡度	Y	Y			
地质灾害	Y	Y	Y		
土地利用类型	Y	N	Y	N	

表 6-6-8 2015 年都坝河流域生态探测结果

	降雨	植被覆盖度	坡度	地质灾害	土地利用类型
降雨					
植被覆盖度	Y				
坡度	Y	Y			
地质灾害	Y	Y	Y		
土地利用类型	Y	Y	Y	Y	

表 6-6-9   2016 年都坝河流域生态探测结果

要素	降雨	植被覆盖度	坡度	地质灾害	土地利用类型
降雨					
植被覆盖度	Y				
坡度	Y	Y			
地质灾害	Y	Y	Y		
土地利用类型	Y	N	Y	N	

表 6-6-10   2018 年都坝河流域生态探测结果

要素	降雨	植被覆盖度	坡度	地质灾害	土地利用类型
降雨					
植被覆盖度	N				
坡度	Y	Y			
地质灾害	N	N	Y		
土地利用类型	N	N	Y	N	

通过表 6-6-7～表 6-6-10 发现，都坝河流域降雨、植被覆盖度、坡度、地质灾害以及土地利用类型 5 种自变量要素整体对水土流失强度空间差异性分布呈现明显作用。虽然存在一定差异，但主要出现在 2018 年，可能与该年度都坝河流域水土流失强度整体偏强有关，并且在 2014 年和 2016 年植被覆盖度和地质灾害存在显著差异的现象，这是由于遥感影像选取为单一时相(5～8 月)和地质灾害调查数据主要取自 2015～2016 年灾害详查，地质灾害与土地利用类型存在无显著差异的现象同理。

因此，选取降雨、植被覆盖度、坡度、地质灾害以及土地利用类型几个因子作为都坝河流域水土流失强度空间分布分析条件具有研究意义和科学依据。

4. 风险探测

通过分异及因子探测和交互作用探测可以发现要素以及要素之间交互对水土流失强度空间分布差异的干预影响存在一定差异，因此，进行风险探测可以获得要素内水土流失强度最高的高风险区，从而深入分析该要素对水土流失强度分布的影响。

通过风险探测器统计得到 2014～2018 年(除 2017 年)所选定要素(除降水，都坝河流域年际降雨差异过大不适宜进行风险探测)对水土流失强度空间分布的高风险区取值区间见表 6-6-11。

表 6-6-11   风险探测结果

年份	坡度(°)	植被覆盖度	地质灾害	土地利用类型
2014	>35	>0.8	巨型地质灾害	湿地
2015	>35	0.3～0.4	巨型地质灾害	灌木林地
2016	>35	0.6～0.7	巨型地质灾害	灌木林地
2018	>35	0.5～0.6	巨型地质灾害	湿地

通过这 4 个年份的要素风险可知，坡度大于 35° 与巨型地质灾害在水土流失强度空间分布上处于高风险区，即该区域的水土流失强度最大，水土流失风险最高，而植被覆盖度和降水都处于波动情况，应当依据当年实际情况进行分析，而湿地和灌木林地则是都坝河流域水土流失强度的高风险区域，在水土流失防治中应当着重监测这些地类。

6.7　水土流失治理规划编制与分区综合治理主要措施

依据都坝河流域的水土流失主要成因以及特征，坚持资源节约和环境保护的基本原则，制定科学的水土流失综合治理规划方案和治理保障措施，建立科学完善的水土流失动态监测体系，是有效控制流域水土流失，保障流域居民生产生活基本条件，改善流域生产生活环境，提高流域环境容量和生态环境稳定性的必要手段。

6.7.1　水土流失治理规划编制

都坝河流域水土流失综合防治的关键点是做好流域水土流失综合治理规划，以小流域为基本防治单元，因地制宜，根据地质灾害类型设防，科学规划，能够有效为流域水土流失防治工作打下坚实基础。

水土流失综合防治规划是调查评价流域内的水土流失现状与自然资源，并在前人防治经验的基础上，结合科学技术和方法，合理安排水土流失防治措施。通过水土流失防治规划可以摸清流域内水土流失现状和自然环境现状，为流域水土流失防治提供科学依据。

1. 防治规划编制的指导思想

面对都坝河流域水土流失现状，巩固尊重自然、顺应自然、保护自然的生态文明理念，坚持可持续发展，以水土流失综合防治，保护长江上游生态安全，保障都坝河流域居民生产生活安全为目标，贯彻"预防为主，保护优先，全面规划，综合治理，因地制宜，突出重点，科学管理，注重效益"的水土保持工作方针，统筹水土保持与泥石流、滑坡等地质灾害之间的关系。同时，建立健全都坝河流域水土流失监测监督体系，强化重点水土保持工程措施建设，引领全域"山水林田湖草生命综合体"保护与整治，提出优化整合空间格局、保护修复生态系统、整治提升生态环境、提升环境管控水平、提升绿色发展水平共五类重点任务，构建科学、完善、与都坝河流域经济水平相协调的水土流失综合防治体系，实现人与生态环境的和谐相处，生态环境与经济发展协同并进，为美丽新乡村建设打下坚实的基础。

2. 防治规划编制的原则

(1) 自然和谐，以人为本。遵从当地自然规律，坚持以人为本，以自然生态修复为主，体现人与自然和谐相处的理念，改善都坝河流域居民生产生活环境。

(2) 预防为主，保护优先。坚持贯彻"预防为主，保护优先，全面规划，综合治理，因地制宜，突出重点，科学管理，注重效益"的水土保持工作方针。

(3) 统筹规划，可持续发展。对都坝河流域水土保持进行总体部署，统筹兼顾当地经济发展，使得当地生态效益、经济效益相结合，实现当地经济的可持续发展。

(4) 分区防治，合理布局。在水土流失不同等级区划的基础上，结合都坝河流域水土流失特点和地理特征，坚持因地制宜，因灾防治，分区制定水土流失防治方案，合理布局水土防治措施。

(5) 突出重点，科学治理。都坝河流域配置水土流失防治措施，应该在自然修复的基础上，突出重点，以水土流失剧烈的区域为依据，确定水土流失防治项目分布，统筹规划，合理安排进度，以确保水土流失防治工作的整体进行。

3. 防治规划编制目标

都坝河流域水土流失防治规划的主要目标体现在以下几个方面。

(1) 基本实现都坝河流域水土资源的可持续利用和生态环境质量提升，实现《绵阳市水土保持规划(2015—2030年)》短期目标最低标准，即流域内水土流失治理面积达到57%，重点水土流失区域治理面积达到20%，提高和改善都坝河流域生产、生活环境，保护生物多样性，使得流域生态环境步入良性循环。

(2) 建立健全都坝河流域水土保持监测网络和信息系统，实现以计算机网络为基础的都坝河流域内水土流失动态监测，确保流域生态动态安全；完善水土保持监督体系，提高群众水保意识。

(3) 以生态自然修复为主要手段，提高都坝河流域生态质量，结合水土保持工程措施，提高水土保持防洪减灾效益，改善居民生产生活环境。

(4) 合理保护、配置都坝河流域内各类资源，以实现水土流失综合防治体系与都坝河流域经济可持续发展相适应，结合生态农业与美丽新农村建设，改善当地农村生产生活环境，满足群众物质需求和文化需求，逐步实现生态文明建设。

4. 防治规划总体要求

根据都坝河流域水土流失现状、地质灾害特点以及自然环境现状，在进行水土流失防治的同时，逐步建设水土流失工程措施，基于水土流失驱动力分析，合理配置水土流失防治措施，形成较为完善的水土流失防治措施体系。

水土流失综合防治措施的重点主要是确定预防水土流失的方案，加强建设水土流失综合防护体系、农田过滤带建设；在居民安置点以及河道、道路周围建设水土保持工程，提高降雨径流转化率，增加降水下渗、土壤储水能力；对坡耕地集中区域进行坡耕地整治以及营造水保林、经果林；对泥石流、滑坡等地质灾害发生风险较大的区域建设防洪减灾工程，涵养水源。

5. 防治规划分区方案

都坝河流域地势差异明显，水土流失程度差异极为显著，因此，对都坝河流域水土流失进行分区分级综合治理能够最大限度地利用社会资源，有效预防和治理流域水土流失，改善生态环境。

(1)分区原则。水土流失在一定区域具有一定的连续性，因此，在适当情况下分区与行政区划具有一定的相似性。①在同一水土流失区划中，水土流失强度等级、土地利用类型、地形地势、地质灾害强度以及社会经济条件应当基本一致。②在同一水土流失区划中，水土流失强度等级、水土流失变化趋势应当基本一致，且同一区划中，水土流失综合防治措施体系也应当基本一致。

(2)分区方法。根据水土流失综合防治分区原则，以水土流失强度等级、土地利用类型、行政区划以及地势地貌为基本条件，在实地综合调查的基础上，参照绵阳市水土保持规划结果，结合水土流失现状与驱动力分析结果，采用系统聚类分析的方法，在以村为单位的基本前提下进行都坝河流域水土流失综合防治分区划分。

(3)分区结果。根据都坝河流域水土流失综合防治分区原则和方法，将都坝河流域水土流失防治主要划分为 4 个类型的治理区域(图 6-7-1)：Ⅰ北部高山水源涵养区、Ⅱ中部减灾水土流失预防区、Ⅲ中低山保土减灾重点治理区、Ⅳ南部减灾水源涵养区。

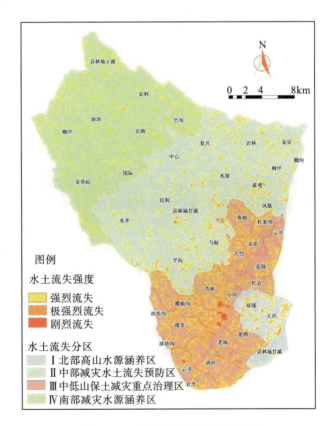

图 6-7-1　水土流失综合防治区划图

①Ⅰ北部高山水源涵养区。北部高山水源涵养区位于都坝河流域北部，面积为 96.2km²。其中，林地面积为 72.4km²，占该区域总面积的 75.3%，草地面积为 22.5km²，

占总面积的 23.4%；该区域近几年微度水土流失和轻度水土流失占总面积的 50.6%，极强烈与剧烈水土流失面积占比不到 1%。因此，该区域以水源涵养为主。

②Ⅱ中部减灾水土流失防治区。中部减灾水土流失防治区位于都坝河流域中部地区，面积为 125.6km²。主要涵盖水井村、民权村、树坪村以及平沟村等，该区域草地面积为 57.3km²，占面积的 45.62%，林地面积为 63.25km²，占总面积的 50.36%；该区域近几年微度水土流失和轻度水土流失面积占总面积的 44.98%，中度流失面积占总面积的 32.58%，剧烈水土流失面积占比不到 1%，强烈与极强烈水土流失面积分别占总面积的 18.41%、3.98%。该区域地形地势跨度相对较大，近几年常发生滑坡、崩塌等地质灾害，且大部分位于道路两侧，因此该区域主要以一定工程措施来防治水土流失。

③Ⅲ中低山保土减灾重点防治区。中低山保土减灾重点防治区主要位于都坝河陈家坝流段，面积为 72.8km²。其中，耕地为 4.14km²，蔬菜大棚为 0.02km²，核桃为 5.33km²，魔芋为 1.33km²，茶叶为 2km²，金银花为 0.14km²。该区域拥有一个"5·12"汶川地震灾后居民集中安置点，是流域内人口密度最大，人为活动最频繁的区域，该区域也是地质灾害频发的区域，有青林沟和樱桃沟两个地质灾害发生规模较大的支沟。近几年，该区域水土流失极强烈和剧烈面积分别为 7.96km²、1.09km²，高于其他三区极强烈和剧烈流失面积的总和（7.10km²）。因此，该区域是整个都坝河流域水土流失防治的重点区域。

④Ⅳ南部减灾水源涵养区。南部减灾水源涵养区位于都坝河流域南部，面积为 16.2km²。该区域林地面积占总面积的 88.28%，植被覆盖度高，区域内地质灾害发生频率较低，因此以水土涵养为主。

6.7.2　分区综合治理主要措施

依据都坝河流域综合防治的 4 类区划以及水土流失驱动力特征，针对不同区划配置适应的综合防治措施，在不破坏都坝河流域生态环境的情况下，最大程度地降低水土流失。

1. 北部高山水源涵养区

北部高山水源涵养区主要采用生态修复的方式，利用自然的自我调节功能进行修复，避免过度追求经济效益，其主要的方式如下。

(1)封山育林。封山育林的治理方式是指在北部高山地区实行封山的措施，禁止垦荒、伐木等人为破坏活动，以保护植被生长，恢复涵养水源，增强固土能力。在进行封山育林时，要禁止一切与生态修复无关的活动，定期对封山区域进行巡视，若有不可避免的活动，须在不影响植被恢复的前提下向当地林业部门报备。

(2)生态移民。由于北部高山地区经济发展相对落后、居民较为分散、交通不便，因此，可在政府规划下，将水源涵养地和水土流失较为严重区域的居民进行集中安置。生态移民不仅能使生态修复效果提升，也能改善居民的生产生活环境。

2. 中部减灾水土流失防治区

中部减灾水土流失防治区由于地势跨度相对较大，水土流失以中度流失为主，因此在该区域的修复方式以鱼鳞坑修建技术为主,即根据《水土保持综合治理　技术规范　荒地治理技术》(GB/T 16453.2—2008)修建鱼鳞坑,并根据坡面的水土流失量设计鱼鳞坑的大小,种植适应生长的植被。同时,在该区域道路两侧依据《公路滑坡防治设计规范》(JTG/T 3334—2018)对道路两旁的斜坡进行放缓,增强边坡稳定性;在削坡难度较大的区域,可以根据现场情况修建挡土墙支挡不稳定岩体或者固结灌浆加强土体强度。

3. 中低山保土减灾重点防治区

中低山保土减灾重点防治区是整个都坝河流域水土流失防治的重点,该区域是都坝河流域生产生活活动最为密集的区域,水土流失也是整个都坝河流域最为严重的区域,泥石流等地质灾害也较为严重,因此本章将该区域的水土防治与地质灾害防治综合考虑,主要措施如下。

(1)修筑梯田。该区域耕地较多,在进行水土流失防治的同时,最大程度地保障当地居民的生产生活条件,修筑梯田式坡耕地(图 6-7-2)是最有效的治理方法,它能够截断坡长,降低坡度,蓄水截流,降低水流冲刷强度,降低水土流失强度,对于耕地能够固土、保水、保肥,改善土壤理化性质,提高土地生产力,降低人为耕种难度,能够最大程度地提升都坝河流域农民的经济利益。

图 6-7-2　梯田式坡耕地

(2)零散土地整治。零散荒地属于一种弹性资源,零散是其最大的特征,且零散荒地的水土流失比基本耕地严重,合理利用这些地类,种植经济林木或者作物,来增加当地农民的经济收益。在适度开发土地的同时,适量采用水土保持工程措施,如排水沟、排水渠等措施,做好水土流失防治工作。

(3)上游固源、下游拦挡。该区域支沟较多且部分支沟沟床切割严重,因此,在土壤侵蚀严重及土体不稳定的区域设置多级谷坊坝,主要防止沟底下切、减缓沟床纵坡,降低流速,稳定沟槽两岸,减少泥沙汇入,控制行洪流路,回淤部分泥沙对不稳定土体又起到回填压脚的作用。在沟道下游库容量较大的部位设置混凝土拦挡坝(图 6-7-3),既允许部分细颗粒泥沙下泄,又能拦挡粗粒径固体物质,拦排兼容,保护河道稳定。

图 6-7-3　混凝土拦挡坝

　　(4)上游稳坡、坝下固床。部分支沟沟道纵坡大，强降雨作用下沟底冲刷下切作用强烈，常规的固底措施(如浆砌石潜坝、防冲肋坎等)实践证明作用并不显著。为防止沟道的进一步下切以及现有拦挡工程坝前冲刷，适当在拦挡坝前增设桩林。在不稳定土体边缘设置片石混凝土挡墙，容易产生滑坡的坡体采用格构护坡，兼具防洪及稳坡的作用。

　　(5)都坝河主河道及支沟整治。该区域地质灾害频发，由滑坡、崩塌物质进入各支沟沟道后形成泥石流，泥石流物质进入主河道抬高河床，侵蚀两岸岸坡后产生新的地质灾害，由此导致地质灾害的恶性循环。河床的淤积致使都坝河段河床逐年抬高，直接威胁场镇人民的生命财产安全。因此，对都坝河主河道以及其支沟进行整治十分必要，整治措施包括护村护堤坝工程、护床工程、排洪工程，即沿河岸修建护岸河堤(图 6-7-4)，防止河岸受到冲刷产生崩塌；在河床上修建低坝群，抬高侵蚀基准面、控制河床下切；修建排水排洪沟渠，防治径流对河岸的冲刷。

图 6-7-4　护岸河堤

4. 南部减灾水源涵养区

　　南部减灾水源涵养区由于水土流失程度相对较低，主要水土流失是强降雨引起的滑坡等地质灾害导致的，因此，该区域的水土流失防治主要依靠自然修复，采用轮封的方式，在不影响水土保持的前提下，保障居民生产生活要求，兼顾生态效益与经济效益。

第7章　都坝河流域人居环境适宜性评价与调控

随着我国社会经济的快速发展及城镇化水平的不断提高，人们对于人居环境的要求也变得越来越高(韩雅敏，2018)。改善农村人居环境现已成为新时期、新阶段下我国关乎民生发展的一项重大课题(刘艳菊，2011)。乡村振兴战略提出的基础任务是开展美丽乡村建设，解决好"三农"问题，解决乡村人居环境问题。人居环境是由多种尺度、多种形式的人工和自然环境相结合构成的总体，区域人居环境由区域的地质、气候、植被、动物、土壤等构成，具有显著地域性(何静等，2010)，是人类聚居生活的地方，它是与人类生存活动密切相关的地表空间，是包括人类居住生活的自然、经济、社会和文化环境在内的一个多层次的空间系统，是人类利用、改造自然的主要场所(关靖云等，2018；易倚冰，2013)。

本章以北川都坝河流域陈家坝镇为研究对象，依托四川省科技厅项目"龙门山地震带小流域地质灾害综合防治对策——以北川县都坝河流域为例"，在充分收集研究区地震的受灾情况、灾后重建、灾后次生地质灾害治理等资料的基础上，结合现场人居环境特征的调查，对人居环境适宜性进行综合研究，为乡村振兴和旅游产业发展的规划提供参考。

7.1　国内外研究现状

7.1.1　人居环境适宜性研究现状

1. 人居环境

人居环境的研究最早出现在 20 世纪 50 年代左右，希腊的道萨迪亚斯首次提出了"人居环境"的概念。他认为地球上任何形式对人类有用的有形实体，包括从简便的遮盖物到庞杂的城市系统，都是人居环境不同形式的组成部分(Doxiadis，2012)。1993 年，我国学者吴良镛受到西方的影响，结合道萨迪亚斯理论研究的成果，创立了人居环境科学，且首次提出了人居环境的"五大层次"，这标志着我国开始了人居环境的研究(吴良镛，2001)。

人居环境是与人类生存活动密切相关的多层次的地表空间，是人类生存和发展的物质基础，自然要素的各影响因素都会受到人类社会活动的影响，是人类生存行为中利用与改造自然的主要场所(尹晓科，2010)，它主要包括五大系统：自然系统、人类系统、社会系统、居住系统、支撑系统(吴良镛，2003)。国外对于人居环境的研究较早，也首次提出了人居环境相关的概念，这给后面研究人居环境的学者们开了先河，特别是对于我国的学者，我国起步较晚，主要是受国外学者道萨迪亚斯的概念影响，提出了人居环境科学并明确了概念问题，为国内人居环境的研究奠定了基础。

2. 人居环境适宜性

关于人居环境适宜性，国内外学者进行了相关的研究。人居环境适宜性研究多以自然条件适宜性评价为重点，涉及经济因素与社会因素较少。国外学者对气候、植被与人居环境模式之间的关系研究较多(Jenerette et al.，2007；Cañellas-Boltà et al.，2013)，Emine 采用高程、坡度、地质等因素构建评价指标体系，运用 GIS 技术分析评价人居环境的质量(Günok and Pinar，2011)。Sdmaiberg 等 2002 的研究选取自然、社会等多项指标构建人居环境评价模型，并分析了人居环境现状分布格局。Nohara 等(2016)通过研究城市地区与农业区等的交通可达性情况，进行人居环境适宜性评价。此外，随着技术的发展，评价方法更多元化，如采用了多元统计方法和构建了一套集成模拟模型，它会评估和预测人居环境今后的发展趋势，在人居环境的可持续发展方面提供了独特的见解(苏宇鹏，2018)。

国内学者从空间尺度对人居环境适宜性进行分析，全国尺度下，自然因素主导的人居环境适宜性评价成果丰富(唐焰等，2008；李雪铭和晋培育，2012；尹文娟等，2018；孔锋，2020)；省域尺度下，从自然环境因素出发叠加地区人文环境因素，构建相对应的人居环境指数模型进行人居环境适宜性评价(郝慧梅和任志远，2009；杨艳昭和郭广猛，2012；于志娜和周晓晶，2019；李守伟和王一泽，2020)；流域尺度方面，涉及干旱内陆河流(魏伟等，2012)、澜沧江流域(刘立涛等，2012)、汾河流域及各小流域(李伯华和郑始年，2018)与各地理单元，涵盖贵州石漠化区(张元博等，2019)、黔中地区及张谷英村等(李威等，2018；毛凤仪等，2020)为例来分析人居环境适宜性随之出现。在评价方法方面，构建人居环境适宜性评价体系主要是采用熵值法、AHP 与主成分分析法等评价方法(吴冬宁等，2016；赵苏琴和王璐，2018；常虎和王森，2019；刘建国和张文忠，2014)，TOPSIS(technique for order preference by similarity to an ideal solution，逼近理想解排序法，国内常简称优劣解距离法)与加权 Voronoi 图等评价方法随之出现(梁照凤等，2017；孙滢悦等，2017)，随着 GIS 与 RS 技术的发展，为定性与定量方法的结合提供了可能。王志强(2010)、程淑杰等(2015)通过运用 GIS 技术，对研究区进行了人居环境适宜性评价并可视化。

7.1.2 地质灾害与人居环境耦合关系研究现状

地质灾害包括地震、火山活动等由于地壳内部运动引起的灾害；狭义的地质灾害指山体崩塌、滑坡、泥石流、地面塌陷等与地质作用有关的灾害(付志国，2019)。

国外研究起步较早，借助模糊集合理论，运用模糊震害指数对城市在地震后的基础设施损坏程度进行了评价。随着 GIS 技术的发展，出现了运用 GIS 相关技术构建评估模型评估地震损害程度的方法(Hashemi and Alesheikh，2011)，还有利用 GIS 技术和人居环境相结合提出了人居环境适宜性指数的方法(Halik et al.，2013)。

我国的地质灾害分布广,特别是地质灾害带来较大的损失,人们开始关注地质灾害与人居环境的关系,尤其是对地震灾区人居环境适宜性的重视。刘春红等(2009)综合选择地震灾害危险性、水资源、生态环境、交通等作为人居环境适宜性评价因子。胡学超(2012)以地质灾害频发地区的背景为基础,对该区域的人口迁移和分布问题进行了适宜性研究。屈历强(2014)基于地质环境安全和适宜性评价的农村居民点搬迁选址研究,为处于地质灾害严重危险环境下村庄搬迁选址提供了现实依据。汤家法和王沁(2015)从地质灾害对北川县人居环境安全的影响出发,分析灾情特征保障受威胁居民点的居住安全。郭颖(2018)选取指标地形、地质、水文以及人类活动等构建适宜性评价体系,运用层次分析法与专家打分法等分析人居环境的适宜性等级。

7.2　研究内容与技术路线

本章主要研究内容如下:①人居环境现状研究,基于陈家坝镇的特殊地理环境,通过野外调查走访和收集相关资料分析研究区的人居环境现状,归纳总结出陈家坝镇人居环境适宜性评价的影响因素,本章选取地形地貌、土壤肥力质量、水文气象、地质条件及人类活动 5 个方面的因素进行人居环境适宜性评价;②人居环境适宜性指标体系的构建,在陈家坝镇人居环境现状研究和影响因素分析的基础上,选取高程、土壤 pH、水系分布、地质构造、居民点密度等 13 个评价因子,构建陈家坝镇的适宜性评价体系并进行评价;③人居环境适宜性评价方法的研究,运用 AHP 确定权重,然后使用模糊数学综合评判法的隶属度分析,得到各因子隶属度结果矩阵,再结合指标权重值,计算得出适宜性评价体系中各指标层的综合评价值,根据得到的分数值将研究区陈家坝镇人居环境划分为不适宜区、较不适宜区、一般适宜区、较适宜区和适宜区 5 个等级;④人居环境适宜性评价及调控模式,利用 GIS 空间分析技术中的加权叠加分析得到陈家坝镇人居环境适宜性评价分区图,在适宜性分区的基础上,根据各适宜性分区的不同区域特征提出了研究区各适宜性的合适的调控发展模式,为陈家坝镇实施乡村振兴战略、新农村建设和旅游产业发展的规划提供指导意义。

本章采用定性与定量相结合的方法对都坝河流域陈家坝镇人居环境适宜性进行评价及调控。第一是通过现场走访进行地质环境调查与室内基础资料的收集与整理;第二是整理都坝河流域陈家坝镇的区域概况,依据收集的资料,进行地质环境现状特征研究;第三是通过人居环境适宜性评价指标的选取、分析以及评价指标的权重计算三个步骤构建陈家坝镇人居环境适宜性评价体系及模型;第四是依据评价指标体系的计算结果,对陈家坝镇进行人居环境适宜性评价结果分析;第五是对人居环境适宜性分区进行详细的阐述,分析各区域的特征;第六针对陈家坝镇人居环境适宜性评价的适宜性分区呈现的不同特征,提出了因地制宜的相关产业的调控模式(图 7-2-1)。

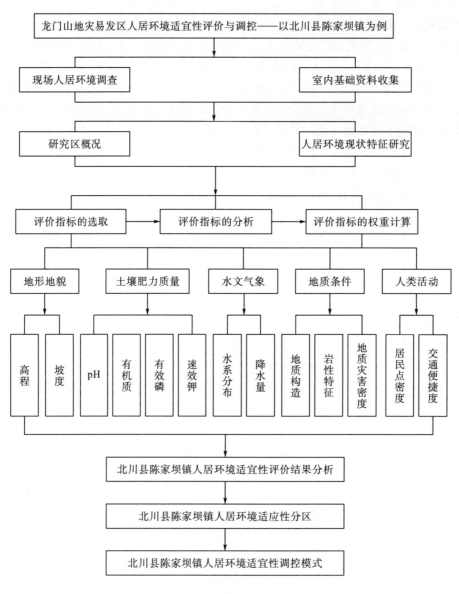

图 7-2-1　技术路线图

7.3　研究区概况与数据源

7.3.1　地理位置

　　北川羌族自治县位于绵阳市的西北部，地理位置为东经 103°44′～104°44′，北纬 31°41′～32°14′，东接江油市，南连安州区，西抵茂县，北靠松潘县、平武县，辖区面积为 2869.18km²，县域内有北川至茂县的 302 省道和绵阳至北川且贯穿北川直通平武的 105 省道(郭颖，2018)。研究区位于都坝河流域陈家坝镇，镇政府位于镇中部的陈家坝社区，距北川县城 49km，距绵阳市 90km，镇域面积为 135km²，位于北川县东北部，东与桂溪镇接壤，西与永昌镇相邻，南依江油市，北抵都贯乡(闫斐和杨尽，2010)，见图 7-3-1。

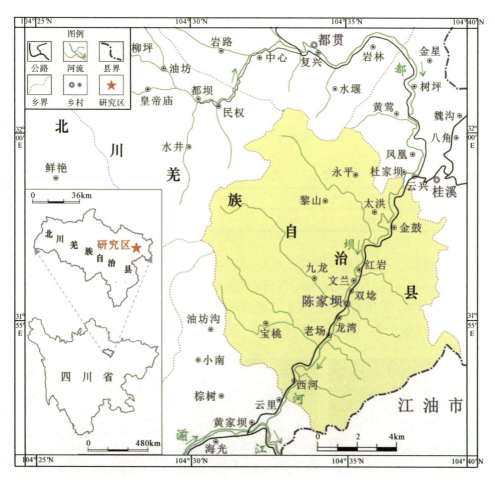

图 7-3-1　研究区地理位置概况

7.3.2　自然环境概况

(1)气候气象。北川县位于亚热带湿润季风气候的西部边缘地带，具有气候温和，光照充足，降水充沛等气候特点，从时间上看，降雨集中于 6～9 月，从空间上看，降雨具有东南向西北年平均降水量变小的规律(胥忞旻，2017)。陈家坝镇地处四川盆地西北边缘鹿头山暴雨区，为亚热带季风湿润气候，具有终年温暖、雨量丰富，降水量年内分配不均，全年湿度大、云雾多，日照少、霜期短，四季分明的特点，常出现春旱、夏旱等气候(严霜等，2020)。

(2)地形地貌。陈家坝镇位于北川县东南部，龙门山断裂带边缘，区域相对稳定，但山体表层质变强烈地形以中低为主，地势西北高、东南低，海拔为 617～2330m(严霜等，2020)。低中山区海拔一般在 1000～2000m，其高度差一般为 500～1000m。低中山区枝状水系分布较密集，该区域沟谷发育，由于海拔高差相差较大，地形起伏大，地质灾害主要以崩塌、滑坡发生较多(邱利平，2018)。

(3)河流水文。陈家坝镇域内河流均属湔江水系，都坝河流域常年不断流，一般自 11 月至次年 3 月河水清澈；4～10 月是洪水期，河水呈黄色，含有大量泥沙。都坝河流域岸线形式主要为开阔谷地和冲击坝(表 7-3-1)。都坝河流域发源于北川县都贯乡的山区，经都贯乡、桂溪镇、陈家坝镇和永昌镇，在永昌镇黄家坝村汇入湔江流域。都坝河流域全长 122km，北至都贯乡、东至桂溪镇、南至陈家坝镇、西至都贯乡，整个流域面积约为 310km²，河谷剖面呈 U 字形，各区域的河床比降不同，汇入湔江最低。以降水补给为主，降水主要集中在 5～9 月，因此都坝河流域水量受干湿季的季节变化的影响非常大。

表 7-3-1　陈家坝镇主要河流情况

河流名称	起讫点	长度/m	宽度/m	面积/m²	岸线形式
都坝河	太洪—西河	4500	80	360000	开阔谷底、冲击坝

(4)土壤植被。土壤质地以砾石土为主，其次是壤土与黏土，土层较为瘠薄，土层厚度一般在 30cm 以下(汪月鹃，2009)。区域内植被呈现带状分布规律，以亚热带植物为主，以乔木、灌木为主，覆盖率在 45%左右。地震导致大量滑坡、泥石流、崩塌，植被覆盖率下降严重，植被有香樟、白茅草、鸡血藤等，见图 7-3-2。

| (a)沙土 | (b)石骨土 | (c)冲积土 |
| (d)香樟 | (e)白茅草 | (f)鸡血藤 |

图 7-3-2　土壤与植被图

(5)地质构造。北川县大地构造位于扬子准地台与松潘—甘孜地槽褶皱接合部。以北川大断裂通过地段为界；东南面属龙门山褶皱带；西北面属后龙门山褶皱带。陈家坝镇位于北川县东南面，位于龙门山断裂带边缘地区。北川断裂带位于龙门山褶皱带的分界线上，是映秀—北川断裂的东北延伸段。该断层倾向北西,倾角为 60°～70°,为寒武系的砂岩逆冲于志留系、泥盆系乃至石炭系之上,切割深度较大,垂直断距千米以上,沿断裂线分布着串珠状的上升泉。北川断裂在县内有北西—南东向延伸的错断。北川断裂带北西、西侧大面积出露寒武系砂岩,其风化强烈,岩石破碎,多以残坡积碎块石土出露在大于 25° 的斜坡上,为崩塌、泥石流、滑坡等地质灾害的形成奠定了物质基础,陈家坝镇沿该断层展布(李春霞,2018)。

(6)地层岩性。出露地层有寒武系、奥陶系等,地层组种类多,粉砂岩、页岩、千枚岩、灰岩与泥岩等岩石类型分布较广(四川省地质工程勘察院,2015)。泥盆系的地层组较多,有唐王寨群、观雾山组、养马坝组等,上中志留统包含韩家店组与茂县群,下志留统包括龙马溪组,奥陶系包括宝塔组,下寒武统为油房组和邱家河组(张珊珊,2019),见表 7-3-2。

表 7-3-2　陈家坝镇地层岩性表

地层分级			地层代号	地层厚度/m	岩性特征
系	统	组			
泥盆系	上统	唐王寨群	D_3t	200～791	白云岩、白云质灰岩
	中统	观雾山组	Dgw	0～1100	灰岩
		养马坝组	Dy	0～358	粉砂岩、灰岩,产赤铁矿
		甘溪组	Dg	0～449	泥岩,含泥质的生物碎屑灰岩
	下统	平驿铺组	Dp	0～1955	上部:泥岩、粉砂岩;中部:砂岩;底部:泥质粉砂岩、石英杂砂岩
志留系	上中统	韩家店组	$S_{2-3}h$	80～200	南部:页岩、含铁砂岩及鲕状赤铁矿;北部:板岩、灰岩
		茂县群	$S_{2-3}mx^3$	230	云母千枚岩,石英脉发育
			$S_{2-3}mx^2$		灰岩、千枚岩
			$S_{2-3}mx^1$		千枚岩、灰岩
	下统	龙马溪组	S_1ln	0～40	碳质板岩
奥陶系	中统	宝塔组	O_3b	0～92	生物碎屑灰岩
寒武系	下统	油房组	ϵ_1y	482～860	粉砂岩
		邱家河组	ϵ_1q	160～552	板岩,产铁锰矿

7.3.3　人文经济概况

陈家坝镇人民政府驻地距北川新县城驻地永昌镇 49km。陈家坝全镇辖龙湾、双埝、红岩、九龙、宝桃、西河、文兰、老场、黎山、永平、金鼓、太洪、陈家坝社区 12 个村 102 个村民小组和 1 个社区 5 个居民小组。

全镇有耕地 85421 亩(1 亩≈666.67m²),林地 64870 亩。陈家坝镇属于粮食型经济,以农林牧产业为主。农业方面的主要经济作物包含油料作物(主要为油菜)和季节性的蔬菜;养殖业以猪牛羊以及鸡鸭等家禽为主,规模大多为家庭农场。新增了魔芋基地、茶叶产业基地等,以及土特产(核桃、蕨菜、药材等)的种植。矿产资源较多,储量较大,品种质量较高，有很好的发展前景，矿产品主要有硅矿、锰矿、硫铁矿等。陈家坝镇交通以公路为主，省道105线贯穿全境，交通网络体系特征主要是以省道105线为主线与各行政村为支线共同构成的镇域公路交通网络体系，该镇基本实现村村通公路，交通便捷。该镇的基础设施建设较为完善，拥有文艺团、社区文化站，以及中心学校、卫生院等，生活条件较好。由于特殊的地理环境和气候条件，陈家坝镇的旅游资源以自然风景为主，有景观生态型的九龙山、原始生态型的四方北岩等。

7.3.4 数据来源

根据陈家坝镇人居环境适宜性评价指标体系中的13个评价因子，各因子的主要来源见表7-3-3。

表 7-3-3 数据来源

评价因子	来源	处理方法
高程、坡度	基于地理空间数据云和91卫图软件，下载2020年的DEM数据	运用ArcGis软件中的栅格表面分析工具，提取坡度数据
pH、有机质、有效磷、速效钾	野外调查与测试分析	通过土壤测试分析获得各土壤样品的4个指标；运用ArcGis软件中的反距离插值工具，得到各指标分布图
水系分布、降水量	北川县气象局的气象资料以及都坝河综合治理的项目报告	在ArcGis软件中利用欧式距离得到距离河流的分布图；通过降水量的划分标准，得到降水量的分布图
地质构造、地质灾害点密度、岩性	野外调查与北川县的地质调查研究报告	运用ArcGis软件中的欧式距离分析法、核密度分析得到距离断裂带，地质灾害点的密度和岩石类型分布图
居民点密度、交通便捷度	野外调查与都坝河流域陈家坝镇的统计年鉴	在ArcGis软件中利用欧式距离得到距离道路的分布图；通过得到的居民点分布图，基于核密度分析得到居民点密度分布图

7.4 人居环境现状及特征

7.4.1 地形地貌现状及特征

(1) 高程。陈家坝镇地貌类型以山地为主，呈现出中间低四周高，高程最大值在四周的县林场区域，为2230m左右，最小值在南部的西河村，为617m左右，其高差在1500m以上，该区域内多高山，沿都坝河流域分布的区域高程都偏低。其中，地貌类型分为低山和低中山，低山地区位于陈家坝镇中部，四周属于低中山地形，其高差为500～1000m。低山区的水系分布形态多为树枝状，沟谷发育，宽窄不一，地质灾害发生以崩塌、滑坡为主。低山区处于都坝河流域的中下游地区，主要分布在都坝河两岸，区域内的高程为600～1000m，高差相对较小，为200～500m，其地势起伏较小，较为适宜人类居住，因此该区域地质灾害崩塌的发生较少，但泥石流发生频率较高(邱利平，2018)。例如，青林沟、樱桃沟和杨家沟是陈家坝镇境内三条规模较大的泥石流沟，给周围的居民带来了居住安全困扰，见图7-4-1。

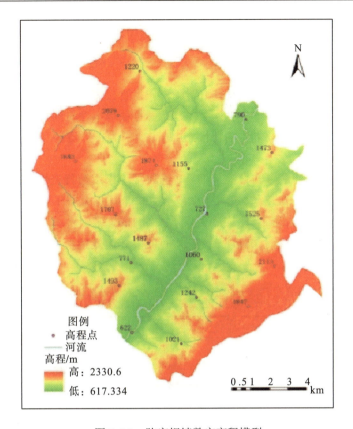

图 7-4-1　陈家坝镇数字高程模型

　　(2)坡度。陈家坝镇的地形坡度较陡峭，表 7-4-1 显示，坡度大于 35°的区域面积占研究区总面积的 42.82%，坡度在 25°~35°的区域面积占研究区总面积的 32.49%，坡度在 15°~25°的区域面积占研究区总面积的 16.56%，坡度在 6°~15°的区域面积占研究区总面积的 5.71%，坡度小于 6°的区域面积占研究区总面积的 2.42%。陈家坝镇平地、缓坡以及中坡所占比例只有 24.69%，达不到陡坡所占比例，说明陈家坝镇的地形坡度主要是以陡坡和极陡坡为主，多山地且陡峭，因此陈家坝镇的河流支流较多，加上坡度陡峭为当地的地质灾害提供了发生条件，地质灾害频发。陈家坝镇坡度较低的地区主要是都坝河两岸，主要原因是河流对沿岸地区有侵蚀以及搬运作用，到达夏季汛期时，暴雨冲刷使得河流的侵蚀和搬运作用加强。

表 7-4-1　坡度类型表

坡度/(°)	坡地类型	面积/km²	比例/%
<6	平地	2.91	2.42
6~15	缓坡	6.87	5.71
15~25	中坡	19.93	16.56
25~35	陡坡	39.11	32.49
>35	极陡坡	51.55	42.82

7.4.2　土壤肥力质量现状及特征

土壤肥力质量是土壤的本质属性，土壤肥力质量直接影响着作物生长、农业生产的结构、布局和效益等方面（颜雄等，2008）。它是土壤各种基本性质的综合表现，是土壤区别于成土母质和其他自然体的最本质的特征，也是土壤作为自然资源和农业生产资料的物质基础（庞元明，2009）。

在对研究区进行详细走访调查的基础上，选取了陈家坝镇代表性的区域，根据奥维地图GPS定位获取经纬度，最终选取了21个样点，每个样点采取了五点混合多点采样，采集0～20cm深度的土样样品，每个样品采集了大约1kg，带回实验室进行自然风干、磨碎和过筛等一系列的处理。测定土壤pH、有机质、有效磷和速效钾4项养分指标（唐颖，2016），具体的测定方法见表7-4-2。

表 7-4-2　土壤养分指标测试方法

养分指标	测定方法
pH	电位法
有机质	重铬酸钾氧化容重法
有效磷	碳酸氢钠浸提-钼锑抗比色法
速效钾	乙酸铵浸提-火焰光度计法

资料来源：鲁如坤（2000）。

对21个样品进行了测定，并整理数据进行分析。对21个样品数据的pH、有机质、有效磷与速效钾统计了平均值、最大值与最小值，见表7-4-3。表7-4-3显示：pH在4.70～8.35，平均值为7.02；有机质在1.40～180.20，平均值为22.25；有效磷在0.16～124.40，平均值为22.14；速效钾在24.55～149.30，平均值为55.12。其中，有机质、有效磷与速效钾3个指标的波动较大。

表 7-4-3　土壤养分指标数据统计

参数	pH	有机质	有效磷	速效钾
平均值	7.02	22.25	22.14	55.12
最大值	8.35	180.20	124.40	149.30
最小值	4.70	1.40	0.16	24.55

1. 土壤 pH

土壤pH对土壤中营养元素的形态等有一定的影响，对植物生长等方面也有较大的影响。由表7-4-4可以看出，陈家坝镇土壤的pH平均值为7.02，属于中性土壤，适合作物的生长；数值波动较大，最小值为4.70，最大值为8.35；土壤pH集中在6.0～8.0，有12个样点，占57.14%；其次是大于8.0，有5个样点，占23.81%；5.5～6.0有3个，占14.29%；

低于 5.5 的有 1 个，占 4.76%。总体上，陈家坝镇的土壤酸碱程度集中在中性和偏碱性，整体土壤质量较高。

表 7-4-4　土壤 pH 统计表

采样点/个	<5.5	5.5~6.0	6.0~7.0	7.0~8.0	>8.0	平均值	范围
21	1	3	6	6	5	7.02	4.70~8.35

2. 土壤有机质

土壤有机质跟土壤机械组成有一定的关联性，土壤的黏粒含量越高，越有利于有机质的积累，反之，砂岩的质地轻，黏粒含量少，透气透水性强，不利于有机质的积累，有机质含量对其他元素的含量有一定的影响，对土壤肥力有重要的意义(陈颖，2015)。

从表 7-4-5 可以看出，陈家坝镇土壤有机质含量的最大值为 180.0g/kg，最小值为 1.40g/kg，平均值为 22.25g/kg。21 个采样点主要集中分布在 10~15g/kg，占 38.10%，其次是小于 10g/kg 和 15~25g/kg，占 57.14%，大于 25g/kg 的只存在 1 个采样点，仅占 4.76%。整体来看，21 个采样点的有机质含量属于中等水平，高水平的有机质较少。提高土壤肥力质量的水平，需对有机质含量进行提高，特别是土壤的质地环境对于有机质的影响较大，改善土壤质地，有利于有机质的积累，提高肥力质量水平。

表 7-4-5　有机质含量统计表

采样点/个	<10	10~15	15~25	25~35	>35	平均值/(g/kg)	范围/(g/kg)
21	5	8	7	0	1	22.25	1.40~180.0

3. 土壤有效磷

土壤有效磷是作物生长的重要影响因子，有效磷的含量对作物的产量有影响，高于 20mg/kg 有利于大多数作物的生长，低于 5mg/kg 土壤会严重缺磷(王培秋，2009)，作物的生长会受到限制。土壤环境中其他因素的变化对于有效磷的含量存在制约作用。陈家坝镇有效磷含量在 0.16~124.40mg/kg，平均值为 22.14mg/kg，在 21 个土壤采样点中，土壤有效磷含量在 10~25mg/kg 的样点数最多，约占样点数的 1/2，根据土壤肥力分级标准，该区域的有效磷含量属中等水平，要提高作物产量改善土壤环境，重点关注含量低于 10mg/kg 的区域，尤其是低于 5mg/kg 的区域，由于会出现严重缺磷，可通过施磷肥或复合肥等方式提高有效磷的含量，改善土壤缺磷的现状，提高粮食产量，实现土地的有效利用(表 7-4-6)。

表 7-4-6　有效磷含量统计表

采样点/个	<5	5~10	10~25	25~40	>40	平均值/(mg/kg)	范围/(mg/kg)
21	3	2	11	3	2	22.14	0.16~124.40

4. 土壤速效钾

土壤速效钾是贯穿植物整个生长过程的不可或缺的营养元素,对作物的产量有着重要的意义,但能被植物吸收和利用的钾所占比例很小(秦胜金等,2006;Dent,2014)。近年来,耕地的利用强度加大,导致钾元素严重亏缺,难以满足作物的生长需求,土壤钾元素供需不平衡(Schroeder,1980)。据表 7-4-7,速效钾的含量为 24.55~149.30mg/kg,平均值为 55.12mg/kg,含量在 30~50mg/kg 的样点数最多,在 100~150mg/kg 的样点数最少。依据土壤肥力分级标准,判断研究区的土壤肥力为较低水平,要注意区域内土壤钾元素的保育和施肥,提高当地土壤的供钾能力,提高作物的产量,保证作物生长的可持续发展(陈洋等,2017)。

表 7-4-7   速效钾含量统计表

采样点/个	<30	30~50	50~75	75~100	100~150	平均值/(mg/kg)	范围/(mg/kg)
21	3	9	4	3	2	55.12	24.55~149.30

7.4.3 水文气象现状及特征

1. 水系分布

北川县水资源丰富,主要来源为一江、五河、四大沟,一江指的是湔江(胥忞旻,2017)。研究区境内的都坝河是湔江水系,其支流沟谷较多,主要有杨家沟、青林沟、樱桃沟、毛狮子沟、头道河沟、羊肠子沟、孙家沟、纸房沟和马家倒沟。

陈家坝镇的河流形态主要呈树枝状,大多发源于海拔较高的地区,在坡度较缓的地区汇入都坝河,最终在北川县永昌镇境内汇入湔江水系(图 7-4-2)。都坝河属于常年不断流的河流,一般在 11 月至次年 3 月枯水期时河水较为清澈,没有泥沙等杂质;其中 5~10月是都坝河小流域的雨季汛期,加上陈家坝镇是暴雨中心,暴雨集中,此阶段河水较为浑浊,含有大量的泥沙。河流径流量的补给主要为降水补给。该流域的河岸线形式主要为开阔的谷地和冲击坝,由于常年不断流,水资源开发利用价值较大。

2. 降水量

陈家坝镇总体来说降水丰富,降水量差异较小,但是存在时空分布不均,从时间来看,在一年中降水主要集中在 5~10 月,尤其是 7~8 月降水最集中,暴雨甚至大暴雨天气众多,然而 12 月、1 月、2 月冬季的降水量最少,河流处于枯水期,但能基本保证当地水资源的需求量。从空间上看,降水量西北部少,东南部多,年平均降水量呈西北向东南递增的特点(图 7-4-2)。

2020 年北川县多春夏连旱天气,上半年降水量仅为 166mm,冬季降水量为 18.2mm,春季降水量为 29.2mm,初夏季节降水量为 118.6mm。陈家坝镇 7~9 月汛期降水量占全年的 68%,由于春旱天气的影响,春季降水量仅占了 20.4%。盛夏时期(6~8 月)大暴雨频繁出现,出现了多次大暴雨甚至特大暴雨,强度较大。8 月中旬期间,全县平均降水量为 855.6mm，有间隔时间短、覆盖范围广和降水量大的特征。陈家坝镇在汛期降水总量的分布上，呈现从西北到东南递增，其中降水量最高的在金鼓村、太洪村等区域，在 8 月 10～18 日，金鼓村的降水量达到 1144.1mm，金鼓村内有规模巨型的泥石流(杨家沟泥石流)，这会影响金鼓村居民的生产生活(图 7-4-3)。

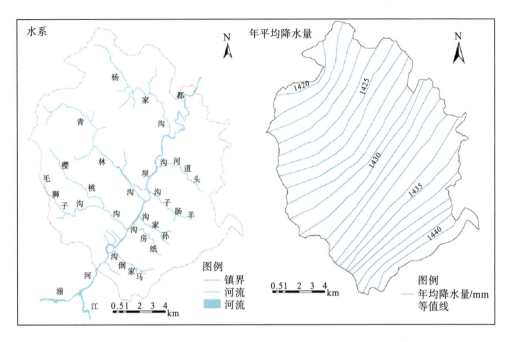

图 7-4-2　陈家坝镇水系与年均降水量等值线分布图

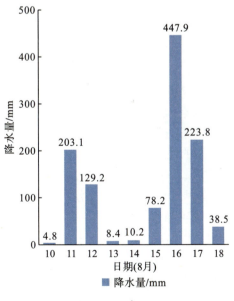

图 7-4-3　金鼓村 8 月降水量

7.4.4 地质条件现状及特征

1. 地质构造

北川县大地构造位于扬子准地台与松潘—甘孜地槽褶皱接合部。北川大断裂通过地段作为界线，是北川—映秀断裂的东北延伸段区域，该断层在陈家坝镇境内中部区域穿过，是北西—南东向延伸的错断，陈家坝镇境内由 4 条断裂构成北川断裂带(杨宸欣，2015)，该断层倾向北西，倾角在 60°~70°，北川断裂带北西、西侧大面积出露寒武系砂岩，其风化强烈，岩石破碎，多以残坡积碎块石土出露在大于 25°的斜坡上，为崩塌、泥石流、滑坡等地质灾害的形成奠定了物质基础(图 7-4-4)。

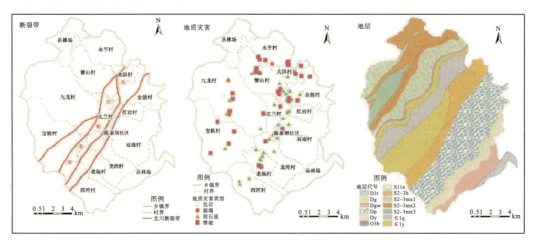

图 7-4-4 研究区地质条件因素分布图

2. 地质灾害点密度

陈家坝镇地质灾害点分布较广，各行政村都有分布(图 7-4-4)。陈家坝镇滑坡与泥石流地质灾害分布广，泥石流主要分布在陈家坝镇中部都坝河流域附近，特别是特大型规模的地质灾害点金鼓村的杨家沟泥石流、老场村的樱桃沟泥石流与青林沟泥石流 3 处，在汛期时造成的危害巨大，危险程度高，威胁到金鼓村和老场村居民的生产生活以及生命财产安全等。地质灾害点规模为中型的泥石流与滑坡有 15 处，有陈家坝镇西河村黄土梁滑坡、陈家坝镇老场村的雷家沟泥石流、陈家坝镇西河村 2 社邓家沟泥石流和 4 社倒沟泥石流、陈家坝镇羊肠子沟泥石流、陈家坝镇红岩村老屋基滑坡、陈家坝镇红岩村院子坪安置点泥石流等多处滑坡和泥石流地质灾害隐患点。

北川县的地质灾害类型多，以崩塌、滑坡、泥石流、不稳定斜坡为主。都坝河流域的地质灾害隐患点数量多，类型多样，且空间分布不均，主要集中分布在陈家坝镇。陈家坝镇是以崩塌、危岩、滑坡和泥石流为主，不同地质灾害的类型占比有所不同，地质灾害的规模以小型为主，占 72.98%，其次是中型规模，占 18.92%，存在特大型和大型规模的地质灾害点，各占 4.05%(表 7-4-8)。

表 7-4-8　地质灾害类型及规模分类统计表

灾种	等级指标	特大型	大型	中型	小型	合计
崩塌	规模分级标准/(10⁴m³)	>100	10~100	1~10	<1	
（危岩）	数量/个				6	6
	所占比例/%				8.10	8.10
滑坡	规模分级标准/(10⁴m³)	>1000	100~1000	10~100	<10	
	数量/个		3	5	26	34
	所占比例/%		4.05	6.76	35.14	45.95
泥石流	规模分级标准/(10⁴m³)	>50	20~50	2~20	>2	
	数量/个	3		9	22	34
	所占比例/%	4.05		12.16	29.74	45.95
合计	数量/个	3	3	14	54	74
	所占比例/%	4.05	4.05	18.92	72.98	100.00

3. 岩性

陈家坝镇出露地层有寒武系、奥陶系,岩石类型有砂岩、页岩、千枚岩、碳酸盐岩与泥岩等(胥忞旻,2017)。由于受到地质构造的影响,地层岩性的走向以北东向为主。陈家坝镇是与东南部地区的龙门山中断小区,该区域的岩性分布较为复杂,岩性种类较多,其分布会受到北川断裂构造的显著影响,见图 7-4-4。

7.4.5　人类活动

1. 居民点密度

对受自然灾害影响严重的农村地区,应实现居民点的集中化和规范化,对居民点的建设和发展充分重视,从而加快乡村振兴的进程。对农村居民点的空间分布格局及其密度进行分析,有利于促进实现土地资源集约化利用,实现农村居民点合理规划建设,对于农村地区人居环境建设、可持续发展有重要的理论和实践意义。据图 7-4-5 可知,总体上陈家坝镇居民点分布特征呈条带状分布,主要集中在中部西南向东北地区,除此之外,宝桃村、九龙村、黎山村以及永平村较为零散分布,陈家坝镇居民点的规模都不大,居民点用地面积所占比例较小,仅占全镇总面积的 0.90%。

依据表 7-4-9 来看,陈家坝镇包含 12 个村和 1 个社区,居民点总面积为 1.0888km²,村的居民点面积的平均值大约为 0.0009km²,双埝村、龙湾村、西河村、黎山村、九龙村、永平村和宝桃村 7 个行政村的居民点面积占村面积的比例低于 1%。根据居民点分布的面积及占比来综合判断各村居民点的规模差异,陈家坝社区居民点占村面积的比例最大,由于陈家坝社区的居民点集中,居民点面积大,总面积最小;其次是金鼓村、红岩村和太洪村的居民点面积占村面积的比例大于 2%,3 个行政村的居民点沿都坝河流域集中分布；老场村和文兰村的居民点面积占村面积的比例低于 2%，它们村面积较小，居民点面积较大，所以比例高于 1%，但低于 2%；面积占比低于 1%的 7 个行政村，主要是由于行政村面积较大，但居民点规模和面积小，因此面积占比低，呈现出一个地广人稀、零星分布的状态。可见陈家坝镇居民点的总体规模较小，但内部各村之间规模差异较大。

表 7-4-9　居民点分布情况统计表

村(社区)	总面积/km²	居民点面积/km²	占村面积比/%
陈家坝社区	0.46	0.1853	40.28
双垲村	12.92	0.0790	0.61
金鼓村	8.07	0.1802	2.23
老场村	5.07	0.0841	1.66
龙湾村	7.38	0.0379	0.51
红岩村	3.17	0.0847	2.67
西河村	9.52	0.0547	0.57
黎山村	9.42	0.0880	0.93
太洪村	2.51	0.0580	2.31
九龙村	22.34	0.0892	0.40
永平村	8.01	0.0571	0.71
文兰村	3.13	0.0441	1.41
宝桃村	16.63	0.0465	0.28

2. 交通便捷度

交通是"经济发展的先行官"，而交通要素中的道路尤为重要，它对人们的生活、经济等都产生了重要影响。交通便捷度的理解分为两个方面：一方面是交通的方便程度，另一方面为交通的快捷程度。交通的方便程度主要是指居民从出发地到达目的地的整个路程是顺利通畅的，具有较少的交通困难和障碍，即为方便程度高，反之则方便程度低。快捷程度表示为居民从出发地到目的地的路程中花费的时间，时间少，速度很快，代表快捷程度高，相反则快捷程度低。

总体上来看，陈家坝镇的道路分布格局是以省道 105 为主要干道，其余村道依托省道发展修建，呈现放射网状的特点。境内有 1 条省道(S105)贯穿全境，境内全长 13.78km，该省道是陈家坝镇主要的交通要道，其余的村道都是在省道 105 的基础上，各行政村相互连通，沿着缓坡蜿蜒修建，最终到达各居民点，基本达到了村村通、户户通的基础条件，当地居民出行上较为便捷通畅，不存在交通困难，因此交通方便程度高。由于经济的发展，居民的生活水平得到提高，每家每户几乎都有代步工具，加上道路交通网的便捷，人们出行花费的时间较少，快捷程度高(图 7-4-5)。

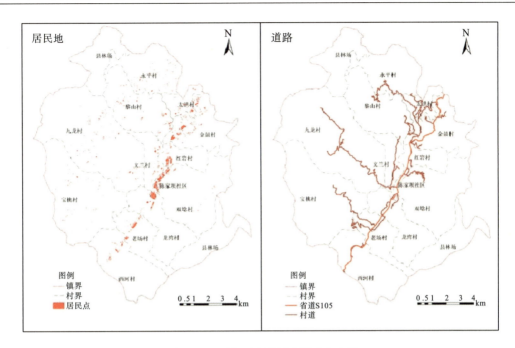

图 7-4-5 研究区人类活动因素分布图

7.5 人居环境适宜性评价

7.5.1 评价原则与研究方法

1. 评价原则

"5·12" 汶川地震后，龙门山地灾易发区的地质环境与人居环境等遭到了严重的破坏。本章在总结前人对于人居环境评价研究的基础上，结合陈家坝镇当地的特殊人居环境现状，对陈家坝镇人居环境适宜性进行评价及调控研究。在陈家坝镇人居环境适宜性评价及调控研究中主要遵循因地制宜和综合分析等评价原则。

（1）因地制宜原则。通过陈家坝镇人居环境现状特征研究显示，地质灾害是陈家坝镇人居环境现状中对于适宜性影响最突出的问题。陈家坝镇地形地貌主要是以低山与低中山为主，多陡坡，气象方面多暴雨天气，因此导致陈家坝镇地质灾害频发。由于陈家坝镇特殊的人居环境与其他龙门山地灾易发区的人居环境存在差异性，这就使得陈家坝镇人居环境适宜性评价体系和方法将会有所差异。受到当地人居环境和人类活动的影响，应严格按照因地制宜的原则对陈家坝镇的人居环境适宜性进行评价并提出调控措施，帮助陈家坝镇有效地减少消耗、降低现有的污染、治理人居环境，努力实现循环经济，探寻自然资源生态效益与经济效益达到双赢的耦合机制，实现乡村振兴战略的顺利开展。在陈家坝镇的人居环境适宜性评价研究中，应构造合理的适宜性评价指标体系和评价方法。

（2）综合分析原则。地质环境的优劣与居住环境的适宜程度是由当地的自然条件和社会经济因素共同决定的。人居环境适宜性评价指标的选取与确定对于地质环境对当地居住环境的影响来说比较关键，因为地质环境条件和当地居住环境是相互影响的，好的地质环境现状会影响到居民的住宅建设、土地利用情况以及基础设施的建设。因此，在选择评价指标体系的时候需要对每个指标进行定性与定量相结合的评价分析，这样可以避免定性分析主观性较强的问题。从地形地貌(包括高程、坡度)、土壤肥力质量(包括 pH、有机质、有效磷、速效氮)、水文气象(包括水系分布、降水量)、地质条件(包括地质构造、地质灾害点密度、岩性)、人类活动(居民点密度、交通便捷度)五个方面对陈家坝镇人居环境适宜性进行评价研究，主要是以地形地貌和地质条件为主要方面并结合其他三个方面的因素进行综合分析，得到较为客观与合理的评价结果。

2. 研究方法

1) 层次分析法(AHP)

(1)建立递阶层次结构。本章把陈家坝镇的人居环境适宜性研究作为总目标，确定影响人居环境的因素，从而建立递阶层次结构，包括 1 个目标层(A)、5 个准则层(B)和 13 个指标层(C)。

(2)构建判断矩阵。通过各影响因素进行两两比较的方式，依据表 7-5-1 中的定权方法确定各因素的相对重要性构造判断矩阵。评价研究选取了 n 个评价指标 $A_1, A_2, \cdots, A_n$，将评价指标两两评价因子进行比较最终得到矩阵 A。

表 7-5-1　AHP 的判断矩阵标度及含义

标度	含义
1	表示两个因素相比，具有同等重要性
3	表示两个因素相比，一个因素比另一个因素稍微重要
5	表示两个因素相比，一个因素比另一个因素明显重要
7	表示两个因素相比，一个因素比另一个因素更为重要
9	表示两个因素相比，一个因素比另一个因素极端重要
2,4,6,8	表示重要性判断中值
倒数	$a_{ji}=1/a_{ij}$

(3)相对权重的计算过程。在构建判断矩阵的基础上，对各评价因子进行指标的相对权重的计算，本章采用乘幂法计算判断矩阵的最大特征根 λ_{max}(张海亮，2014)。

(4)一致性检验。利用一致性和随机一致性指标(表 7-5-2)的比值进行一致性检验(CR)。当 CR=CI/RI<0.10 时，一致性合理。

表 7-5-2　平均随机一致性指标值

矩阵阶数(n)	1	2	3	4	5	6	7	8	9
平均随机一致性指标值(RI)	0.00	0.00	0.58	0.90	1.12	1.24	1.32	1.41	1.45

2) 模糊综合评判法

(1) 确定评价因素集。根据陈家坝镇人居环境现状特征，确定陈家坝镇人居环境适宜性评价模糊综合评价的评价因素集。

(2) 确定评价集。根据陈家坝镇的实际情况，将人居环境适宜性的优劣等级分为五级，即评价集为{5、4、3、2、1}，分别表示适宜、较适宜、一般适宜、较不适宜和不适宜。

(3) 利用专家对人居环境适宜性评价指标的打分得到隶属度矩阵，加上层次分析法计算得到的权重值，进行一级模糊综合评价的计算。

(4) 根据一级模糊的隶属度矩阵，计算出二级模糊综合评价结果。

(5) 进行模糊综合评价运算并分析评价结果。根据模糊数学中的加乘法则，在相互交叉的同类指标间采用加法合成，求出人居环境适宜性评价的综合性指标值，其值越高，表明人居环境适宜性越好 (陈哲锋等，2018)。

7.5.2　评价指标体系的构建

人居环境适宜性评价指标的选取对于人居环境调控措施的提出有着关键性的影响。人居环境适宜性的影响因素涉及多个方面，有自然环境、社会经济环境等，在评价时需综合分析影响人居环境适宜性的影响因素，选取全面且适合当时人居环境适宜性评价的指标体系。

1. 评价指标的选取

评价指标的选取对于指标体系的好坏有较大的影响，因此，在选取指标体系的时候，需要考虑到陈家坝镇特殊的地质条件和现有居民点存在的问题，着重对研究人居环境的适宜性进行评价，且综合考虑数据及相关资料的可获得性，以及数据的矢量化与处理的可操作性问题。参考国内外关于人居环境适宜性评价的相关文献及成果，结合目前人居环境现状特征和未来的发展需要，本次适宜性评价选取了高程、pH、水系分布、地质构造、居民点密度等 13 个评价因子 (图 7-5-1 和图 7-5-2)。

2. 评价指标的分析

(1) 高程。研究区的高程在 617～2230m，高差较大且区域内多以低山和低中山为主，因此，在进行人居环境适宜性评价研究时，对陈家坝镇进行高程分析，将地理空间数据云下载的陈家坝镇的 DEM 数据导入 ArcGIS10.5 中，对 DEM 数据进行重分类分析，考虑到研究区的高程差较大，将陈家坝镇的高程分为 5 种类型：Ⅰ (<700m)、Ⅱ (700～900m)、Ⅲ (900～1000m)、Ⅳ (1000～1500m)、Ⅴ (>1500m)。结合图 7-5-1 中的高程分级图可知，陈家坝镇高程为 1000～1500m 的面积分布最广，高程较低的区域主要集中分布在都坝河流域的沿岸区域，多居民点分布且集中。依据不同的类型，合理地利用和调控适宜区域以及综合治理不适宜区域。

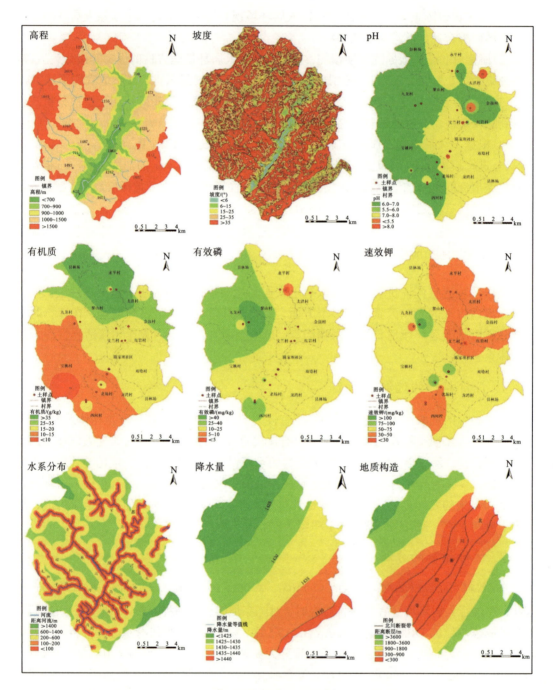

图 7-5-1　人居环境适宜性评价因子特征值分布图

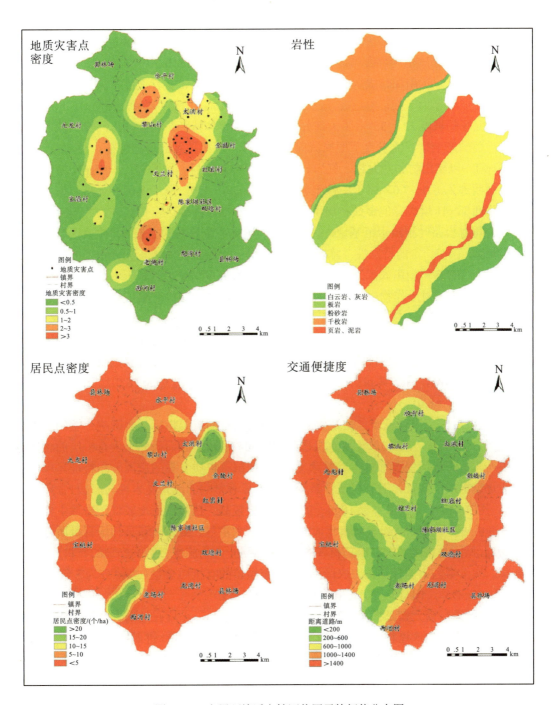

图 7-5-2 人居环境适宜性评价因子特征值分布图

（2）坡度。坡度是地形地貌的重要评价因素，陈家坝镇的陡坡与极陡坡占 75%，而平地、缓坡以及中坡所占比例只有 24.67%，说明该区域的地形坡度主要是以陡坡和极陡坡为主，多山地且陡峭，地质灾害频发（高一平，2012a；王明宇等，2019）。坡度大于 25° 对房屋的安全性、人居环境等都有影响，坡度较陡峭的区域不利于居住和生产生活的开展，并且地质灾害频繁发生等存在重大的安全威胁。利用 ArcGIS10.5 中 Toolbox 工具箱中的 3D Analyst 工具，运用栅格表面分析工具对陈家坝镇的 DEM 进行坡度数据提取以及重分类分析，把坡度分为 5 类：Ⅰ（<6°）、Ⅱ（6°～15°）、Ⅲ（15°～25°）、Ⅳ（25°～35°）、Ⅴ（>35°）。研究区的坡度大于 35°占了大部分区域，坡度整体特征是较陡峭，河流的流向和形态受到坡度的影响，河流发育于四周流向中部区域，呈树枝状的形态特征。

（3）pH。以黎山村、九龙村、红岩村、宝桃村和西河村一线为界，土壤 pH 空间分布特征呈现西部为 6.0～7.0，属于中性土壤，东部为 7.0～8.0，属于偏碱性土壤，整体呈现从东部到西部 pH 增大。但金鼓村出现土壤 pH 低于 5.5 的地区，该区域为北川县禹露茶业有限公司有机茶叶种植示范基地，偏酸性的土壤更适合茶树的生长，因此该区域的土壤 pH 偏酸性，存在一定的特殊性；陈家坝镇的土壤 pH 偏碱性区域较大，主要原因为居住人口较多，经常耕作施用农家肥、草木灰等使土壤酸碱度偏碱性，对于土壤酸碱度的影响较大，石灰性土壤对于作物生长的影响较大，必要时可施用酸性肥料或熟制的粪便等改良土壤酸碱度。土壤 pH 影响土壤的肥力质量，甚至会影响植物的发育和生长状况等（张维等，2015）。土壤类型、成土母质和土地利用方式是对土壤 pH 有显著影响的主要因素。运用 ArcGIS 中的反距离加权插值法对 pH 进行插值分析，根据九大农区及省级耕地质量监测指标分级标准，将土壤 pH 划分为 5 类：Ⅰ（6.0～7.0）、Ⅱ（5.5～6.0）、Ⅲ（7.0～8.0）、Ⅳ（<5.5）、Ⅴ（>8.0）。

（4）有机质。土壤有机质含量是衡量土壤肥力质量的重要指标，会影响土壤的肥力质量与生产力（于雷等，2015），土壤有机质具有空间异质性，因而研究土壤有机质的含量对农业生产与生态环境保护都具有重要意义。陈家坝镇有机质含量的空间分布特征呈现出由南向北逐渐增加的特征，对有机质含量变化产生显著影响的因素是岩性与海拔（张玲娥，2014）。其中，有机质含量小于 10g/kg 的区域海拔较高，植被覆盖度较低，岩性主要为砂岩，故有机质含量偏低。陈家坝镇北部的永平村、太洪村、黎山村和县林场有机质含量大于 35g/kg，原因是该区域有种植药材和农业生产活动，人为施肥会影响当地的有机质含量。根据第二次土壤污染调查与九大农区标准，陈家坝镇的有机质含量（g/kg）分为 5 级：Ⅰ（>35）、Ⅱ（25～35）、Ⅲ（15～20）、Ⅳ（10～15）、Ⅴ（<10）。

（5）有效磷。磷元素是提高作物产量的重要元素之一，土壤有效磷含量影响作物的生长发育时，人们在生产过程中会施用磷肥来提高土壤有效磷含量，进而提高农作物的产量。但过量施用磷肥会使有效磷含量超过所需量，磷肥的浪费和水体富营养化等问题随之出现。因此，合理施用磷肥对作物增产有一定影响，而且对土壤肥力质量也有意义（康明敏，2019）。如图 7-5-1 所示，陈家坝镇土壤有效磷的空间分布呈现东南低、西北高的特征，土壤有效磷含量为 10～25mg/kg 的区域分布最广，占该镇面积的 2/3，其次是含量为 25～40mg/kg 的区域，分布在宝桃村、九龙村、黎山村与县林场等区域。若有效磷含量低于 5mg/kg，土壤会出现严重缺磷的现象，陈家坝镇有效磷含量低于 5mg/kg 的区域位于永平村区域内，该区域位于杨家沟滑坡，地质灾害频发，加上碳质页岩分布广，不利于耕作。有效磷含量高于 40mg/kg 的区域在九龙村，该村居住人口较多，种植作物时施肥较多，改善土壤的肥力，使有效磷含量较高，区域内的土壤黏性大，含水量高，有机质高，适合作物的生长，如高山蔬菜等。依据九大农区的分类标准，土壤有效磷含量(mg/kg)分为 5 级：Ⅰ（>40）、Ⅱ（25～40）、Ⅲ（10～25）、Ⅳ（4～10）、Ⅴ（<5）。

(6) 速效钾。土壤的速效钾是对植物生长发育最有效的钾，其含量能反映土壤可供给植物利用的钾元素含量的水平和土壤的钾素肥力状况(康明敏，2019)，速效钾的含量对作物产量和品质有影响，不少学者认为土壤速效钾含量会影响生态环境的安全(张玲娥等，2014)。据图 7-5-1，研究区的速效钾空间分布呈现西南、东北两端低，中间高的特征。速效钾含量最低出现在西河村范家坝地区，由于靠近都坝河流域，在雨季经常被雨水冲刷，钾元素容易被淋溶，导致含量最低。含量最高的地区位于九龙村境内，该区域的土壤为黏土，含水量高，故速效钾的含量偏高，能达到作物生长的需求，不存在植物缺钾的现象。依据九大农区的分类标准，陈家坝镇速效钾含量(mg/kg)可分为 5 类：Ⅰ（>100）、Ⅱ（75～100）、Ⅲ（50～75）、Ⅳ（30～50）、Ⅴ（<30）。

(7) 水系分布。通过资料收集与走访调查获得了水系分布图，运用欧式距离获得距离河流的分布图。从图 7-5-1 可知，水系分布呈现树枝状，支流沟谷众多。水资源对于生产生活都具有很大的影响，居民点分布也与河流水系的分布息息相关。但河流两岸受到河水的冲刷与侵蚀等，都坝河流域两岸河坝区变宽，汛期的洪水使得河流两岸居民的生活受到困扰，特别是对公路的影响。因此，综合全面的考虑之后，利用距河流的距离来划分等级，分为 5 种：Ⅰ（>1400m）、Ⅱ（600～1400m）、Ⅲ（200～600m）、Ⅳ（100～200m）、Ⅴ（<100m）。

(8) 降水量。降水丰富但分布不均，降水集中在 7～8 月，多暴雨天气，易发生地质灾害，其余时期降水差异小(陈博宁，2010)。研究区年平均降水量的空间分布呈西北—东南逐渐增加，根据研究区的气象特征分析，降水量越丰富的地区，人居环境适宜性就会越差(图 7-5-1)。因此，将研究区的降水量划分为 5 个等级：Ⅰ（<1425mm）、Ⅱ（1425～1430mm）、Ⅲ（1430～1435mm）、Ⅳ（1435～1440mm）、Ⅴ（>1440mm）。

(9) 地质构造。陈家坝镇位于北川县东南面，位于龙门山断裂带边缘地区。北川断裂(图 7-5-1)由四条断层构成，北西—南东向延伸的错断从中贯穿全镇，给陈家坝镇的人居环境带来了重大的影响。地质构造对于人居环境的影响很大，特别是断裂带会改变岩石的结构与年代，为滑坡、泥石流等地质灾害提供了物源。利用欧式距离分析得到距离断层的分布图，依据断裂的空间分布情况，距离断层越远，受到的影响就越小，反之影响越大，将距离断层划分为5个等级：Ⅰ（>3600m）、Ⅱ（1800～3600m）、Ⅲ（900～1800m）、Ⅳ（300～900m）、Ⅴ（<300m）。

(10) 地质灾害点密度。北川断裂带贯穿全镇区域，整体呈带状分布，该区域的地质灾害主要包括滑坡、泥石流与崩塌，通过核密度分析对地质灾害进行了密度分析，邻域半径越小，则在搜索半径范围内，空间点密度的变化幅度就越大，变化更为突兀和具体，反之，半径越大，生成密度结果越平滑，但容易忽略密度变化，最终得到地质灾害点的核密度分布图(图 7-5-2)。根据核密度分析结果和自然间断点法，将地质灾害点密度划分为 5 个等级：Ⅰ（<0.5）、Ⅱ（0.5～1）、Ⅲ（1～2）、Ⅳ（2～3）、Ⅴ（>3）。

（11）岩性。陈家坝镇的岩性以白云岩、灰岩、板岩、粉砂岩、千枚岩、泥岩与页岩七大类型为主（图 7-5-2）。根据岩石的性质可知，白云岩与灰岩较坚硬，不易发育地质灾害，其次是板岩；页岩与泥岩最为松软，在北川断裂带的影响以及河流的冲刷下，极易发育地质灾害，地质灾害点密度最大，千枚岩次之，千枚岩的面积较大，约占该镇的 1/3，粉砂岩的面积占 1/2。依据岩石坚硬程度划分为 5 个等级：Ⅰ（白云岩、灰岩）、Ⅱ（板岩）、Ⅲ（粉砂岩）、Ⅳ（千枚岩）、Ⅴ（页岩、泥岩）。

（12）居民点密度。在 ArcGIS10.2 软件中，根据陈家坝镇居民点数据，选取 Spatial Analyst 中的核密度分析工具进行居民点核密度估计，核密度估计值越高，表示农村居民点空间用地密度越大，在此搜索半径下居民点核密度分布图的效果较好，依据自然间断点的分级法（图 7-5-2），将核密度估计值划分为 5 个等级：Ⅰ（>20）、Ⅱ（15～20）、Ⅲ（10～15）、Ⅳ（5～10）、Ⅴ（<5）。

（13）交通便捷度。交通便捷度会直接影响当地居民与外界的沟通与出行，也会对当地的经济发展带来影响，便捷度越高，居民的出行越便利，为经济的发展带来了机遇。从图 7-5-2 可知，陈家坝镇的交通网密度较大，达到了村村通和户户通，整体上交通较为便利，但存在省道的车流量较大，是出行较远的必经之路，若遇到道路出现问题，交通还是存在问题。交通便捷度采用距离道路远近来衡量，分为 5 类：Ⅰ（<200m）、Ⅱ（200～600m）、Ⅲ（600～1000m）、Ⅳ（1000～1400m）、Ⅴ（>1400m）。

3. 评价指标体系的建立

评价指标的选取与分析是陈家坝镇人居环境适宜性评价的关键部分，直接关系到评价结果是否合理与有效。若所选取的指标不够全面和不符合当地环境状况，那么评价所得的结果就没有太大的价值和意义。因此评价指标体系建立的过程中，要结合当地的人居环境特点与前人创建的指标体系，全面综合考虑将陈家坝镇人居环境适宜性分为 5 类，每一类的适宜性等级具有不同的特征（表 7-5-3）。

表 7-5-3　人居环境适宜性评价体系

准则层	指标层	适宜性分区				
		适宜（Ⅰ）	较适宜（Ⅱ）	一般适宜（Ⅲ）	较不适宜（Ⅳ）	不适宜（Ⅴ）
地形地貌	高程/m	<700	700～900	900～1000	1000～1500	>1500
	坡度/(°)	<6	6～15	15～25	25～35	>35
土壤肥力质量	pH	6.0～7.0	5.5～6.0	7.0～8.0	<5.5	>8.0
	有机质/(g/kg)	>35	25～35	15～20	10～15	<10
	有效磷/(mg/kg)	>40	25～40	10～25	5～10	<5
	速效钾/(mg/kg)	>100	75～100	50～75	30～50	<30
水文气象	水系分布/m	>1400	600～1400	200～600	100～200	<100
	降水量/mm	<1420	1420～1425	1425～1430	1430～1440	>1440
地质条件	地质构造/m	>4800	2400～4800	1200～2400	600～1200	<600
	地质灾害点密度	<0.5	0.5～1	1～2	2～3	>3
	岩性	白云岩、灰岩	板岩	粉砂岩	千枚岩	页岩、泥岩

准则层	指标层	适宜性分区				
		适宜(Ⅰ)	较适宜(Ⅱ)	一般适宜(Ⅲ)	较不适宜(Ⅳ)	不适宜(Ⅴ)
人类活动	居民点密度/(个/ha)	>35	25～35	15～25	5～15	<5
	交通便捷度/m	<200	200～600	600～1000	1000～1400	>1400

7.5.3　评价指标的计算

1. 评价指标权重的计算

根据前文的人居环境现状特征研究以及指标选取分析，在评价原则的指导下，运用 AHP，建立陈家坝镇人居环境适宜性评价指标模型层次结构，包含 5 个准则层、13 个指标层(表 7-5-4)。

表 7-5-4　人居环境适宜性评价指标模型层次结构

目标层(A)	准则层(B)	指标层(C)
龙门山地灾易发区人居环境适宜性评价与调控——以都坝河流域陈家坝镇为例(A)	地形地貌(B_1)	高程(C_1)
		坡度(C_2)
	土壤肥力质量(B_2)	pH(C_3)
		有机质(C_4)
		有效磷(C_5)
		速效钾(C_6)
	水文气象(B_3)	水系分布(C_7)
		降水量(C_8)
	地质条件(B_4)	地质构造(C_9)
		地质灾害点密度(C_{10})
		岩性(C_{11})
	人类活动(B_5)	居民点密度(C_{12})
		交通便捷度(C_{13})

现将地形地貌(B_1)、土壤肥力质量(B_2)、水文气象(B_3)、地质条件(B_4)与人类活动(B_5)5 个准则层的指标两两之间进行比较，以层次分析定权法的判断矩阵标度为判断标准，构造一个 A、B_1、B_2、B_3、B_4 和 B_5 判断矩阵。

(1)目标层 A 包含的 5 个评价指标因素，对目标层 A 构建判断矩阵，见表 7-5-5。据表 7-5-5 的判断矩阵可知，影响陈家坝镇人居环境适宜性评价的 5 个因素中，地质条件 B_4 的权重值最大，其次是水文气象 B_3，最小是人类活动 B_5。因此，地质条件因素对于人居环境适宜性评价最为重要，人类活动因素影响最小。

表 7-5-5　A-B 判断矩阵

A	B_1	B_2	B_3	B_4	B_5	W_i
B_1	1	2	2	1/2	2	0.2373
B_2	1/2	1	1/3	1/3	1/2	0.0875
B_3	1/2	3	1	1/2	2	0.1937
B_4	2	3	2	1	3	0.3588
B_5	1/2	2	1/2	1/3	1	0.1226

(2)准则层 B 包含的评价指标为地形地貌(B_1)、土壤肥力质量(B_2)、水文气象(B_3)、地质条件(B_4)与人类活动(B_5)。依据陈家坝镇当地人居环境现状,将地形地貌(B_1)分为高程与坡度 2 个评价指标;土壤肥力质量(B_2)分为 pH、有机质、有效磷和速效钾 4 个评价指标;水文气象(B_3)分为水系分布和降水量 2 个评价指标;地质条件(B_4)包含有地质构造、地质灾害点密度和岩性 3 个评价指标;人类活动(B_5)分为居民点密度和交通便捷度 2 个评价指标。依据表 7-5-1 的标度判断,两两比较得到准则层的权重,得到 B_1 准则层的判断矩阵,见表 7-5-6。

表 7-5-6　B_1-C 判断矩阵

B_1	C_1	C_2	W_i
C_1	1	1/2	0.3333
C_2	2	1	0.6667

对 B_2 构建判断矩阵,见表 7-5-7。

表 7-5-7　B_2-C 判断矩阵

B_2	C_3	C_4	C_5	C_6	W_i
C_3	1	1/3	1/2	1/2	0.1190
C_4	3	1	3	2	0.4512
C_5	2	1/3	1	1/2	0.1689
C_6	2	1/2	2	1	0.2609

对 B_3 构建判断矩阵,见表 7-5-8。

表 7-5-8　B_3-C 判断矩阵

B_3	C_7	C_8	W_i
C_7	1	1/2	0.3333
C_8	2	1	0.6667

对 B_4 构建判断矩阵,见表 7-5-9。

表 7-5-9 B₄-C 判断矩阵

B₄	C₉	C₁₀	C₁₁	W_i
C₉	1	3	2	0.5396
C₁₀	1/3	1	1/2	0.1634
C₁₁	1/2	2	1	0.2970

对 B₅ 构建判断矩阵，见表 7-5-10。

表 7-5-10 B₅-C 判断矩阵

B₅	C₁₂	C₁₃	W_i
C₁₂	1	1/2	0.3333
C₁₃	2	1	0.6667

(3)综合权重计算并得到准则层的总排序，从而得到各因子所占权重值。运用 Excel 计算判断矩阵的每行元素的乘积 M_i 并求和（黄立华等，2015）。计算每一个评价因子的 M_i 在和数中所占的比例就是各评价因子的权重 W_i。综合权重值等于各准则层权重与各指标所占的权重值进行相乘（张峻侨，2019）（表 7-5-11）。

表 7-5-11 人居环境适宜性层次总排序

目标层(A)	权重	准则层(B)	权重	指标层(C)	权重(W_i)	综合权重
龙门山地灾易发区人居环境适宜性评价与调控——以都坝河流域陈家坝镇为例	1	地形地貌(B₁)	0.2373	高程(C₁)	0.3333	0.0791
				坡度(C₂)	0.6667	0.1582
		土壤肥力质量(B₂)	0.0875	pH(C₃)	0.1190	0.0104
				有机质(C₄)	0.4512	0.0395
				有效磷(C₅)	0.1689	0.0148
				速效钾(C₆)	0.2609	0.0228
		水文气象(B₃)	0.1937	水系分布(C₇)	0.3333	0.0646
				降水量(C₈)	0.6667	0.1292
		地质条件(B₄)	0.3588	地质构造(C₉)	0.5396	0.1936
				地质灾害点密度(C₁₀)	0.1634	0.0586
				岩性(C₁₁)	0.2970	0.1065
		人类活动(B₅)	0.1226	居民点密度(C₁₂)	0.3333	0.0409
				交通便捷度(C₁₃)	0.6667	0.08181

(4)判断矩阵一致性的检验。运用 Excel 中的 MMULT 函数来计算判断矩阵的最大特征根 λ_{max}，再依据公式(7-5-1)计算出一致性指标。通过一致性指标值得到 2 阶到 5 阶判断矩阵的 RI 值，分别为 0.00、0.58、0.90、1.12。计算得出 A-B 判断矩阵、B₁-C 判断矩阵、B₂-C 判断矩阵、B₃-C 判断矩阵、B₄-C 判断矩阵和 B₅-C 判断矩阵的一致性比率 CR 分别为

0.0357、0.0000、0.0266、0.0000、0.0088 和 0.0000。

$$CR = \frac{CI}{RI} \qquad (7-5-1)$$

式中，CR 是一致性比率；CI 是一致性指标；RI 是随机一致性指标。

当 CR<0.10 时才能通过一致性检验。由以上结果可知，CR=0.0319<0.10，表明陈家坝镇人居环境适宜性评价的判断矩阵一致性是可以接受的，具有令人满意的一致性。

2. 多级模糊综合评价隶属度向量计算

(1)评语集的建立。结合陈家坝镇人居环境现状特征研究结果，设 $u=\{u_1,u_2,u_3,\cdots,u_n\}$ 为指标集，$V=\{V_1,\ V_2,\ V_3,\ V_4,\ V_5\}=\{$适宜，较适宜，一般适宜，较不适宜，不适宜$\}$ 为评语集，并赋值向量 C，即 $C=\{5,4,3,2,1\}$。

(2)隶属度计算。通过 10 位专家对二级评判指标的评价，对其进行打分，分为不适宜(1 分)、较不适宜(2 分)、一般适宜(3 分)、较适宜(4 分)、适宜(5 分)。根据公式(7-5-2)得到第三级每个因子的隶属度向量。

$$R_{ij} = \frac{r}{R} \qquad (7-5-2)$$

式中，r 是评价者对第 i 项因子得出 j 项评语的人数；R 为参加评价的总人数。

首先向 10 位专家老师发放"都坝河流域陈家坝镇人居环境适宜性评价专家评价表"，然后通过对专家老师反馈的每一项评分结果进行计算，根据公式(7-5-2)得出每一项评分结果所占的比例(即指标层中每一项专家所给的每一个分值数量/10)得出一级隶属度矩阵(表 7-5-12)。

表 7-5-12　隶属度矩阵表

目标	评价准则	评价指标	适宜	较适宜	一般适宜	较不适宜	不适宜
龙门山地灾易发区人居环境适宜性评价与调控——以都坝河流域陈家坝镇为例	地形地貌	高程	0.20	0.40	0.30	0.10	0.00
		坡度	0.20	0.30	0.30	0.20	0.00
	土壤肥力质量	pH	0.40	0.30	0.20	0.10	0.00
		有机质	0.50	0.20	0.30	0.00	0.00
		有效磷	0.40	0.20	0.40	0.00	0.00
		速效钾	0.50	0.10	0.40	0.00	0.00
	水文气象	水系分布	0.20	0.30	0.10	0.20	0.20
		降水量	0.00	0.20	0.40	0.10	0.30
	地质条件	地质构造	0.00	0.10	0.40	0.50	0.00
		地质灾害点密度	0.00	0.20	0.30	0.50	0.00
		岩性	0.10	0.30	0.20	0.40	0.00
	人类活动	居民点密度	0.30	0.20	0.20	0.30	0.00
		交通便捷度	0.40	0.30	0.20	0.10	0.00

3. 多级模糊综合评价

(1) 一级模糊综合评价。一级模糊综合评价主要是对地形地貌、土壤肥力质量、水文气象、地质条件和人类活动 5 个因子进行评价。根据表 7-5-12 可知，陈家坝镇地形地貌的隶属度矩阵为

$$R = \begin{bmatrix} 0.20 & 0.40 & 0.30 & 0.10 & 0.00 \\ 0.20 & 0.30 & 0.30 & 0.20 & 0.00 \end{bmatrix}$$

从表 7-5-12 可知，地形地貌的权重向量为 $W = \begin{bmatrix} 0.3333 & 0.6667 \end{bmatrix}$，当已知评价指标的权重向量 W 和模糊矩阵 R 时，根据模糊数学关系的合成运算公式(7-5-3)得到模糊评价集 B：

$$B = W \times R \tag{7-5-3}$$

式中，B 为人居环境适宜性模糊矩阵；W 为 13 个评价指标的权重向量值；R 为其模糊矩阵。因此，依据公式(7-5-3)可得到地形地貌模糊评价集，即为 B_1 矩阵。

$$\begin{aligned} B_1 &= \begin{bmatrix} 0.3333 & 0.6667 \end{bmatrix} \times \begin{bmatrix} 0.20 & 0.40 & 0.30 & 0.10 & 0.00 \\ 0.20 & 0.30 & 0.30 & 0.20 & 0.00 \end{bmatrix} \\ &= \begin{bmatrix} 0.2000 & 0.3333 & 0.3000 & 0.1667 & 0.0000 \end{bmatrix} \end{aligned}$$

同理可得出土壤肥力质量、水文气象、地质条件和人类活动的模糊评价集。

土壤肥力质量模糊评价集 $B_2 = \begin{bmatrix} 0.4712 & 0.1858 & 0.3311 & 0.0119 & 0.0000 \end{bmatrix}$；

水文气象模糊评价集 $B_3 = \begin{bmatrix} 0.0667 & 0.2333 & 0.3000 & 0.1333 & 0.2667 \end{bmatrix}$；

地质条件模糊评价集 $B_4 = \begin{bmatrix} 0.0297 & 0.1757 & 0.3243 & 0.4703 & 0.0000 \end{bmatrix}$；

人类活动模糊评价集 $B_5 = \begin{bmatrix} 0.3667 & 0.2667 & 0.2000 & 0.1667 & 0.0000 \end{bmatrix}$。

(2) 二级模糊综合评价。陈家坝镇人居环境适宜性评价主要是对地形地貌、土壤肥力质量、水文气象、地质条件和人类活动 5 个评价指标的评价。

$$A = W \times R \tag{7-5-4}$$

式中，A 为陈家坝镇人居环境适宜性模糊矩阵；W 为 5 个二级指标的权重向量值；R 为其模糊矩阵，由一级模糊综合评价所计算得出的 B_1、B_2、B_3、B_4 和 B_5 组成。

依据公式(7-5-4)，可得到陈家坝镇人居环境适宜性评价结果矩阵 A，结果如下：

$$\begin{aligned} A &= \begin{bmatrix} 0.2800 & 0.0692 & 0.1334 & 0.4591 & 0.0582 \end{bmatrix} \times \begin{bmatrix} 0.2000 & 0.3333 & 0.3000 & 0.1667 & 0.0000 \\ 0.4712 & 0.1858 & 0.3311 & 0.0119 & 0.0000 \\ 0.0667 & 0.2333 & 0.3000 & 0.1333 & 0.2667 \\ 0.0297 & 0.1757 & 0.3243 & 0.4703 & 0.0000 \\ 0.3667 & 0.2667 & 0.2000 & 0.1667 & 0.0000 \end{bmatrix} \\ &= \begin{bmatrix} 0.1572 & 0.2363 & 0.2991 & 0.2556 & 0.0517 \end{bmatrix} \end{aligned}$$

7.5.4　人居环境适宜性分析

1. 综合评价结果

根据上述多级模糊综合评价，经过计算得到了陈家坝镇人居环境适宜性综合评价集

A、B_1、B_2、B_3、B_4 和 B_5，由于各评价集的矩阵都包含了 5 个评价语，即{适宜、较适宜、一般适宜、较不适宜、不适宜}的隶属度，但从评价语中不易区分出人居环境适宜性评价中的优势指标，因此在确定评语集时赋值，得到向量 C={5、4、3、2、1}。

都坝河流域陈家坝镇的人居环境整体较为复杂，受到多个指标的影响，主要包括地形地貌、土壤肥力质量、水文气象、地质条件以及人类活动，这些评价指标在该区域空间上都呈现出分布不均的状况，因此各个指标对于陈家坝镇人居环境适宜性的影响程度存在差异。运用层次分析法和模糊数学综合评价两种方法对陈家坝镇人居环境适宜性进行评价，最终评价划分以综合评价值为标准（表 7-5-13）。

表 7-5-13　综合评价值与适宜性标准

综合评价值	适宜性等级标准
<2	不适宜区
2~3	较不适宜区
3~4	一般适宜区
4~5	较适宜区
>5	适宜区

依据式（7-5-5）计算得出综合评价值，从而通过数值的大小看出人居环境适宜性评价中各指标的重要性以及适宜性情况（表 7-5-14）。

$$Z=Z_n\times C^{\mathrm{T}} \tag{7-5-5}$$

式中，Z 为人居环境适宜性的综合评价值；Z_n 为模糊评价子集，如 A、B_1、B_2、B_3、B_4、B_5；C^{T} 是指对向量 C 矩阵的转置，利用 Excel 中的 Transpose 函数完成矩阵的转置，如原始矩阵为 1 行 5 列，转置后变为 5 行 1 列。

表 7-5-14　综合评价得分值

目标层（A）	综合评价值	准则层（B）	综合评价值
龙门山地灾易发区人居环境适宜性评价与调控——以都坝河流域陈家坝镇为例	3.1915	地形地貌（B_1）	3.5667
		土壤肥力质量（B_2）	4.1163
		水文气象（B_3）	2.7000
		地质条件（B_4）	2.7648
		人类活动（B_5）	3.8334

表 7-5-14 计算结果显示，整体上陈家坝镇人居环境适宜性属于一般适宜区，分数为 3.1915。综合评价值最大值为土壤肥力质量指标，分数为 4.1163，适宜性属于较适宜区，其次是人类活动与地形地貌指标，分别为 3.8334 和 3.5667，属于一般适宜区，地质条件和水文气象指标的综合评价值均处于 2~3，属于较不适宜区。

地形地貌指标属于一般适宜区，坡度对于人居环境的影响较大，是地形地貌中的重要因素，坡度大，地质灾害频发，带来重大的安全威胁，故坡度指标的权重高于高程。从土壤肥力质量上来看，总体属于较适宜区，有机质含量对其他元素的含量有一定的影响，因此有机质的权重值高于 pH、有效磷与速效钾。水文气象的综合评价值属于较不适宜区，降水量的权重高于水系分布指标，是由于该区域位于暴风雨中心，汛期时期降水量大，造成地质灾害的发生以及洪水灾害，其次是居民点多位于都坝河的两岸，当河流水量较大时会发生洪水淹没房屋和冲毁道路等。从地质条件来说，该区域受地质构造、地质灾害点密度、岩性三个指标的影响，地质构造的权重最大，高于岩性和地质灾害点密度，主要原因是北川断裂带造成柔软岩石(泥岩、页岩)破碎，为地质灾害提供了许多物源，地质灾害多发育，地质灾害点密度大。从人类活动来看，人居环境适宜性属于一般适宜区，交通便捷度的权重高于居民点密度，对于人居环境来说，居住的人越多，说明人居环境适宜性越高，因此居民点密度越高，其适宜性就越高；交通便捷度主要通过距离道路的远近来判断，陈家坝镇的交通网密度大，居民点距离道路越近，人居环境适宜性就越高。

　　按照综合评定的标准，将陈家坝镇人居环境适宜性划分为 5 个等级。利用 ArcGIS 中的加权叠加分析功能，将 13 个评价指标赋权重，然后叠加分析，最终得到都坝河流域陈家坝镇人居环境适宜性评价的分区图(图 7-5-3)，并对陈家坝镇人居环境适宜性分区的面积和占总面积的比例进行统计分析。

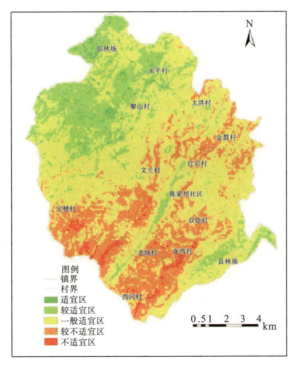

图 7-5-3　人居环境适宜性分区图

　　根据表 7-5-15 可知，都坝河流域陈家坝镇人居环境属一般适宜区的面积最大，共 61.222km²，占总面积比例达到 51.47%，分布广且集中连片，该镇的居民点多集中于此区域；其次是较不适宜区，共 28.954km²，占总面积的 24.34%，集中分布在都坝河流域两岸和北川断裂带经过的附近区域，主要集中在西河村、老场村、龙湾村和宝桃村，其他村零散分布。然后是较适宜区，区域面积为 25.849km²，占总面积的 21.73%，集中分布在九龙村、黎山村、永平村、县林场与都坝河流域附近，该区域分布的居民点较多；适宜区与不适宜区的面积都较小，分别为 1.756km²、1.164km²，约占总面积的 1.48% 和 0.98%，适宜区域与较适宜区的分布相似，分布面积较小且较为零散，主要集中在陈家坝镇的北部区域，不适宜区分布在西河村、龙湾村和宝桃村，该区域主要在都坝河两岸的陡坡区域，北川断裂带从中穿过，受到地质构造影响大，容易发生泥石流和滑坡，因此该区域属于不适宜区。

表 7-5-15　人居环境适宜性分区统计表

参数	适宜区	较适宜区	一般适宜区	较不适宜区	不适宜区
面积/km²	1.756	25.849	61.222	28.954	1.164
占总面积比例/%	1.48	21.73	51.47	24.34	0.98

2. 适宜性分区特征

根据上述陈家坝镇人居环境适宜性的统计表和适宜性分区图可知，13 个评价指标利用 ArcGIS 软件对各个指标进行了分级分析，然后将全部指标分级图进行加权叠加分析，最终得到陈家坝镇人居环境适宜性分区图，主要分为适宜区、较适宜区、一般适宜区、较不适宜区以及不适宜区 5 个区域，并在分区图中通过不同的颜色进行可视化显示。

(1)适宜区。适宜区的面积小且零散地分布，主要分布在陈家坝镇的北部区域，包含有九龙村、黎山村、永平村以及县林场四个区域。该区域的地形地貌中，高程在 900m 以上，坡度在 15° 以下，虽高程较不适宜，但坡度为适宜区，坡度的权重高于高程，所以整体地形地貌属较适宜区；土壤肥力质量条件中，pH 在 6.0～8.0，有机质含量高于 10g/kg，有效磷含量在 10mg/kg 以上，速效钾含量大于 30mg/kg，主要集中分布在 50～75mg/kg，有机质的权重高于其他因素，所以土壤肥力属于较适宜区；从水文气象方面来看，该区域距离河流 200～1400m，降水量低于 1425mm，降水量权重高于水系分布，水文气象属于适宜区；从地质条件方面来看，距离北川断裂带大于 1200m，地质灾害点密度主要分布在低于 0.5 的区域，岩石类型主要是千枚岩，小区域分布为白云岩、灰岩，地质条件属适宜区；人类活动方面，居民点密度低于 15，距离道路在 1000m 以内，整体属于较适宜区。

该区域的地形属中山但坡度平缓，土壤有机质含量高，距离河流较远，不容易发生洪灾，距离北川断裂带较远，受到断裂带的影响较少，加上该区域的岩石类型为千枚岩和少量的白云岩与灰岩，地质灾害点密度较低，该区域不容易产生地质灾害，居民点密度较高，多居民点分布，距离道路较近，交通便捷度高，日常出行较为方便。总体上该区域人居环境适宜性属于适宜区。

(2)较适宜区。较适宜区的分布面积较广，主要分布在都坝河流域附近和两侧区域，集中分布且面积大，西北侧主要在永平村、黎山村、九龙村及县林场区域，都坝河流域附近呈现条带状分布特征。该区域的地形地貌中，大部分区域在 1000m 以上，都坝河流域附近在 700m 以下，坡度在 6°～25°；土壤肥力质量条件中，pH 在 6.0～8.0，有机质含量分布广，大部分在 15mg/kg 以上，有效磷含量为 10mg/kg 以上，速效钾含量为 30mg/kg

以上；从水文气象方面来看，都坝河流域在 100m 以内，西北侧的区域距离河流 100～1400m，分布面积广，东南侧的区域距离河流在 600m 以上，降水量分布广，集中在 1425mm 以下，其余在不断增加，特别是东南部的区域降水量高于 1440mm；地质条件方面来看，距离北川断裂带除了都坝河流域附近区域在 600m 以内，其余区域在 600m 以上，地质灾害点密度大部分分布在 0.5 以下，小部分区域在 0.5 以上，岩石类型主要是千枚岩，其次是粉砂岩，其余类型也零散分布；人类活动方面，居民点密度大于 15，距离道路在 1000m 以内，集中分布在 200m 以内。

该区域的地形属低中山但坡度为缓坡，土壤肥力质量高，大部分区域距离河流较远，距离北川断裂带较近不易受到河流和断裂带的影响，小部分区域在河流附近，且距离北川断裂带较近，受到影响较小，加上该区域的岩石类型主要是粉砂岩和千枚岩等，较为坚硬，地质灾害点密度较低，不易产生地质灾害，居民点密度较高，交通便捷度较高，总体上该区域人居环境适宜性属于较适宜区。

(3) 一般适宜区。一般适宜区的分布面积最广，研究区内广布且集中连片的特征，包含区域有陈家坝镇各个村以及县林场区域。该区域的地形地貌中，高程差大，坡度在 15°～25°；土壤肥力质量较好；从水文气象方面来看，该区域距离河流较近，主要在低于 1400m 区域，降水量分布广；从地质条件方面来看，距离北川断裂带在 600～4800m 的区域，地质灾害点密度主要小于 0.5，另一部分则是大于 0.5，岩石类型多样，板岩、粉砂岩分布较广，其次是千枚岩、白云岩、灰岩；人类活动方面，该区域的居民点密度主要分布在较大的范围，小部分区域低于 5，距离道路主要在 1400m 以内，小部分高于 1400m。

该区域的高程差大，坡度以中坡为主，土壤有机质含量以及其余土壤肥力指标都能达到较适宜的质量，该区域的分布面积广，降水量和距离河流的距离小，存在一部分距离较河流和断裂带小的区域，该区域的居民点容易受到影响，地质灾害频发，岩石类型多样，有板岩、粉砂岩等，该区域有居民点分布，距离道路较近，出行便利，人居环境适宜性属于一般适宜区。

(4) 较不适宜区。较不适宜区的分布较为集中，呈现团块状分布，包含区域有宝桃村、西河村、老场村、龙湾村、双垭村以及小部分的红岩村、金鼓村和文兰村等。该区域的地形地貌中，高程主要在 1500m 以下，坡度在 15°～35°；土壤肥力质量条件中，pH 在 6.0～8.0，也包含低于 5.5 的区域，有机质含量从南到北增大，高于 35mg/kg 的区域分布小，有效磷含量主要集中在 10～25mg/kg，小部分在 25～40mg/kg，速效钾含量两端低中间高，两端主要在 30～75mg/kg，中间主要在 50～75mg/kg；从水文气象方面来看，该区域距离河流低于 1400m，降水量集中在 1425～1440mm，其中 1435～1440mm 分布最广；从地质条件方面来看，距离北川断裂带在 2400m 以内的区域，600m 以内的范围最广，地质灾害频发，因此地质灾害点的密度大部分低于 0.5，岩石类型粉砂岩分布广，小部分区域为页岩、泥岩；人类活动方面，居民点密度低于 15，居民点较少，距离道路在 1400m 以内，省道分布于该区域，交通网络分布广，都坝河流域西北侧区域道路分布少，因此都集中在 1000～1400m。

该区域的地形地貌平坦但坡度大，土壤有机质含量较为丰富，降水量偏多且距离河流近，遇到汛期天气，容易发生洪灾。距离北川断裂带较近，受到北川断裂带的影响较大，地质灾害频发，农村居民点分布少且不集中，都坝河西北侧的道路分布少，东南侧分布多，省道贯穿其中，整体上交通便捷度高，不仅加强内外交流，还促进经济等的发展，人居环境适宜性属于较不适宜区。

(5)不适宜区。不适宜区的分布面积最小，零散分布在西河村、老场村、龙湾村、宝桃村。该区域的地形地貌中，高程在1000～1500m，坡度在35°以上；pH在6.0～8.0，大部分在6.0～7.0，有机质含量集中在10～15mg/kg，小部分低于10mg/kg，有效磷含量在10～25mg/kg集中分布，速效钾含量在50～75mg/kg；水文气象方面，该区域距离河流在600m以内，降水量集中在1425～1440mm；从地质条件方面来看，距离北川断裂带在600～1200m的区域，断裂带从该区域穿过，受北川断裂带的影响大，地质灾害点密度低于0.5，页岩、泥岩分布广，小部分区域为粉砂岩；人类活动方面，居民点密度低于5，居民点分布少，距离道路200m以上，大于1400m的区域广，都坝河流域西北侧区域道路分布少，距离道路远。

该区域的地形为低中山，但坡度为极陡坡，土壤有机质含量不太丰富且有效磷、速效钾含量低，会影响到当地作物的产量，降水量偏多且距离河流近。北川断裂带由该区域穿过，该区域主要受到北川断裂带的影响，加上岩石类型为较柔软的泥岩和页岩，地质灾害频发且有大型地质灾害，农村居民点分布少且集中，距离道路远，交通不便捷，不利于居民的生产生活，因此人居环境适宜性属于不适宜区。

7.6 都坝河流域陈家坝镇人居环境适宜性调控

实施乡村振兴战略，改善人居环境是基本任务之一，特别是龙门山地灾易发区的人居环境，人居环境适宜性评价显得尤为重要。由于陈家坝镇各区域所处的自然资源条件和社会经济条件不同，针对不同区域的人居环境适宜性区域的特征，有针对性地提出不同的调控模式才能更好地保证陈家坝镇新农村建设与乡村振兴战略的实施(李向东，2015)。本节结合上述陈家坝镇人居环境适宜性的等级和区域的划分，全面综合地考虑陈家坝镇发展过程中的可操作性，提出三种不同的调控发展模式(图7-6-1)。

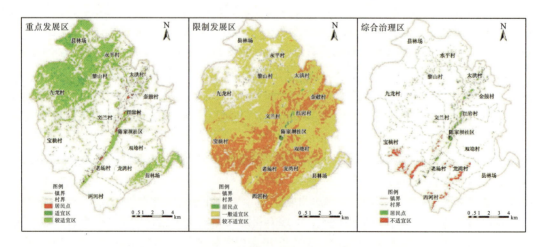

图7-6-1 研究区人居环境适宜性调控发展模式分区图

7.6.1　重点发展模式

陈家坝镇重点发展模式是基于人居环境适宜性为适宜区和较适宜区提出的,行政村主要集中在九龙村、黎山村、永平村以及县林场等区域。该发展模式分布面积广,北侧区域集中连片分布,都坝河流域附近呈带状分布,东南侧的县林场区域分布少且分散,结合当地的影响因素情况,此区域受到地质条件的影响小,土壤肥力质量现状有利于当地发展重大产业,加上该区域的坡度较低,地质灾害点密度小,结合各区域的资源条件和社会经济条件,评估该区域的发展潜力,提出重点发展的模式。

(1)重点保护县林场区域的林业种植。依据适宜性分区图可知,县林场的人居环境属于适宜区和较适宜区,该区域由于高程大于 1500m,不太适合居民点的安置和农作物的种植,可选育一些适合当地环境生长的经济林木,保护为主,保护植被覆盖度,减少水土流失,改善人类生存环境,打好蓝天保卫战。

(2)共建产业园区,产供销一体化。打造茶叶的农产品加工特色园区,该区域的人居环境总体适宜性较好,地质灾害较少,土壤肥力质量较好,交通道路条件有优势。该区域的海拔符合缓坡和中坡的条件,可以集中连片地建设产业种植园,分区域地种植不同种类的茶叶,建立茶叶种植示范基地,进而在该村建立产业发展园区,做到“六个统一”管理,最终做到产供销一体化的全链条产业,为当地的经济发展提供更好的发展途径。该区域土壤肥力质量高,加上政策扶持资金的投入,种植高山蔬菜与枇杷树、桃树等经济树木,建立产业园区,既可以防治水土流失,也可以带来经济收入,提高产业经济效益(李向东,2015)。

7.6.2　限制发展模式

陈家坝镇重点发展模式是基于人居环境适宜性为一般适宜区和较不适宜区提出的,该区域占据了陈家坝镇的大部分区域,主要是选择地质灾害点密度较大,距离河流和断裂带较近的区域以及地形地貌条件较不适宜的区域。针对此区域的发展,在保持原有发展的基础上进行限制性的发展。该区域占据了陈家坝镇大部分,对于陈家坝镇的发展有一定的影响,需要对此区域进行限制发展,既要保证不破坏当地现有的发展模式,也要在现有条件的基础上转变发展模式,提出适合当地的发展方向,使经济的发展和人地关系和谐相处。此区域的地形地貌呈现出多低中山的地貌,坡度多为中坡,可以利用地形优势,对低中山区域进行林地和农业相结合的模式,既可以减少水土流失,也可以使土地集中连片,提高土地利用率,大大地增加当地居民的收入,对实施乡村振兴有重要的作用。

(1)开发产业园区,加强农林畜的结合发展。打造藤椒树、青脆李与魔芋的种植示范基地,带动当地农民的积极性,带来了新技术,提高农业的产量与收入,进一步发展建立生产基地和产业园区,扩大影响力,发展生态示范的养殖业与农业相结合,如肉牛养殖和小规模的家庭农场模式等,养殖场所产生的粪便可作为农业种植土壤的肥料,既可以提高居民的收入水平,也可以提高农作物的产量。

（2）发展当地特色旅游产业。都坝河流域的东侧岩石类型较为坚硬，地质灾害极少发育，位于西河村的马家倒沟，有马家倒沟峡谷与瀑布等自然景观，可以打造避暑休闲胜地，建立马家倒沟旅游开发区。其次，加大宣传，综合规划当地现有的化石资源，开展沿线旅游。陈家坝化石资源散布众多，积极发展杨家沟、青林沟和马家倒沟沿线旅游业，让游客自己在旅游中寻找海百合化石和红珊瑚化石，提升游客旅游的主动性和乐趣。

（3）积极筹建地质公园。利用陈家坝镇地质遗迹资源，将现有老县城（永昌镇）地震遗址与陈家坝地质公园相结合，联合开发，打造老县城（永昌镇）—陈家坝镇国家地质公园。既保护了当地的地质遗迹资源，也进一步打响了陈家坝镇的招牌，有利于旅游业等的宣传，进一步提高人们对于地质公园的了解与学习，学会敬畏大自然。

（4）筹集教育实践基地。陈家坝镇分布着众多的滑坡、崩塌、泥石流等地质灾害遗迹景观，将其作为地质灾害知识宣讲实践基地，让学生可以学习到课本以外的知识，有利于丰富学生的野外地理知识，更形象直观地了解地质灾害。

（5）规划保护区，减少地质资源的破坏。对陈家坝镇的地质资源进行分区：最典型的地质遗迹资源划为核心区；对于具一定科研、科普教育价值且自然景观较丰富之地，划为一般性保护区，如马家倒沟水体景观、李家湾、沙坝里堰塞湖等；对于原始型的自然风貌景观进行重点的保护，减少人类对大自然的破坏，如九龙山景区和四方北岩等风景名胜。

（6）大力开发和发展当地优势产业。该区域拥有众多的碳质页岩资源，碳质页岩的利用途径多样，可制作页岩砖、陶粒、瓷砖及水泥等，陈家坝镇拥有众多资源，原材料丰富，该产业发展前景巨大。利用当地土特产和药材的优势，对适合种植核桃树、天麻、山药等的区域进行土壤肥力质量调查，集中开展产业基地建设，建立陈家坝镇特色农产品发展中心，通过网络宣传土特产，打造具有陈家坝特色的农产品名片。

7.6.3 综合治理模式

陈家坝镇人居环境不适宜区的区域分散分布，面积小但对于陈家坝镇的影响却是最大的，因此该区域的发展模式有重要的意义。该区域地质灾害点密集，该区域有北川断裂带穿过，特别是存在规模较大的泥石流沟——樱桃沟泥石流与鼓儿山滑坡，给周围居民的生产生活带来了诸多不便。因此该区域的综合治理主要有工程治理、避险搬迁和建立监测系统三种方式，改善了人们的居住环境。

（1）工程治理。依据樱桃沟泥石流与鼓儿山滑坡规模较大、物源点多、方量大的特点，防治方案上，樱桃沟泥石流影响因素为强降雨、陡峭的地形地貌，岩石多泥岩、页岩，最主要是断裂带的影响，沟内有 2 条分支，主沟两岸是 V 形峡谷，沟内发生多次次级地质灾害。工程治理方面包括主沟和支沟防治，主沟建立拦挡和排导的防治工程，对支沟区域进行退耕还林的生态防治工程。

鼓儿山滑坡属于土质、推移式滑坡类型，位于原场镇的后山区域，受北川断裂带和岩石类型的影响，人居环境较为复杂。根据自身的边界条件、物质组成、变形及运动特征，包含 4 个潜在的不稳定斜坡、3 个滑坡，滑坡前缘堵塞都坝河，形成堰塞湖。防治方案上，以确保原场镇的居民点和建设用地的安全为主，对 4 个不稳定斜坡、3 个滑坡，进行选择性治理，针对具体问题提出具体方案，以清方、拦挡墙为主。

(2) 避险搬迁，建立集中安置点。都坝河流域的地质灾害隐患点数量多，类型多样，并且空间分布不均，集中分布在陈家坝镇。陈家坝镇的类型以崩塌、危岩、滑坡和泥石流为主，不同地质灾害的类型所占比例有所不同，地质灾害的规模以小型规模为主，但大型规模的地质灾害破坏大，影响面积广。该区域的地质灾害以滑坡和泥石流为主，其中规模较大，影响范围广，拥有较少的居民点分布，有计划地将人们从不适宜性区域的居民点搬离，保障其生产生活条件得到进一步改善和提高。

(3) 建立监测系统。第一是建立监测预警系统，建立以县委、县国土局、乡政府与村委会为组织机构的预警系统；第二是建立有效简便的监测网络，充分利用现有监测设施和资料，建立系统化、立体化的监测系统，及时测定拉张裂缝、建筑变形、树木歪斜、局部垮塌等变化情况，预报灾害体发展趋势，并为长期稳定性预测研究提供资料(聂春龙，2012)；第三是监测点尽可能进行长期监测，贯彻全过程监测的工作思路，以监测数据作为依据，提出治理方案，达到避灾目的，促进避险搬迁措施落实和施工治理工作尽快开展，施工治理灾害点施工期间的监测数据应及时反馈，作为设计、指导施工和检验防治效果的依据。施工治理点在工程完工后，变形监测点、防治效果监测点应转为长期监测点(刘维民等，2013)。

第8章　都坝河流域典型地质灾害及其防治

都坝河流域地层岩性较为复杂，构造活动强烈且地质环境也较为复杂，受强降雨、地震及切坡等不合理工程活动的影响，境内各种地质灾害发育发生，域内地质灾害点较多，其中半数以上为滑坡灾害，同时流域内危害较大的是泥石流且多以巨型为主（黄海等，2020；槐永波等，2021）。流域内地质灾害险情严重，威胁陈家坝场镇及周边安置点、聚居区居民 3000 余人的生命财产安全，这对北川县都坝河流域的社会经济发展及人民生命财产安全带来较大威胁（罗承等，2019a）。

8.1　鼓儿山滑坡

8.1.1　受灾情况

鼓儿山滑坡（图 8-1-1）位于都坝河流域陈家坝镇老场镇后山，系由"5·12"汶川地震诱发的一特大型土质滑坡，滑坡总体积为 $1031.0×10^4m^3$，在强大地震力的作用下淹埋陈家坝镇原场镇一部分，堵塞都坝河并造成 63 人死亡，直接经济损失约 5600 万元。2018 年 7 月 11 日，受强降雨影响，都坝河突发洪水，造成 S105 省道龙湾段（即鼓儿山滑坡坡脚）被冲毁，冲毁长度约 50m。洪水进一步冲刷鼓儿山滑坡坡脚，造成一定的破坏（田恒召和李虎杰，2011；田述军等，2023）。

图 8-1-1　鼓儿山滑坡航拍图（滑坡后）

　　整体来看，鼓儿山滑坡自"5·12"汶川地震后，逐渐趋于稳定，基本未受到其他因素影响。目前鼓儿山滑坡仍直接威胁现居住于原场镇的居民及流动人口共 440 余人、S105 省道 1700m 通行安全，以及滑坡坡脚灾后复垦的耕地、经济用地，潜在经济损失约 1.2 亿元。

8.1.2　典型特征

1. 范围与规模

　　鼓儿山滑坡总体在平面上呈锥形展布，后缘最高海拔为 1185m，前缘最低海拔为 662m，相对高差为 523m。该滑坡整体地势西高东低，呈上陡下缓状，纵向上呈台阶状，滑坡体平均坡度为 31°。滑坡体纵长约 875m，前缘宽度约 1300m，总体积约 $1031.0×10^4m^3$（图 8-1-2）。"5·12"汶川地震主震断裂——北川—映秀断裂，从鼓儿山滑坡顶部通过。

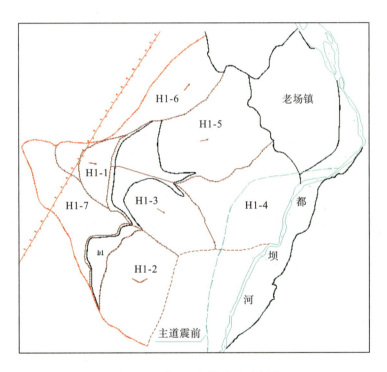

图 8-1-2　鼓儿山滑坡分区示意图

　　根据滑坡变形及运动特征，将鼓儿山滑坡分为地震变形体及地震高速下滑体两大部分：地震变形体据其变形特征又分为地震变形滑移体及地震震裂变形体两类；地震高速下滑体据其脱离滑床情况又可分为全脱离滑床的高速碎屑流形式的滑坡及半脱离滑床高速下滑解体的滑坡。根据以上的分类及滑坡的边界条件、物质组成、变形特征及滑动方向等将整个滑坡区分为 7 个滑块（图 8-1-2 和表 8-1-1）：H1-1 潜在不稳定斜坡（地震变形滑移体）、H1-2 潜在不稳定斜坡（地震震裂变形体）、H1-3 滑坡、H1-4 滑坡、H1-5 滑坡、H1-6

潜在不稳定斜坡(地震震裂变形体)、H1-7 潜在不稳定斜坡(地震震裂变形体,坡体浅层变形滑塌发育,从而成为坡面泥石流物源区)。

表 8-1-1　鼓儿山滑坡次级滑块要素特征

滑块编号	主滑方向/(°)	纵向长/m	横向宽/m	平均厚度/m	面积/(10^4m²)	平均坡度/(°)	体积/(10^4m³)	规模类型
H1-1	105	321	234	22	2.2	25	48.4	中型滑坡
H1-2	149	235	361	11	8.4	24	92.4	中型滑坡
H1-3	122	404	230	14	11.3	24	158.2	大型滑坡
H1-4	105	422	349	18	13.5	8	233.9	大型滑坡
H1-5	78	512	290	17	20.3	21	345.1	大型滑坡
H1-6	53	491	190	15	10.2	27	153.0	大型滑坡
H1-7	—	432	220	—	—	26	—	—

2. 滑体特征

地质剖面测绘、钻孔、槽探、物探等资料揭示,滑体物质组成主要由灰色、深灰色、灰褐、灰黑色块石土、碎石土、含碎石粉质黏土、粉质黏土等组成。

H1-1、H1-2、H1-6 潜在不稳定斜坡从整个斜坡区域纵向来看,越往上部块石含量越高,越往下部块石含量越低;从横向来看,中部块石含量较高,左右侧块石含量相对较低;从滑体垂直分布特征来看,越往上部粗巨粒土含量越低。

H1-3、H1-4、H1-5 滑坡从整个斜坡区域纵向来看,越往上部块石含量越高,越往下部块石含量越低;从横向来看,中部块石含量较高,左右侧块石含量相对较低;从滑体垂直分布特征来看,越往上部粗巨粒土含量越高。总体坡体结构松散。

3. 滑动带(面)物质特征

滑动带(面)(简称滑带)主要依据地面调绘、钻孔中揭露层面、各土层内部相对软弱夹层以及土石界线等来综合确定。据钻探揭露,近基岩顶部处可见一层含角砾粉质黏土,因此判断滑床基本上以基岩顶部为界,滑带土为含角砾粉质黏土,呈灰色、深灰色,局部见镜面、擦痕,角砾具一定程度的定向排列特征,呈次棱角状。上述黏土连续性较好,从而形成一含水量高、抗剪强度低的软弱面(滑面)。其中 H1-3、H1-5 滑坡堆积体相对松散,下部为相对密实的崩坡积土,因此除基岩顶面存在软弱面外,于滑坡堆积体与原地面之间亦存在一层相对软弱面,其滑带土为含角砾粉质黏土。

4. 滑床物质特征

根据钻孔揭露,滑坡下层滑床主要为泥盆系(D_1)粉砂岩,上层滑床为密实度相对较高、透水性相对较差的原崩坡积土。

5. 变形破坏特征

(1)H1-1 变形破坏特征。该潜在不稳定斜坡因地震作用发生变形,其地表变形明显,主要变形形迹为后缘断壁高 5~10m[图 8-1-3(a)]；右缘剪切错落成坎[图 8-1-3(b)]，坎高为 0.3~2.5m，坎下裂缝宽一般为 15~30cm，其中右缘剪切错落成坎，连续长达 283m；坡体后部、中部形成二级缓倾平台，并于中部拉裂缝发育；中前部发育有次级变形体，次级变形体后缘错落坎高达 5~10m，且左边界剪切错落达 0.5~1.5m[图 8-1-3(c)]，连续长达 156m，左边界剪切错落达 0.3~1.0m，连续长达 66m；斜坡前部小型滑塌体发育。

（2）H1-2 变形破坏特征。该潜在不稳定斜坡在地震作用下发生变形，其地表变形明显，主要变形形迹为后缘见少量拉裂缝[图 8-1-3(d)]，左右缘见剪切缝，坡体中部形成一级缓倾平台。

（3）H1-3 变形破坏特征。该滑坡在地震作用下发生滑动，滑体已完全解体。滑坡后缘断壁清晰，断壁高 60~110m；坡体后部形成一级缓倾平台，并有裂缝。

（4）H1-4 变形破坏特征。该滑坡因地震作用发生高速滑动，主要变形破坏迹象明显，滑体已完全解体。滑坡后缘断壁清晰，断壁高约 295m；该滑块体以碎屑流的形式发生高速运动，势能已彻底释放，现堆积体的坡度仅为 6°~10°，已没有进一步下滑的可能。

（5）H1-5 变形破坏特征。该滑坡因地震作用发生高速滑动，主要变形破坏迹象明显，滑体已完全解体。滑坡后缘断壁清晰[图 8-1-3(e)]，断壁高 90~135m；坡体后部见一级缓倾平台[图 8-1-3(f)]。

(a) H1-1后缘断壁

(b) H1-1右侧缘

(c) H1-1左侧缘

(d) H1-2后缘裂缝

(e) H1-5后缘断壁   (f) H1-5后缘平台

图 8-1-3   鼓儿山滑坡地表形态景观图片

6. 变化趋势

(1) H1-1 潜在不稳定斜坡变形强烈，在自重+暴雨工况下处于欠稳定状态，但在累进性破坏作用下，其稳定性将逐步降低直至失稳下滑。

(2) H1-2 潜在不稳定斜坡，变形较小，在自重+暴雨工况下处于稳定状态，在自重+地震工况下处于基本稳定状态。

(3) H1-3 滑坡及 H1-5 滑坡在自重+暴雨工况下处于欠稳定或基本稳定状态。

(4) H1-4 滑坡堆积体在地震高速滑动作用下，势能已得到充分的释放，堆放坡角仅为 6°～10°，不会再发生整体滑动。

(5) H1-7 潜在不稳定斜坡坡面浅层滑崩体发育，松散堆积物丰富，其仍将以坡面泥石流方式发生破坏，并威胁 H1-2 坡体上的居民及建筑物。

7. 成因机制

北川—映秀断层从鼓儿山滑坡区后部横穿而过，因该断层的挤压作用，形成大量破碎岩体，为滑坡形成提供了物质基础。其次该滑坡区构造作用强烈，新构造运动以上升为主，河谷深切，地形陡峭，整个鼓儿山滑坡区前后缘高差将近 475m，为滑坡形成提供了势能条件，加上滑坡为都坝河冲刷岸(震前为凹岸)，长期河水冲蚀切割，为滑坡的形成制造了有利的临空面。在这种背景下，地震作用致使 H1-1、H1-2、H1-6 潜在不稳定斜坡发生变形破坏，致使 H1-3、H1-4、H1-5 块体发生变形及高速滑动，可见地震是该滑坡形成的诱因。

H1-1、H1-2 潜在不稳定斜坡是在地震力作用下发生变形，属于推移式破坏机制。H1-3、H1-4、H1-5 块体在地震力作用下，坡体已完全解体，滑动高差大，距离远，从滑动速度及原滑面形态为上陡下缓的特征来看，其破坏机制为推移式滑坡。H1-6 块体为地震震裂变形体，目前比较稳定，从其形态来看，如将来发生破坏，将以牵引方式发滑动破坏。H1-7 块体为坡面泥石流物源区，其块体中轴线为季节性冲沟，沟底多处见基岩出露，地震后其发育多处向沟内堆积的浅层崩滑体，成为坡面泥石流的物源，将来仍会以坡面泥石流方式发生破坏(田恒召和李虎杰，2011)。

8.1.3 工程治理

以 20 年一遇自重＋暴雨工况作为治理工况,H1-1、H1-2、H1-3、H1-5 的稳定性均达不到要求,但根据保护对象的分布情况,H1-3 滑坡威胁区域内无人居住,故无须治理;受 H1-2 滑坡威胁的居民已在政府安排下完成避险搬迁,可不作治理;而 H1-5 滑坡堆积块体直接威胁老场镇居民安全,同时 H1-1 滑坡下滑时零星崩滚块体也间接影响居民安全,因此需重点防治 H1-5 及 H1-1(田恒召和李虎杰,2011)。

鼓儿山滑坡治理工程于 2011 年完工,采取"支挡工程＋截流排水工程＋拦挡滚石工程＋辅助工程"的治理措施(图 8-1-4)。截至 2019 年底,挡墙完好,坚固,墙脚排水沟完好,无淤堵,排水顺畅;防护网完好,坚固,有弹性,内侧无新增崩滑堆积体,滑坡堆积体上无变形迹象,坡体稳定。挡墙(包括墙脚排水沟)、被动防护网的修建起到了固坡、稳定坡体及防护崩塌落石的作用,其有效性好,并能继续起到防护作用。另外,通过十年的自然修复,滑坡堆积体区植被恢复较好(下部平缓地带开垦为耕地,种植有季节性农作物),也起到了一定的固源作用。

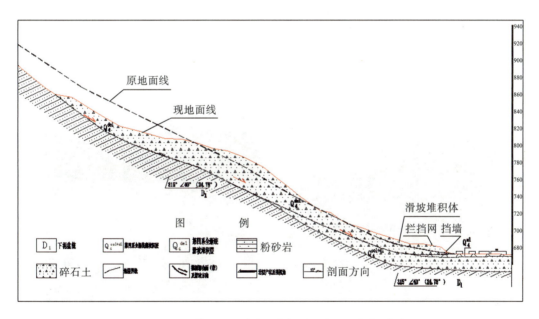

图 8-1-4 鼓儿山滑坡堆积体剖面及防治工程位置图

(1)支挡工程。于 H1-5 前部布置一排挡墙支挡工程,防止该块体下滑造成对场镇的直接威胁。挡墙(及墙脚排水沟)长 120m,高 2～3m,为浆砌块石(图 8-1-5)。

(2)截流排水工程。利用 H1-5 块体坡体地形及冲沟与滑坡体修截流排水沟,减少地表水下渗对滑坡造成不利影响,同时防止地表流水造成坡面泥石流对场镇的威胁。

(3)拦挡滚石工程。H1-1 块体为高位滑坡,其前缘与陈家坝老场镇地面高差达 300m,加之地形险峻,直接治理困难。利用滑坡体形成的天然缓冲带地形,于 H1-5 中部平台外缘布置一排 V 形被动拦挡网（或防护网或 SNS 网），防止 H1-1 块体在余震或前缘局部失稳时崩落滚石对场镇造成威胁。被动拦挡网长 50m，高 3m，为环形网（图 8-1-6）。

图 8-1-5　鼓儿山滑坡挡墙及墙脚排水沟　　　　图 8-1-6　鼓儿山滑坡被动防护网

(4)辅助工程。H1-1 块体变形强烈，裂缝极发育，为地表水入渗提供了良好的条件，应对该块体裂缝进行填塞，减少地表下渗水对滑坡造成不利影响。

2018 年 7 月 11 日，由于强降雨，洪水溢出都坝河，冲毁 S105 省道（图 8-1-7），并冲刷鼓儿山滑坡坡脚。2018 年 10 月至 2019 年 6 月，对此次洪水灾害及其次生灾害进行了工程治理，主要工程有修复都坝河防洪堤坝、修建鼓儿山滑坡坡脚泥石流排导槽（图 8-1-8）、清理鼓儿山滑坡坡脚。截至 2019 年底，工程治理效果良好。

图 8-1-7　鼓儿山滑坡冲毁 S105 省道　　　　图 8-1-8　鼓儿山滑坡坡脚泥石流排导槽

8.2　杨家沟泥石流

8.2.1　受灾情况

杨家沟泥石流在"5·12"汶川地震之前物源量少，沟道水流能逐步将少量松散物质带走，未形成泥石流，在沟道内淤积主要为冲洪积自然沉积(张生祥等，2014)。"5·12"汶川地震后形成大量松散物质，崩滑堆积物共有 7 处，仅魏家山 1#、2#滑坡体积就达 $821.4×10^4m^3$，动储量为 $306.8×10^4m^3$，杨家沟内沟道泥石流堆积物源方量达 $214.7×10^4m^3$，部分沟段淤埋深达 20m，宽达 200m，这为泥石流的暴发提供了大量的物质条件。之后每年都有大大小小的泥石流发生，流体性质主要表现出稀性泥石流的特点，造成灾害的主要是掩埋沟口的房屋、农田，每年未造成明显灾害，其中较大规模暴发时间分别为 2008 年 9 月 24 日及 2013 年 7 月 9 日，一次性冲出量分别为 $17×10^4m^3$ 与 $29×10^4m^3$，其余时间均有不同大小的冲出量。由于主河道都坝河输砂能力有限，大量的冲出物淤积在杨家沟沟道及沟口至陈家坝镇场镇段内，致使都坝河主河道淤积严重。

杨家沟泥石流直接威胁人口 24 户 92 人，直接威胁财产约 600 万元。杨家沟泥石流的威胁主要表现为泥石流物质冲出后在都坝河陈家坝镇大量淤积，抬高河床，威胁陈家坝镇场镇及两岸居民，威胁人口达 3000 余人，潜在经济损失高达 2.8 亿元左右(罗承等，2019a)。

8.2.2　典型特征

1. 流域特征

杨家沟为都坝河中段陈家坝镇段一大型支沟，地貌类型属侵蚀溶蚀低中山区，发源于都坝河流域陈家坝镇马鞍、龙坪及勇敢一带山区，流域面积约 $25km^2$，沟口高拔为 683m，区内最高海拔为 2091m，位于流域北部分水岭。沟系呈树枝状展布，由主沟及 2 条主要支沟组成，1#支沟位于勇敢村，在高拔约 795m 处汇入主沟，2#支沟位于龙坪村，在高拔约 907m 处汇入主沟。主沟整体坡度为 124‰，堰塞湖以下段主沟多较平缓，堰塞湖以下段整体坡比为 5%左右，河流宽窄变化处坡度相应变化，整体为上游段坡度较大，约为 80‰，下游较缓，坡降约为 40‰，沟谷在魏家山滑坡段多呈 V 字形(图 8-2-1)，下游段多较宽缓，呈 U 字形(图 8-2-2)，沟谷两岸多为陡峭的山壁。堰塞湖以上段主沟坡度较大，平均坡降可达 190‰，沟谷多呈 V 字形。1#支沟除与乡村道路交会段较为平缓外，坡降大，平均坡降为 280‰，沟谷多呈 V 字形。2#支沟坡度较大，平均坡降为 190‰，沟谷多呈 V 字形。

图 8-2-1　V 字形沟谷　　　　　　　　　　　图 8-2-2　U 字形沟谷

2. 分区特征

1) 形成流通区冲淤特征

杨家沟泥石流形成流通区包含主沟 1400m 海拔以下的沟段(除沟口堆积区)、1#支沟大拐弯以下的沟段以及 2#支沟的大部分区域。主沟蜿蜒,总体流向为南北方向,沟床平均坡降为124‰,坡降较缓,且往下游方向逐渐减缓,接近沟口段坡降约为40‰。该沟段两岸在"5·12"汶川地震后自然恢复及退耕还林后,沟谷两侧植被覆盖较好,植物覆盖率约为80%,为灌木乔木混合林地及少量耕地(图8-2-3)。

图 8-2-3　形成流通区地形地貌

主沟堰塞湖以上段,自然条件下物源量较少,本应为泥石流沟的清水区。但由于林场道路的开挖,抛渣弃土形成了大量的松散堆积物,边坡开挖,形成了多处不稳定斜坡或崩滑体。暴雨、山洪冲刷极易挟带这些松散堆积物进入溪沟,形成泥石流。

1#支沟下游最后一个大拐弯后,河道左岸有一处坡面侵蚀物源体,往下游沟道内有大量的沟道物源,物质组成以碎块石为主。据钻探揭露,沟道物源最大厚度可大于20m。沟道物源及侵蚀物源为泥石流的形成提供了良好的物源条件。2#支沟中下游沟道及岸坡均有大量的松散堆积体,据调查,其厚度一般大于10m,其汇水面积较大,洪水冲刷极易将松散堆积体带入沟道,形成泥石流。

总体来看,形成流通区,在堰塞湖以上段,地形坡度较大,松散物源较多,整体以冲刷为主,淤积较少。魏家山滑坡段,沟谷狭窄,坡比较大,且滑坡提供的物源丰富,整体以冲刷为主,少有淤积。魏家山滑坡以下段,沟谷坡度较缓,一般小于100‰,沟道冲刷淤积同时存在,且冲刷略大于淤积。

2) 堆积区的冲淤特征

堆积区位于出山口后相对平缓地带,新的山洪、泥石流切割老的山洪、泥石流堆积体后冲至近主河平缓处形成淤积,由于沟口洪水流量大,淤积的过程同时伴随冲刷。因此,堆积区主要由冲刷段和淤积段构成。

冲刷段,由于山洪、泥石流冲刷临界纵坡较小,在堆积区 40‰的纵坡条件下同样形成了一定冲刷,泥石流冲刷后呈长条形槽状,单次冲刷下切深 0.2～0.5m。淤积段在泥石流即将进入主河前，沟床纵坡变得很缓，平均纵坡降为 20‰，且沟道变得宽阔，水力梯度降低，固体物质便在沟床内形成淤积，单次淤积厚一般为 0.5～2m，最大厚度可达 3m。

杨家沟泥石流堆积物根据流体在沟道及堆积区的变化，堆积物颗粒特征在不同沟段有所不同。上游堆积物由于流程较短，物质组成主要为块石、碎石及角砾，块石最大粒径大于 2m；中下游堆积物由于流程较长，且经水流侵蚀冲刷后，块碎石呈次棱角状—棱角状，块石含量较少，多为碎石及角砾，块径大小不均，最大粒径约为 0.5m，堆积物堆积具有一定的层次，上部颜色较深，为灰黑色，下部颜色较浅，为褐黄色。

堆积物质颗粒组成大致可分为粒径大于 60mm 的颗粒含量小于 15%，粒径为 20～60mm 的颗粒含量占 50%，粒径为 5～20mm 的颗粒含量占 32%，粒径小于 5mm 的颗粒含量占 3%。块、碎石成分一般为片岩、砂岩，少量灰岩。

沟道内泥石流所挟带的固体物质的平均粒径基本一致，堆积物成分近似一致；少有大于 60mm 的粗颗粒，多为细颗粒；由于取样具有一定的局限性，据实际调查沟谷内存在少量的块石，块石粒径一般为 20～50mm，个别大者可达 1m 以上；沟道内块石的含量及粒径从沟口往上游有逐渐增加的趋势，含量由 10% 以上递升至 40% 左右；最大粒径由 0.5m 左右递增至 2m 以上。

3. 类型特征

按照泥石流的流体性质、发生频率、发生地形地貌条件、固体物质提供方式、诱发因素及动力特征等不同指标和总和指标进行分类，详细如下。

(1)按流体性质划分，杨家沟泥石流为稀性泥石流。主沟具有成型的河道特点，沟床堆积物成分为漂石、卵石、砂砾，含泥量极低，流体在运动过程中紊动强烈，固液两相做不等速运动，有垂直交换，宽缓处时冲时淤，改道明显，流体呈稀浆状，据当地人描述跟涨大水情况差不多，总体说来主沟泥石流属于稀性泥石流，泥石流密度为 1.25～1.44t/m³。

(2)按暴发频率划分，杨家沟泥石流为高频泥石流。杨家沟每年均有泥石流发生，仅存在冲出量大小的区别，按《泥石流灾害防治工程勘查规范》(DZ/T 0220—2006)，高频率是一年多次至五年一次，因此杨家沟泥石流为高频率泥石流。该沟流域内地层岩性为软岩—极软岩的片岩、砂岩等，岩性总体软弱，沟床物质粒径较小，水动力条件充足，杨家沟泥石流所在区域降雨活动强烈，泥石流暴发的条件容易满足，从这方面讲其应为高频泥石流。从发生历史和该沟本身的特点分析，该沟暴发频率为高频率。

(3)按泥石流集水区地貌特征划分，杨家沟泥石流为沟谷型泥石流。杨家沟泥石流主沟发育于山体深切沟谷地带，物质来源主要为沟道物源、弃渣物源和崩滑物源。

(4)按泥石流活动规模划分，杨家沟泥石流暴发频率高，一旦暴发，规模较大，按泥石流峰值流量划分其属于特大型泥石流。

(5)按照水源条件划分，杨家沟泥石流的形成主要由大雨或暴雨激发，为暴雨泥石流。

综上所述，杨家沟泥石流属于暴雨类-沟谷型-高频率-特大型-稀性泥石流。

4. 成因机制

泥石流是在一定的降雨、地形地貌、物源等条件下形成和发展的，这些条件之间都有密切的关系，并且相互作用才促成泥石流的形成和发展。因此，可从以下几个方面对泥石流的形成和发展趋势作出定性判断。

1) 水源条件

在快速、强烈的水源补给条件下，泥石流才有可能形成。只有在足够的水体条件下，松散碎屑物质才有可能沿河床产生运移和移动，因此，水动力条件对泥石流的产生起着相当重要的作用。

杨家沟泥石流流域所在地区北川县位于著名的鹿头山暴雨区，雨量充沛。据 1970～2007 年曲山镇气象站资料统计，多年平均降水量为 1399.1mm，最大年降水量为2340mm(1967 年)，最小年降水量为 619.8mm(2003 年)，日最大降水量为 101mm，小时最大降水量为 32mm。降雨主要集中在 6～9 月，占全年降水量的 71%～76%，最大占90%(1981 年)。全县山地降水量多于平坝降水量。

特别是工作区附近降雨具有分布不均、局地性集中的特点，使泥石流发生的可能性更大，因此该区激发泥石流形成的暴雨条件是充分的。

2) 地质条件

(1) 地质构造。影响和控制区内地层展布及构造发育特征的主要构造形迹主要是北川断层。北川断层是"5·12"汶川地震的发震断裂，该断裂为龙门山断褶带的主中央断裂，是映秀—北川断裂的北延段，该断层在北川县经擂鼓—曲山—陈家坝延伸，从陈家坝镇场镇北西侧通过，其距场镇 400～600m，断层倾向北西，倾角为 $60°～70°$，为寒武系的砂岩逆冲于志留系、泥盆系乃至石炭系之上，切割深度较大，垂直断距达千米以上。这种较为复杂的地质构造条件使区内的岩土体更容易发生变形和破坏，从而形成丰富的松散固体物质来源，利于泥石流的形成和发展。

(2) 地层岩性。流域内，岩体以砂岩、灰岩、片岩、页岩为主，地层新老皆有分布，岩体在长期的风化卸荷作用下逐渐产生崩塌、滑坡现象。长期积累，为泥石流的暴发提供有利条件。

3) 地形地貌条件

地形地貌条件是形成泥石流的内因和必要条件，它制约着泥石流的形成和发展，对泥石流的规模和特性也有较大的影响。

(1) 相对高差。相对高差指的是泥石流沟流域内最高处与最低处的相对高差，相对高差决定了势能的大小。相对高差越大，所产生的泥石流势能就越大。

本流域分水岭最高海拔约 2091m，杨家沟沟口海拔为 683m，相对高差约为 1408m，而流域长约 9.5km。由以上数据可以看出，杨家沟沟域相对高差较大，流域内拥有充足的势能，为泥石流的形成和发展提供了足够的动力条件。

(2) 坡度。泥石流沟两岸山坡坡度的陡缓，影响着松散碎屑物的分布和聚集，这就直接影响到泥石流发生规模的大小。根据相关资料，在我国西部边缘高山区，有利于提供泥石流固体物质的沟坡坡度为 $35°～77°$，固体物质补给方式大多为崩塌、滑坡和碎屑流。

杨家沟沟谷两岸山体坡度以 35°～50°为主，局部坡度大于 60°，该范围坡度的岸坡约占整个流域面积的 50%。由此可见，杨家沟两岸岸坡有利于松散碎屑物的堆积，在强降水条件下，这些松散固体物质易被冲蚀进入沟道内，成为泥石流活动的物源。

（3）沟床平均比降。沟床平均比降直观地反映出沟床径流的坡度，也是影响沟谷水动力条件的重要参数之一。有关资料显示，我国有利于泥石流形成的沟床比降丰值出现在 158‰～649.4‰，而杨家沟主沟沟床整体呈由陡变缓的形态，沟床平均坡降为 124‰，上游平均坡降大于 200‰。因此，杨家沟流域水动力条件较好，有利于泥石流灾害的发生。

（4）物源条件。沟谷暴发泥石流灾害的一个必要条件就是存在足够的固体物质来源，影响流域内物源的因素比较多，其中包括地层岩性、地质构造、植被发育情况等，这些因素相互关联，相互作用，共同影响着固体物质来源的类型和规模。松散固体物质的储备，是形成泥石流的物质基础，流域内储备的方量直接影响着泥石流的暴发频率和性质。

杨家沟流域内松散物源总储量达 $2191.24×10^4 m^3$ 以上，可直接参与泥石流活动的动储量约为 $675.99×10^4 m^3$，约占松散物源总储量的 31%。

8.2.3　工程治理

杨家沟泥石流防治工程是北川县都坝河小流域地质灾害综合防治的核心内容，具体涉及 2017 年的一期工程，以及 2020 年的三期工程。一期工程中，省财政为杨家沟泥石流治理下达资金 2000 万元，采取多级桩林坝＋拦挡坝＋潜坝＋防护堤＋翻坝路＋沟道清理＋土地复垦＋道路改道等综合防治措施，主要设计思路为"固床为主，拦挡为辅助，兼顾土地复垦"，具体思路为：首先对位于杨家沟上游沟道两岸由特大规模的魏家山滑坡提供的大量松散物源采取设置多级桩林坝进行固床，同时对魏家山滑坡起到回填压脚作用，确保该段沟道不再继续下切，降低该段泥石流流速；然后在杨家沟下游采取拦挡坝、桩林坝及潜坝相结合，一方面防止沟道继续下切，另一方面可拦截一定量泥石流物源，可减缓下游都坝河的淤积；最后在杨家沟中游宽缓河滩地围岸造地，清理沟道后进行土地复垦，造福当地百姓。截至 2019 年底，已在杨家沟建设了桩林坝 12 道（共计 532 根、桩长 8～15m），潜坝 5 座（每道坝长 63m），拦挡坝 2 道（1 号坝长 69.8m、2 号坝长 61.6m）。工程建成后，有效拦截了上游物源，减少了沟道下切，阻止了泥石流的形成，为保护陈家坝场镇及沿线发挥了重大作用。三期工程主要为土地复垦工程，主要包括 5#潜坝、6#潜坝、1#防护堤、2#防护堤建设，1#、2#土地复垦，沟道清方等内容，于 2020 年实施。

1. 1#～11#桩林坝

（1）在杨家沟魏家山滑坡段沟床切割严重、靠近不稳定体下游的地方设置多级桩林坝，主要防止沟底继续下切，减缓沟床纵坡，降低流速，回淤部分对不稳定体起回填压脚的作用，对沟床起固床作用。根据纵坡，共设置 11 道桩林坝，桩径 1m，桩间距 2m，每道均设置两排桩，排间距 1.5m，桩长 8～15m，其中，1#～10#桩林坝桩长 8～15m，悬臂段 5～

6m, 锚固段 6～10m, 11#桩林坝为埋地式桩林坝, 桩长 8m, 锚固段 7～8m, 共计 549 根。桩体采用 C30 钢筋混凝土现浇, 桩孔采用冲击钻成孔。据勘察报告, 该段沟道 50 年一遇泥石流冲刷深度为 5.2m, 考虑沟道两岸冲刷深度较沟心浅, 因此桩林桩长以桩底位于冲刷深度线以下进行控制。

(2) 每道桩林坝高出河床 5～6m, 考虑为清水流, 回淤坡度按 1.5%设计, 总共 10 道桩林坝理论库容可以达到约 4.4×10⁴m³。

(3) 1#～11#桩坝前防冲块石: 坝前防冲块石长 10～15m, 宽 20～48m, 厚 1m, 直接铺设于坝前河床上, 块径不小于 1m, 共 3888m³。

2. 12#桩林坝

(1) 12#桩林坝桩径 1m, 桩间距 2m, 设置两排桩, 排间距 1.5m, 桩长 12～17m, 锚固段 9～12m, 共计 55 根。桩林坝高出河床 3～7m, 考虑为清水流, 回淤坡度按 1.5%设计, 桩林坝理论库容可以达到约 2.2×10⁴m³。该段沟道 50 年一遇泥石流冲刷深度为 3.97m, 考虑沟道两岸冲刷深度较沟心浅, 因此桩林桩长以桩底位于冲刷深度线以下进行控制。

(2) 坝前防冲块石: 坝前防冲块石长 15m, 宽 48m, 厚 1m, 直接铺设于坝前河床上, 块径不小于 1m, 共 720m³。

(3) 考虑矿区生产需要, 12#桩林坝右坝肩处设置翻坝路, 为临时道路, 翻坝路长 124m, 道路宽 5m, 填方路基选用级配较好的砾类土、砂类土等粗粒土作为填料, 填料最大粒径小于 150mm; 路基边坡采用 1∶1 放坡回填。

3. 1#～4#潜坝、7#潜坝

在杨家沟中游段设置 5 道潜坝, 其中 1#、4#潜坝断面尺寸一致, 2#、3#、7#潜坝断面尺寸一致。

(1) 1#潜坝坝顶长 63m, 溢流口宽 31.2m, 溢流口深 1m, 4#潜坝坝顶长 88m, 溢流口宽 30m, 溢流口深 1m, 坝顶宽 1.5m, 底宽 4.9m, 上游侧高出 1m, 下游侧嵌入沟床 3m, 迎泥石流面坡比为 1∶0.5, 背坡侧坡比为 1∶0.1, 采用 C20 混凝土浇筑。

(2) 2#潜坝坝顶长 63.2m, 3#潜坝坝顶长 104.2m, 7#潜坝坝顶长 53m, 坝顶宽均为 1.5m, 底宽均为 4.3m, 坝总高均为 4m, 坝顶与沟床齐平, 下游侧嵌入沟床 3m, 迎泥石流面坡比为 1∶0.5, 背坡侧坡比为 1∶0.1, 采用 C20 混凝土浇筑。

4. 拦挡坝

在靠杨家沟沟口及中游狭窄处各新建一道拦挡坝, 分别为 1#拦挡坝及 2#拦挡坝。

(1) 1#拦挡坝总高 9m, 有效堰高 7m, 顶宽 1.5m, 底宽 17m, 坝长 69.8m, 迎泥石流面坡比为 1∶0.7, 背坡侧坡比为 1∶0.3, 采用 C20 混凝土浇筑。拦挡坝高出河床 7m, 考虑为清水流, 回淤坡度按 1.5%设计, 回淤面积为 27729m², 回淤库容为 9.71×10⁴m³。

(2) 坝前铺填防冲大块石, 直接铺设于坝前河床上, 块径不小于 1m, 共 574.2m³。

(3) 1#拦挡坝坝前桩林, 直径 1m 桩共 20 根, 排桩桩径 1m, 桩间距 2.5m, 根据勘查报告此处 50 年一遇泥石流冲刷深度为 5.28m, 因此桩长设计为 6.5m。

(4)2#拦挡坝总高 9m，有效坝高 7m，顶宽 4m，底宽 19.5m，坝长 61.6m，迎泥石流面坡比为 1：0.7，背坡侧坡比为 1：0.3，采用 C20 混凝土浇筑。拦挡坝高出河床 7m，考虑为清水流，回淤坡度按 1.5%设计，回淤面积为 10325m^2，回淤库容为 3.62×10^{4}m^3。

(5)坝前铺填防冲大块石，直接铺设于坝前河床上，块径不小于 1m，共 596.5m^3。

(6)2#拦挡坝坝前桩林，直径 1m 桩共 18 根，排桩桩径 1m，桩间距 2.5m，根据 50 年一遇泥石流冲刷深度 6.68m 的标准，桩长设计为 8m。

5. 土地复垦

土地复垦工程，设计主要包括 5#潜坝、6#潜坝、1#防护堤、2#防护堤、1#土地复垦、2#土地复垦、沟道清方等。具体设计参数和标准如下。

(1)5#潜坝坝顶长 74.7m，6#潜坝坝顶长 85.6m，两坝断面尺寸一致，坝顶宽 1.5m，底宽 4.3m，坝总高 4m，上游侧与沟床齐平，下游侧嵌入沟床 3m，迎泥石流面坡比为 1：0.5，背坡侧坡比为 1：0.1，采用 C20 混凝土浇筑。

(2)1#防护堤堤长 465.7m，2#防护堤堤长 328.5m，两堤断面尺寸一致，堤顶宽 0.8m，底宽 2m，堤总高 6m，沟道清淤后基础埋深 2m，面坡比为 1：0.2，直角梯形断面，采用 C20 混凝土浇筑。

(3)对位于 1#防护堤及 2#防护堤间的沟道进行清方，清方面积为 36189m^2，清方平均厚度为 2.1m，共清方 75997m^3。

(4)1#土地复垦位于 1#防护堤后侧河滩地，复垦面积为 18617m^2，复垦平均厚度为 2m，复垦土方 37234m^3，预留后期 0.5m 厚耕植土造地空间，后期造地预计可达 32.7 亩。

(5)2#土地复垦位于 2#防护堤后侧河滩地，复垦面积为 21260m^2，复垦平均厚度为 1.9m，复垦土方 40394m^3，预留后期 0.5m 厚耕植土造地空间，后期造地预计可达 36.7 亩。

6. 1#支沟道路改道工程

1#支沟道路改道工程主要包括道路改道、挡墙、箱涵、护坦四个部分，具体布置如下。

(1)道路改道：总长 118m，宽 4m，路基选用级配较好的砾类土、砂类土等粗粒土作为填料夯实，路面采用 0.25m 厚 C20 混凝土浇筑。

(2)挡墙：共计 4 道，总长 116m，采用 C20 混凝土浇筑；1#挡墙长 11m，墙高 2~3.5m，顶宽 0.6m；2#挡墙长 51m，墙高 2~3.5m，顶宽 0.6m；3#挡墙长 19m，墙高 2~3.5m，顶宽 0.6m；4#挡墙长 35m，墙高 2~3.5m，顶宽 0.6m。

(3)箱涵：采用 C30 钢筋混凝土浇筑，长 5m，宽 6.88m，为三孔式箱涵，单孔箱涵净宽 2.0m、净高 2.5m，顶底板厚 0.24m，侧墙厚 0.22m。

(4)护坦：共计 2 道，采用 C20 混凝土浇筑，1#护坦总长 8m，底宽 6.88m、侧墙高 1.0m、垂裙深 1.5m；2#护坦总长 8m，底宽 6.88m、侧墙高度 1.0m、垂裙深 2.0m。

综上可知，本治理工程拦蓄理论库容共计可以达到约 19.93×10^{4}m^3。土地复垦面积达 59.82 亩，预留后期 0.5m 厚耕植土造地空间，后期造地预计可达 69.4 亩。

7. 相关说明

(1)杨家沟内矿山开采情况:据调查访问,杨家沟内矿山为2009年底开始开采,整个杨家沟沟内都为矿区范围,主要开采河床冲洪堆积物料,为水泥生产原料,枯期开采,开采规模为50~100万t/a,目前开采主要集中在魏家山滑坡段沟道左岸滑坡堆积区及杨家沟中下游宽缓沟心,重卡运输,枯期在沟道河漫滩上修建运输便道,汛期基本损毁,次年重修。

(2)矿山开采,特别是魏家山滑坡段左岸沟脚开采,使得沟道岸坡持续后移,岸坡稳定性持续下降,逐年垮塌,进一步加重地质灾害的严重性。

(3)1#~11#桩林坝所在沟道两岸岸坡均为松散堆积物源,其岸坡防护(如护岸挡墙或防护堤)在桩林坝回淤满库前暂不宜实施。

8.3　樱桃沟泥石流

8.3.1　受灾情况

樱桃沟泥石流位于陈家坝镇老场村,灾害分布区地理坐标为北纬 31°53′30″~31°57′15″,东经 104°30′27″~104°34′37″,沟口有省道 S105 线。沟域内主沟 1 条(张家沟),Ⅰ级支沟 2 条(通宝沟和樱桃沟),Ⅱ级支沟 6 条。樱桃沟位于都坝河右岸,流域面积为 18.5km²,主沟长 7km,平均纵坡为 8°,主沟两岸呈 V 形峡谷,两岸谷坡坡度为 40°~70°。沟两岸在地震前植被发育,地震后地质灾害发育,导致植被覆盖率降低,残坡积物发育,坡面切沟汇合后的大部分沟段沟水冲刷强烈。多条支沟在 2008 年"9·24"强降雨作用下,冲出大量松散体汇集于樱桃沟和通宝沟内,为泥石流的物源区;樱桃沟和通宝沟汇合后直接进入张家沟,张家沟为泥石流的流通区;张家沟出口及张家沟与都坝河交汇段为泥石流的堆积区(师书冉等,2014;余正良等,2018)。

樱桃沟泥石流沟自记载以来主要发生了 7 次较大规模的泥石流,并造成了危害,直接经济损失超过 2100 万元,灾情属特大型泥石流;现在威胁老场村安置点 157 户及富森木业共计 500 余人的生命财产安全,对沟口省道 S105 线及 1 座桥梁威胁较大,潜在经济损失大于 1 亿元。

1. 地震前泥石流灾害

樱桃沟泥石流活动史较长,1978 年首次暴发较大规模的泥石流,流量较小,进入樱桃沟后被搬运带走,对老泥石流扇体民房未造成危害,泥石流规模为 $2.5 \times 10^4 m^3$。1998 年的泥石流堆积主要是在 1978 年堆积扇的基础上进行叠加,堆积厚度平均为 2m,根据堆积扇体的分布可计算出该次泥石流规模为 $1 \times 10^4 m$。1998~2008 年在泥石流沟口老扇体上,由于修建 58 户 240 间居民房,人为将其沟变窄,形成卡口,不能满足泥石流排泄的需要。

2. 地震后泥石流灾害

(1) 2008 年 9 月 24 日强降雨作用暴发泥石流,据初步估算,主沟内堆积物质总量为 $50×10^4m^3$,沟口堆积区内平均深度为 2.45m,堆积方量为 $34×10^4m^3$。导致泥石流满槽外溢后通过老扇体排泄,造成灾害,掩埋两条沟交汇处的拱桥 1 座,掩埋沟口的张家沟 58 户 240 间居民房,冲毁长度为 8km 的村道,造成通宝沟 8 组死亡 1 人,由于撤离及时,张家沟无人员伤亡。据不完全统计,本次泥石流活动已造成直接经济损失 1020 余万元,灾情等级属于特大型。

(2) 2010 年 8 月 12 日 8:00 时至 8 月 13 日 8:00 时,普降暴雨,樱桃沟暴发了大型泥石流,大部分堆积在 2#拦挡坝库区,堆积方量达 $15×10^4m^3$。1#拦挡坝上游沟谷地带堆积方量有 $1×10^4m^3$。

(3) 2012 年 8 月 16 日 20:00 至 8 月 17 日 8:00,强降雨暴发泥石流,已经淤积大量松散体至 2#拦挡坝上游,大部分堆积在 2#挡坝库区,堆积体积达 $16.8×10^4m^3$。1#拦挡坝上游沟谷地带堆积体积有 $1.74×10^4m^3$。总堆积体积为 $18.54×10^4m^3$。通过对樱桃沟泥石流的勘查,用回淤坡度计算库容可以得出,第一道坝的坝高为 8m,可以拦截 $3.18×10^4m^3$,第二道坝的坝高为 9m,可以拦截 $13.76×10^4m^3$,合计为 $16.94×10^4m^3$,由以上分析可知,"8·17"的强降雨已经导致 1#、2#拦挡坝库内淤满,少量洪水浪头翻越左侧护堤。

(4) 2013 年 7~8 月,陈家坝镇遭遇多场暴雨,特别是 7 月 11~12 日、8 月 9 日大暴雨(7 月 11 日 20:00 至 7 月 12 日 8:00,50 年一遇暴雨,陈家坝镇老场村降水量达 157mm)引发大规模泥石流活动,造成原设计两处拦砂坝库容淤满。

(5) 2018 年 7 月 10 日晚至 11 日,北川县遭遇入汛以来最强降雨,最大降水量达 309mm。7 月 11 日凌晨 5 时,受强降雨影响,樱桃沟暴发超设防标准的大规模泥石流灾害,泥石流翻越已建拦挡工程,造成当地 157 户房屋及富森木业厂房不同程度受损,造成经济损失上千万元。

8.3.2 典型特征

1. 分区特征

(1) 形成区(清水区)特征。形成区(清水区)(图 8-3-1)分布于樱桃沟和通宝山沟上游上段,汇水区面积为 $9.3km^2$,沟内海拔为 1100~2349m,长度为 3.3km,主沟内纵坡为 8°~15°,平均坡度为 11°,平面形态呈长条形,森林植被发育,而松散堆积层覆盖较薄,主要为基岩斜坡,地震中不良地质现象较少,分布零星,大多不会参与泥石流活动,主要为泥石流的形成汇集水源和提供水动力条件。

(2) 形成区(物源区)特征。分布于泥石流沟中段,海拔为 930~1100m,沟长 2.0km,平均坡度为 11°,沟宽 25~50m 不等,沟底全部为松散堆积物覆盖,沟内两侧坡体物质松散(图 8-3-2)。该区沟谷岸坡陡峻,构造复杂,褶皱断层发育,松散堆积体厚度相对较大,不良地质现象发育,特别是"5·12"汶川地震后新产生大量崩塌和滑坡等不良地质现象,为泥石流的发育提供了大量松散固体物源。

图 8-3-1　樱桃沟泥石流清水区　　　　　图 8-3-2　通宝沟泥石流杨家沟泥石流物源

另外，该区局部林地中震裂现象及滑塌现象非常发育，植被破坏较严重，水土流失可能加剧，因而新产生大量坡面侵蚀物源区，该段沟床纵比降相对较缓，沟床堆积物非常丰富，为泥石流的形成提供了大量沟道堆积物源。

综上所述，该区地形地貌条件及地质结构特征决定其成为泥石流的主要松散固体物源分布区，同时，山高坡陡的特点也为这些松散固体物源易于参与泥石流活动，为泥石流的形成提供了有利条件。

(3)流通堆积区特征。流通区分布于泥石流沟下段，沟内海拔为 680～785m，沟长 1.0km，平均纵坡为 3°，沟宽 15～45m 不等，沟底大部分地段被泥石流冲积物覆盖 (图 8-3-3)，厚度为 3～20m，局部基岩出露；两岸谷坡下部坡度为 65°～75°。

堆积区分布于泥石流沟沟口地带(图 8-3-4)，并从沟出山口段内就开始堆积，沟内海拔为 638～680m，面积为 0.6km^2，占流域面积的 3.23%，下游段沟深为 30m，上游段沟深约为 10m，平均深度为 20m，堆积体积为 54×10^{4}m^3。

图 8-3-3　樱桃沟泥石流流通堆积区　　　　图 8-3-4　樱桃沟泥石流沟口堆积区

2. 物源特征

樱桃沟泥石流松散固体物源较丰富，且物源分布较为集中，主要分布于支沟通宝沟中下游段、支沟樱桃沟中下游段及支沟张家沟境内。共 23 处物源，主要包括崩滑堆积物源、沟道堆积物源和坡面侵蚀物源三类，其中崩滑物源点 12 处，坡面侵蚀物源点 5 处，沟道物源 6 处(表 8-3-1)。

表 8-3-1 2013 年"8·7"暴雨后樱桃沟物源情况统计表

编号	名称	类型	位置	稳定性	物源总量/万 m³	物源动储量/万 m³
B01	猴子岩崩塌	崩塌堆积物源	距离张家沟沟口 500m	欠稳定	0.50	0.12
B02	石槽子崩塌	崩塌堆积物源	距离樱桃沟上游 2.5km	欠稳定	0.71	0.21
H01	张家沟滑坡	滑坡堆积物源	距离张家沟沟口 400m(左岸)	欠稳定	3.76	1.10
H02	张家沟右岸滑坡	滑坡堆积物源	距离张家沟沟口 350m(右岸)	欠稳定	4.00	1.20
H03	桤木树滑坡	滑坡堆积物源	距离樱桃沟沟口上游 800m	欠稳定	27.10	6.80
H04	通宝山滑坡	滑坡堆积物源	通宝沟中游段	欠稳定	40.9	3.00
H05	五童庙滑坡	滑坡堆积物源	通宝沟中上游段	欠稳定	60.5	15.30
H06	五童庙沟上游 70m 滑坡	滑坡堆积物源	五童庙沟上游 70m 处	欠稳定	2.50	1.80
H07	傅家湾滑坡	滑坡堆积物源	樱桃沟中游段	欠稳定	20.5	5.20
H08	烧房子滑坡	滑坡堆积物源	樱桃沟中游段	欠稳定	2.80	0.63
H09	陪家山滑坡	滑坡堆积物源	樱桃沟中游段	欠稳定	9.05	2.10
H10	石槽子滑坡	滑坡堆积物源	樱桃沟中游段	欠稳定	2.50	0.80
崩滑物源合计					174.82	38.26
P01	樱桃沟与通宝沟交汇处	坡面侵蚀物源	通宝沟中游段	欠稳定	1.17	0.31
P02	何家沟对面	坡面侵蚀物源	通宝沟中游段	欠稳定	0.51	0.11
P03	烧房子滑坡对面	坡面侵蚀物源	通宝沟中游段	欠稳定	2.35	0.48
P04	陪家山滑坡对面	坡面侵蚀物源	樱桃沟中游段	欠稳定	1.17	0.21
P05	杨家沟对面	坡面侵蚀物源	樱桃沟中游段	欠稳定	1.20	0.20
坡面侵蚀物源合计					6.40	1.31
N01	张家沟左岸泥石流	沟道堆积物源	距离张家沟沟口上游 800m		4.50	1.50
N02	何家沟泥石流	沟道堆积物源	距离通宝沟沟口 2.5km		13.10	5.20
N03	杨家沟泥石流	沟道堆积物源	距离 N02 上游 200m		4.63	1.40
GD01	张家沟	沟道堆积物源	距离 2#拦挡坝 300m 起，往上 600m，拉槽深 0.3~1m，沟宽 30~35m		4.50	1.50
GD02	樱桃沟	沟道堆积物源	石槽子崩塌点往下起往下游 1200m，拉槽深 0.5~1.5m，沟宽 3~25m		37.50	12.10
GD03	通宝沟	沟道堆积物源	从杨家沟往上 500m 起，往下行程 1500m 范围沟域，拉槽深 0.3~1.0m，宽 10~40m		67.50	15.75
沟道物源合计					131.73	37.45
总物源总计					312.95	77.02

3. 水源特征

樱桃沟泥石流的水源主要是大气降水。由于泥石流均发生于雨季，沟域内地下水不丰富，不构成引发泥石流的主要水源，沟域内没有水库、湖泊等集中的地表水体，因此暴雨形成的地表径流是引发泥石流的主要水源，暴雨是泥石流的主要激发因素。

陈家坝镇位于亚热带湿润季风气候区，该区又属著名的鹿头山暴雨区，雨量充沛，年均降水量为1399.1mm，年最大降水量为2340mm（1967年），日最大降水量为101mm，时最大降水量为32mm；从同一年时间上看，降雨集中在6～9月，占全年降水量的71%～76%，最大占90%（1981年）；从历年时间上看，各年降雨分布不均；最大6h降水量为69.2mm，最大24h降水量为119.5mm。根据2010～2013年气象资料统计，①2010年"8·12"强降雨：2010年8月12日8:00至8月13日8:00，"5·12"汶川地震极重灾区的绵阳市平武县、北川县至安县一带普降暴雨，最大24h降水量达到256mm，期间最大小时降水量超过60mm，引发了大量滑坡、泥石流灾害；②2012年"8·17"强降雨：自2012年8月16日8:00到17日15:00，7个小时内北川县有5个站点累计降雨超过300mm，雨量为特大暴雨，其中擂鼓镇五星沟346mm、北川老县城326mm、擂鼓镇315mm、曲山镇任家坪312mm、沙坝村309mm；③2013年6～8月强降雨：2013年6月19日陈家坝镇日降水量为188mm，6月19～21日总降水量为284mm，6月29日降水量为185mm，6月29日至7月8日总降水量为363mm，7月9日降水量为168mm，7月9至13日总降水量为509mm。这些完全具备引发泥石流灾害的降雨条件，且樱桃沟沟域面积为18.5km²，有利于地表降水的径流和汇集，这些因素为樱桃沟泥石流的形成提供了有利的水源条件。

4. 发生频率及发展趋势

樱桃沟沟谷狭窄，沟谷两岸有大量的不稳定体分布，这些不稳定体已滑动或处于潜在不稳定状态，在大暴雨的条件下物源向沟内运移，形成堵沟的可能性极大，在已发生泥石流的基础上还会发生泥石流。①在连续超长降雨的情况下，当暴雨强度达到15mm以上或6h以上的连续暴雨时，该沟暴发泥石流的可能性极大。②根据沟内泥石流物源的岩性情况，该沟发生泥石流时仍以黏性泥石流为主，其规模小于2012年8月，与2013年7月泥石流暴发的规模相当。③发生泥石流时由于扇体中部的沟槽较窄，泥石流满槽后外溢的可能性极大，并对扇体下游的居民和富森木业构成直接危害，若沟内突降暴雨，则发生泥石流后仍有可能堵塞都坝河，对都坝河上游、下游居民和建筑物安全构成威胁。

5. 形成条件

樱桃沟泥石流属暴雨沟谷型泥石流，其成因机制和引发因素主要为三个方面。

(1)集中的大量降雨为泥石流的形成提供了水源条件。樱桃沟近年来多次发生泥石流灾害，通过在北川设立观测站监测到震后北川泥石流的临界小时降水量仅为37.4mm。由历年强降雨与灾情对比分析，说明强降雨是泥石流发生的诱发因素，震后泥石流形成的临界雨量明显降低。根据泥石流发生临界雨量的研究成果、地震前的资料表明，该区域泥石流发生的前期累计雨量为320～350mm，激发泥石流的临界小时雨量为50～60mm。地震后，临界雨量发生了变化。2008 年 9 月 23～24 日的泥石流发生前的累计雨量为 272.7mm，激发泥石流的临界雨量为每小时 41.0mm，累计雨量和临界雨量较地震前都有所降低。

(2)陡峭的地形为泥石流的形成提供了动力条件。樱桃沟位于后龙门山中山地貌，地势由东向西倾斜，高差悬殊，地形复杂。在椒山为最高，海拔为 2349m，在陈家坝河谷地最低，海拔为 656m，相对高差达 1693m。由于河流切割深度大，山势陡峭，坡度多在 40°～70°，主要河流支沟下游大部分为悬崖峭壁。整个沟域为 V 形谷地貌，特别是上游沟段和各支沟通常沟谷较为狭窄，纵坡较陡，水流湍急，且动态变化较大，具陡涨陡落的山溪沟谷特征。由于沟谷流域面积大，地形陡峻，易于汇水。水流由陡峭的坡体(支沟)后缘形成高势能，沿斜坡(支沟)下泄转化成极大动能，冲击松散体，相互作用形成泥石流。在沟内物源充足时，沟床坡降大小一方面表现为影响着松散物质转化成泥石流的多少；另一方面则表现为一旦水力条件满足时，将控制泥石流暴发的规模及危害程度。

(3)松散和破碎的岩土体为泥石流的形成提供了物质来源。流域内出露地层岩性主要是震旦系、寒武系、奥陶系、志留系和第四系松散堆积层，岩石坚硬，受断裂构造作用，岩石破碎，节理裂隙发育，岩体多为碎裂结构，斜坡表层岩体受风化和卸荷作用强烈，多呈散状结构，岩土体工程地质条件差，斜坡稳定性低，滑坡、崩塌发育，尤其是受"5·12"汶川地震作用，山体斜坡稳定性急剧降低。泥石流的物源主要来源于主沟中上游内的沟底物质和老堆积物的塌岸冲刷形成的松散体，其次为物源区内的滑坡。地震诱发崩塌、滑坡产生了丰富松散土体，强烈扰动地表，毁灭性、大面积破坏植被，使得泥石流形成条件发生剧烈变化。2008～2009 年，主沟内下切深度为 11.5m，最深达 2m；支沟中主要为樱桃沟下切深度达 1.5～2m，通宝沟为 2～2.5m。2012～2013 年，主沟基本无变化，但支沟中樱桃沟由于下切加强，深度变大至 2.5～3m，通宝沟下切由于淤积作用，深度变小至 1～1.5m，形成了交替和分期效应。

例如，2012 年"8·17"泥石流中，经过现场调查和分析显示，该次泥石流一次冲出量为 $18.54 \times 10^4 m^3$，其中由支沟引发的冲出量达 $11.98 \times 10^4 m^3$，占整个冲出量的 63.7%。流域内各沟谷及其泥石流的形成除与所在区地层岩性、地质构造及新构造活动等地质条件和降水等有关外，很大程度上受地形条件的控制，尤其是泥石流沟谷流域面积、沟道坡降和长度三个地形形态要素。

综上所述，樱桃沟泥石流的形成有内在和外在的因素，内在因素为自然的地形条件和大量的松散物源，外在因素为强降雨，三者互相联系。樱桃沟地震前 30 年内暴发 2 次，而地震后 10 年内暴发 5 次，暴发频率直接由中频进入高频。活动强度由急剧增强的突变，转至逐步减弱，期间泥石流活跃期与平静期交替出现，且活跃期逐渐缩短，第一个泥石流活跃期可能会持续 15 年左右。

6. 易发成度

根据《泥石流灾害防治工程勘查规范》(DZ/T 0220—2006 或 T/CAGHP 006—2018)，对樱桃沟泥石流的易发程度进行了分析(表 8-3-2)，最后得分为 104，按照综合评判等级标准(表 8-3-3)，樱桃沟泥石流易发程度等级为易发。

表 8-3-2　櫻桃沟泥石流易发程度数量化综合评判等级标准表

影响因素	量级划分							
	极易发	得分	中等易发	得分	轻度易发	得分	不易发生	得分
崩塌、滑坡及水土流失(自然和人为活动的)严重程度	崩塌、滑坡等重力侵蚀严重,多深层滑坡和大型崩塌,表土疏松,冲沟十分发育	21	崩塌、滑坡发育,多浅层滑坡和中小型崩塌,有零星植被,冲沟发育	16	有零星崩塌、滑坡和冲沟存在	12	无崩塌、滑坡、冲沟或发育轻微	1
泥沙沿程补给长度比/%	>60	16	30~60	12	10~30	8	<10	1
沟口泥石流堆积活动程度	主河河形弯曲或堵塞,主流受挤压偏移	14	主河河形无较大变化,仅主流受迫偏移	11	主河河形无变化,主流在高水位时偏,低水位时不偏	7	主河无河形变化,主流不偏	1
河沟纵坡/[(°),‰]	>12 (213)	12	6~12 (105~213)	9	3~6 (52~105)	6	<3 (32)	1
区域构造影响程度	强抬升区,8度以上地震区,断层破碎带	9	抬升区,7~8度地震区,有中小支断层	7	相对稳定区,7度以下地震区,有小断层	5	沉降区,构造影响小或无影响	1
流域植被覆盖率/%	<10	9	10~30	7	30~60	5	>60	1
河沟近期一次冲淤变幅/m	>2	8	1~2	6	0.2~1	4	0.2	1
岩性影响	软岩、黄土	6	软硬相间	5	风化强烈和节理发育的硬岩	4	硬岩	1
沿沟松散物储量/($10^4 m^3/km^2$)	>10	6	5~10	5	1~5	4	<1	1
沟岸山坡坡度/[(°),‰]	>32 (625)	6	25~32 (466~625)	5	15~25 (268~466)	4	<15 (268)	1
产沙区沟槽横断面	V形、U形谷、谷中谷	5	宽U形谷	4	复式断面	3	平坦型	1
产沙区松散物平均厚度/m	>10	5/	5~10	4	1~5	3	<1	1
流域面积/km^2	0.2~5	5	5~10	4	<0.2;10~100	3	>100	1
流域相对高差/m	>500	4	300~500	3	100~300	2	<100	1
河沟堵塞程度	严重	4	中等	3	轻微	2	无	1

表 8-3-3　泥石流沟易发程度数量化综合评判等级标准表

泥石流沟与非泥石流沟的判别界限值		划分易发程度等级的界限值	
等级	标准得分 N 的范围	等级	按标准得分 N 的范围自判
		极易发	116~130
是	44~130	易发	87~115
		轻度易发	44~86
非	15~43	不发生	15~43

8.3.3　工程治理

樱桃沟泥石流治理工程经历了多次建设与修补。

1. 2011 年工程

2011 年建设的治理工程主要有：①1#拦砂坝，长 40m，高 5m，顶宽 2m（副坝长 16m）；②2#拦砂坝，长 25m，高 515m，顶宽 3.5m，皆为混凝土坝；③左岸导流堤长 369m，顶宽 0.9m，高 2m，右岸导流堤长 384m，顶宽 0.9m，高 2.5m。

2013 年初，1#、2#拦砂坝所拦的淤积物已接近库容极限，组织清淤 $4.2×10^4 m^3$。2013 年 7 月，清淤量达 $6×10^4 m^3$。2014 年初勘察过后，清淤 $11.7×10^4 m^3$，同时在工程周围排查出 $360×10^4 m^3$ 的隐患。

2. 2015 年工程

2015 年 6 月中旬主汛期前，在樱桃沟、张家沟及通宝沟具备地质条件处各设置一道拦挡坝，对樱桃沟中上游段布设防冲肋槛，针对已有 2#拦砂坝和已有排导槽进行清淤，并发挥已有工程作用，并对 1#拦挡坝副坝及护坦水毁部分进行修复。①对张家沟，在已建 2#拦挡坝上游约 900m 卡口处，拟设一道 3#拦挡坝，该拦挡坝横断面呈梯形布置，坝高 14m，基础埋深 3m，上宽 2m，下宽 11.1m，坝顶海拔 661.5m，坝顶长 51.0m，坝底长 36.0m，总体呈梯形，材料采用 C20 毛石混凝土。坝体设置一道溢流口，高为 2.5m，宽为 2.0m，设置三排矩形泄水孔，为“品”字形，宽为 0.6m，高为 0.8m。②对樱桃沟，在距离樱桃沟出口 100m 处，设置一道 4#拦挡坝，该拦挡坝横断面呈梯形布置，坝高 6m，基础埋深 2.5m，上宽 1.8m，下宽 9.5m，坝顶海拔为 816.30m，坝顶长 37.0m，坝底长 35.0m，总体呈梯形，材料采用 C20 毛石混凝土，坝体设置一道溢流口，高为 1.5m，宽为 1.80m，设置两排矩形泄水孔，为“品”字形，宽为 0.6m，高为 0.8m，对樱桃沟中上游段布设防冲肋槛，肋槛嵌入基岩不小于 1.0m，土坡不小于 2.0m，局部两侧出露基岩，单个肋坎长度为 20.2~59.5m，肋槛高度为 2.0m，顶面宽度为 1.0m，高出流水面 0.5m，肋槛间距为 15.0m。③对通宝沟，在通宝沟通宝山滑坡坡脚处拟建一道 5#拦挡坝，总体呈梯形，坝高 10m，基础埋深 2.0m，上宽 1.5m，下宽 8.4m，坝底长 20.0m，坝顶长 26.0m，材料采用 C20 毛石混凝土。④对已建 2#拦挡坝坝后 $3.5×10^4 m^2$、对排导槽 $0.75×10^4 m^2$ 范围进行清淤，将清淤出的 $10×10^4 m^3$ 砂石运到 5km 外的红岩村，进行土地复垦前的河滩地填平工作。⑤对已建 1#拦挡坝副坝及护坦水毁部分进行修复。

2017 年，对 2#拦沙坝进行了清淤，方量达 $17544 m^3$。

3. 2019 年工程

2019 年，主要针对 2018 年泥石流的破坏进行了樱桃沟泥石流治理提升工程与清淤工作。樱桃沟泥石流治理提升工程主要包括：①1#坝、副坝及护坦进行提升；②3#坝采用两排桩作为副坝：A 排桩约 20 根，B 排桩约 20 根；③4#坝护坦提升长 10m；④5#坝左侧新建导流堤 40m；⑤涵洞底部提升长度为 6.5m；⑥修建防护堤总长约 601.7m。

8.4 青林沟泥石流

8.4.1 受灾情况

1. 背景概述

青林沟位于陈家坝镇集镇北西侧，是规模较大的冲沟，是都坝河右岸一级支沟，常年流水，流量变化大。该沟发育于场地西北的椒山一带，向东南经石龙坪、笼口子于陈家坝镇原集镇北东侧汇入都坝河(陈宇等，2009；林斌等，2019；薛莉云等，2022)。

青林沟由于所处的地质构造复杂，断裂和褶皱发育，新构造运动抬升强烈，沟谷下切，岩体破碎，第四系松散层分布范围广且厚度大。"5·12"汶川地震中，青林沟内滑坡(H1、H2、H3、H4)形成的大量物源淹埋 37 人，并毁坏民房 300 多间、乡道一条，直接经济损失约 1200 万元。"5·12"汶川地震后，沟谷两岸不稳定，滑坡、崩塌及岸坡侧蚀严重，松散固体物质储量达 1225.2×10^{4}m^3，潜在可能参与泥石流活动的固体物质可达 365.8×10^{4}m^3。青林沟一旦再次暴发泥石流，将严重威胁现居住场镇 610 户 2135 人的生命财产安全和 S105 省道跨都坝河大桥的通行安全，严重影响老场镇和新场镇南端人民的生产和生活，潜在经济损失约 2.1 亿元。

2. 受灾历史

"5·12"汶川地震前青林沟历史上未暴发过泥石流，地震后流通区内不良地质体发育，松散堆积物源极为丰富。首次泥石流暴发是在 2008 年 7~8 月沟谷两岸滑坡体以暴发坡面流形式参与青林沟泥石流活动，沟口堆积扇已出现明显的泥石流堆积，面积约为 5000m^2，沟床淤高平均为 1.0~1.5m，体积约为 7500m^3。

2008 年 9 月 24 日青林沟遭遇 20 年一遇特大暴雨，致使该地暴发大规模泥石流，堆积面积为 15×10^{4}m^2，堆积体厚 3~30m 不等，平均厚 4.7m，堆积体积为 70.5×10^{4}m^3，一次性固体物质冲出量达 80.5×10^{4}m^3。青林沟在 "9·24" 泥石流冲出的物质中大部分为泥石流沟左岸 H1 特大滑坡体前缘物质，约为 60×10^{4}m^3，而 H2 参与该次泥石流活动物质约为 5×10^{4}m^3，H3 参与该次泥石流活动物质约为 10×10^{4}m^3，H4 参与该次泥石流活动物质约为 0.5×10^{4}m^3，其余为沟中两岸地震后形成的其他松散物质。

2010 年 "8·12" 暴雨和 "8·17" 暴雨，致使青林沟再次暴发泥石流。

2011 年 "7·24" 暴雨和 "8·17" 暴雨，致使青林沟再次暴发泥石流。

2012 年 "8·17" 特大暴雨，堰塞湖溢流口发生局部冲刷溃决，原沟道堆积松散物源在洪水的揭底淘蚀作用下，再次启动参与泥石流活动，形成泥石流，一次冲出固体物源量约为 27×10^{4}m^3，通过泥石流揭底冲刷、搬运后仍然堆积于 1#拦砂坝上游沟道内的固体物源量约为 7.86×10^{4}m^3(图 8-4-1)，而在堆积区形成的泥石流堆积体厚 1~4m，平均厚约 2m，泥石流堆积体体积为 12.10×10^{4}m^3。

2013 年 7 月 9 日，青林沟遭遇 50 年一遇特大暴雨，原沟道堆积松散物源在洪水的揭底淘蚀作用下(图 8-4-2)，青林沟再次发生泥石流，一次冲出固体物源量约为 $14.2×10^4 m^3$。2014～2019 年，未发生大规模泥石流。

图 8-4-1　1#拦砂坝拦挡泥石流情况　　　　图 8-4-2　沟道揭底冲刷和沟岸侧蚀

8.4.2　典型特征

1. 流域特征

青林沟位于陈家坝镇西北部，都坝河右岸，沟道总体呈西北向东南向展布。主沟全长 9.9km，流域面积为 23.6km²，相对高差为 1070m，平均纵比降为 108‰，平均纵坡度为 6°(薛莉云等，2022)。支沟、毛沟较发育，呈树枝状展布，其分布不对称；支沟通常纵坡较大，沟道短小，为季节性冲沟，具暴涨暴落特点，暴雨期间仅部分支沟有小型泥石流发育。

(1)沟道纵坡及两侧斜坡。该泥石流沟海拔为 660～1730m(分水岭至都坝河交汇处)，相对高差为 1070m，沟道全长约 9.9km，平均纵坡降约 105‰，集雨面积约 23.6km²。沟道两侧斜坡高陡，地形坡度一般为 30°～50°，局部达 70°以上甚至直立，以杂树、灌丛为主的植被发育茂密，覆盖率达 90%以上。

(2)沟道弯曲。青林沟平面形态总体存在几个较大的弯道，且局部小弯曲较多；河床粗糙，沟道较狭窄，沟谷形态为 V 形。H1 前缘处因滑坡下滑形成沟中弯急且沟道狭窄，受冲刷侧蚀较强，易诱发滑坡前部滑塌，是青林沟泥石流物源形成的主要源区之一。

(3)流域汇水面积大。青林沟流域汇水面积为 23.6km²，流域形态呈口袋形，而流域形态直接影响着暴雨的径流过程，径流和洪峰流量大小又直接关系着各种松散固体物质的起动与泥石流的活动。青林沟这种口袋形的流域形状极利于泥石流的发生。

2. 分区特征

根据该泥石流的发育现状和形成特点，将青林沟流域划分为泥石流清水区、物源区(形成区)、流通区堆积区及堆积区(图 8-4-3)。

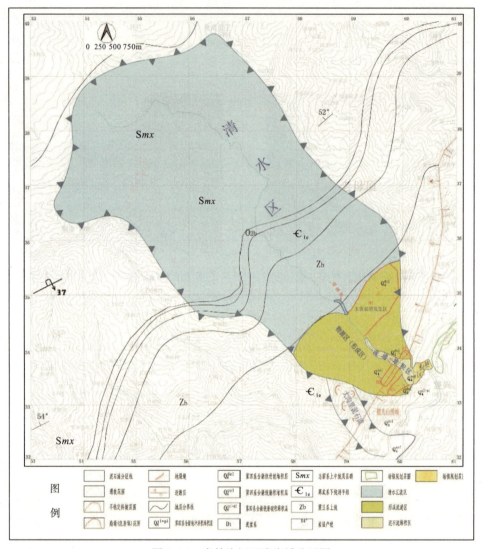

图 8-4-3　青林沟泥石流沟域分区图

1) 泥石流清水区特征

本区位于海拔 870m(堰塞湖上游约 800m 处)至近分水岭 1730m 段,相对高差为 880m;沟道整体沿 135°方向展布,主沟纵长约 6.8km,汇水面积约 20.3km²,纵沟平均坡度约 8.1°,沟道纵比降为 142.3‰;沟谷形态呈 V 形,沟道狭窄,两岸地形坡度陡峻,坡度一般为 40°~60°,少数近乎直立;局部地段地形相对宽缓。第四系覆盖层相对较薄,植被覆盖好,以针叶林及灌木为主;大部分地区基岩裸露,斜坡稳定性较好,零星发育小规模滑坡、崩塌等,物源稀少。

该区流域面积较大,沟道内主要为冲洪积堆积层,厚度不大;沟域纵坡降较大,暴雨时沟内流量大、流速较快,对下游沟道的冲刷、侵蚀能力较强,为泥石流的形成创造了水动力条件。

2) 泥石流物源及流通区特征

物源及流通区分布范围为堰塞湖上游约 800m 处至 1#拦砂坝,海拔 870～750m,沟长约 2.3km,沟宽 5～60m,汇水面积约 3.4km²,沟道纵坡比降约 52.2‰,沟向为 132°,沟谷从上游往下游形态由 V 形渐变为 U 形,沟谷两岸地形坡度为 30°～40°,部分陡壁处可达 60°～80°。堰塞湖溢流口至 1#拦砂坝处沟道长约 845m,其中上游 293m 沟道弯曲狭窄,一般宽 5～9m,最窄处仅 3m 左右,中部有处高约 3m 的跌水。暴雨发生时,沟内流速较大,冲刷、淘蚀能力较强,最大冲刷深度达 5m 左右,导致堆积于沟道内的松散物源被揭底、淘蚀,参与泥石流活动。

该区段地形坡度较大,沟床纵坡较陡,沟道较狭窄,加之后缘汇水面积大;当遇强降雨时,雨水迅速汇集,沟内流速较大,冲刷、淘蚀能力较强,导致堆积于沟道内的松散物源被揭底、淘蚀,参与泥石流活动。

因受"5·12"汶川地震影响,青林沟泥石流形成区内不良地质现象发育,沟道两岸发育多处滑坡。左岸形成 2 处滑坡堆积体,编号分别为 H1、H4;右岸形成 2 处滑坡堆积体,编号分别为 H2、H3,其中 H1 滑坡为青林沟泥石流主要物源。

(1) H1 滑坡。该滑坡在"5·12"汶川地震中发生滑动,形成堆积体,该堆积体组成主要为块碎石土,其中块碎石含量较高,物质松散;上游堰塞湖正是因为该滑坡下滑堵沟形成的。该滑坡前缘宽 742.2m,纵长 1150.5m,面积为 58.3×10⁴m²,平面近似呈圈椅状,平均厚度约为 21.2m,规模约为 1123.4×10⁴m³,属特大型滑坡。经估算,将有 320×10⁴m³ 松散堆积体参与泥石流活动,加上坡面泥石流约 30×10⁴m³,该滑坡可能参与泥石流活动物质达 350×10⁴m³。2020 年以来,该滑坡整体较稳定,坡体前缘因陡坎临空而发育横张裂缝外,坡体中后部从"5·12"汶川地震形成后整体稳定,未发现新的裂缝和变形。

(2) H2 滑坡。该滑坡在平面上呈条带状展布,海拔 925～705m,前后缘高差为 220m,平均地形坡度为 30.5°,滑坡后部坡度较陡,为 36°,主滑方向约为 54°。其宽 65.7m,纵长 328.6m,面积为 3.0×10⁴m²,平均厚度约为 6.8m,规模约为 20.4×10⁴m³,属中型滑坡。

该滑体在"5·12"汶川地震中发生高位滑坡,滑体顺坡而下,在斜坡及下部形成堆积体,该堆积体组成主要为块碎石土,其中土质含量相对较高。滑坡边界明显,变形迹为后缘滑坡壁明显,高差达 10～15m,左右缘剪切错落成坎,坎高 1～3m;预计可能参与泥石流活动物质达 10.0×10⁴m³。

(3) H3 滑坡。该滑坡在平面上呈条带状展布,海拔 686～1260m,前后缘高差为 574m,平均地形坡度为 30°,滑坡后部坡度较陡,为 35°,主滑方向约为 60°,宽 159.1m,纵长 940.3m,面积为 12.9×10⁴m²,平均厚度约为 7.3m,规模约为 94.1×10⁴m³,属中型滑坡。

该滑体在"5·12"汶川地震中发生高位滑坡,滑体顺坡而下,在斜坡及下部形成堆积体,物质组成主要为块碎石土,其中土质含量相对较高。滑坡边界明显,变形迹为后缘滑坡壁明显,高差达 20～30m,左右缘剪切错落成坎,坎高 1～3m;预计可能参与泥石流活动物质达 50.0×10⁴m³。

(4) H4 滑坡。该滑坡在平面上呈扇形展布，海拔 695～903m，前后缘高差为 208m，平均地形坡度为 39.1°，主滑方向约为 175°，宽 266.7m，纵长 253.4m，面积为 $4.1 \times 10^4 m^2$，平均厚度约为 5.8m，规模约为 $23.8 \times 10^4 m^3$，属中型滑坡。该滑体在"5·12"汶川地震中发生高位崩滑，滑体顺坡而下，在斜坡及下部形成堆积体，该堆积体组成主要为块碎石土，其中土质含量相对较高。滑坡边界明显，变形迹为后缘滑坡壁明显，高差达 0.2～0.3m，左右缘剪切错落成坎；预计可能参与泥石流活动的物质达 $12.0 \times 10^4 m^3$。

3) 泥石流堆积区特征

该泥石流沟堆积区起于 H3 滑坡右侧边界的沟道，前缘位于都坝河，海拔 660～679m；沿沟长约 0.35km，整体形态呈长条扇形，最宽处约 360m。堆积体由上游到下游逐渐变薄，"8·17"泥石流形成的堆积体厚 1～4m，平均厚约 2m，堆积体体积约为 $12.1 \times 10^4 m^3$。

3. 成因机制

(1) 丰富的松散固体物质条件。青林沟由于所处的地质构造复杂，断裂和褶皱发育，新构造运动抬升强烈，沟谷下切，岩体破碎，第四系松散层分布范围广且厚度大。"5·12"汶川地震后，沟谷两岸滑坡、崩塌发育，沟岸不稳定，滑坡、崩塌及岸坡侧蚀严重，为泥石流暴发提供充足的物源条件。2009 年，青林沟内松散固体物质储量达 $1371.7 \times 10^4 m^3$，总储量达 $471.9 \times 10^4 m^3$，其中 H1 滑坡为最大物源点，体积达 $1123.4 \times 10^4 m^3$。2015 年，青林沟沟内固体物源总体积约为 $1225.2 \times 10^4 m^3$，近期可能参与泥石流的固体物源总储量为 $365.8 \times 10^4 m^3$。

(2) 适宜的地形条件。从纵向上看，沿沟落差大，青林沟沟道全长 9.9km（从分水岭至与都坝河交汇处），相对高差为 1730m，平均纵比降为 105‰，平均坡度为 6°，为泥石流形成提供了适宜的势能条件（图 8-4-4）；横向上看，物源区呈 U 形和 V 形谷（图 8-4-5），沟谷两岸地形坡度为 30°～40°，如此沟岸有利于形成滑坡等不良地质体；从平面上看，沿分水岭形态呈口袋状，如此形态有利于地表水的汇集。

图 8-4-4　青林沟上游地形地貌　　　　　　　　图 8-4-5 青林沟中游地形地貌

(3) 充足的水源条件。区内最大年降水量为 2340mm，50 年一遇日最大降水量为 323.4mm（1977 年 9 月 9 日），20 年一遇日最大降水量为 279mm（2008 年 9 月 24 日），时最大降水量为 78mm；年降水量的 70%以上集中在 6～9 月，并且降水量随地形增高而加大，沟域汇水面积达 23.7km²，为泥石流暴发提供有充足的水源条件。集中的降水产生洪水强烈冲蚀地表及侵蚀沟谷，促使并加剧滑坡体和不稳定边坡活动，增加沟内的松散堆积物。

(4)强烈构造运动。区内构造作用强烈，新构造运动以上升为主，河谷深切，地形陡峭，为不良地质体形成创造良好的临空面条件。同时断层发育，北川—映秀断裂带横穿泥石流物源区，为泥石流的形成提供大量的物质基础。特别是"5·12"汶川地震，致使断层两边(即该泥石流物源区内)发育 4 处滑坡及局部崩塌，为泥石流形成提供大量物源。

8.4.3 工程治理

青林沟泥石流治理工程是"5·12"汶川地震后，北川最早启动建设的一批泥石流治理工程。2010 年 1 月，该工程开始施工，2010 年 7 月底主体工程基本完成。之后连续经历了多次修补和扩建(田述军等，2020)。

1. 2010 年工程治理

(1)沟道整治。对 H1 滑体前缘沟道进行整理，采用块石土进行堆填，改变沟道形状，避免继续切割 H1 滑体前缘，以防止 H1 滑体发生剧烈活动堵塞沟道，造成溃决型泥石流，带出大量固体物质。填方区域长约 407m，整治范围体积约为 18242m³，最大填方厚度约为 10m，总体积为 83545m³。在堆填的块石土表层每间隔 4.0m 再堆放厚度为 1.0m 的石笼，石笼之间相互联结，堆放面积为 4002.5m²。石笼采用钢筋笼，内充填块石，钢筋笼不小于 1m³，钢筋采用 HPB235，间距为 15cm。堆放石笼共需块石 4002.5m³，ϕ8 钢筋 125.86t。

(2)1#拦挡坝及副坝。在 H1 滑体左缘下部修建一拦挡坝，对 H1 滑体左缘进行反压处理，并减小局部沟道的纵坡，防止上部沟道冲刷过大，对沟道填方区造成影响。坝体高 10.0m，顶宽 4.0m，迎水坡坡率为 1：1，背水坡坡率为 1：0.3，坝体由上至下开设 2 排 1.2m×1.2m 的排泄孔，间距为 2.0m×2.0m。坝体采用 M7.5 浆砌块石砌筑，坝长为 85.0m。坝的前部设置高 3.5m 的副坝。副坝顶宽 1.0m，迎水坡坡率为 1：0.2，背水坡坡率为 1：0.2。坝体采用 M7.5 浆砌块石砌筑，坝长为 68.7m。

(3)2#拦挡坝。在陈家坝老场镇后部修建一座拦挡坝，坝体采用八字墙形式，坝体高 8.0m，顶宽 2.0m，迎水坡坡率为 1：0.35，背水坡坡率为 1：0.35，采用 M7.5 浆砌块石结构，长为 195.8m，主要目的是对老场镇进行防护。

(4)防护堤。为防止青林沟冲出物质淤高对新场镇南端的威胁，在新场镇南端都坝河沿岸修建防护堤，防护堤采用护岸墙形式，堤高 7.0m，顶宽 1.0m，迎水坡坡率为 1：0.3，采用 M7.5 浆砌块石结构，总长为 306.6m。

2. 2011 年工程治理

2010 年 8 月 12 日和 8 月 17 日，青林沟遭遇两次暴雨袭击，由于原沟道堆积物松散，在强烈水流作用下向上游发生深切，相继对副坝、护坦造成牵引破坏，致使主坝下部基础向内淘蚀 2～3m，垂直高度约为 10m。主坝发生局部变形，表面产生多处裂缝，坝脚局部发生垮塌，同时坝后已淤积约 8m 厚的泥石流堆积物，距离溢流口仅剩 2m。出现此险情后，2011 年 2 月对其进行了应急抢险，对坝基、坝前进行回填，修筑坝前防冲刷段等工程，至 2011 年 6 月底主体工程基本完工。

3. 2012 年工程治理

2011 年 7 月 24 日和 8 月 17 日，青林沟遭遇两次暴雨袭击，原沟道在坝后 2010 年堆积的泥石流松散体，在强烈水流作用下，水流挟带原堆积物大小石块对水毁工程中混凝土台阶、防冲刷段上安装的钢轨造成破坏，致使台阶上钢筋混凝土台阶冲刷平整，防冲刷段外淘蚀深度达 2～3m，防冲刷段上埋设的废钢轨大部分冲刷变形和脱离，局部的冲刷导致防冲刷段面层产生大小坑洞(图 8-4-6)。出现此险情后，2012 年 2 月开始进行了斜坡回填(钢板)加固、延长坝前防冲刷段、重砌右侧侧墙等应急抢险措施，至 2012 年 6 月底主体工程基本完工。

4. 2013 年工程治理

2012 年"8·17"特大暴雨袭击，青林沟再次暴发泥石流，受此次泥石流影响，上游堰塞湖溢流口处的过水涵管便道被冲毁；1#拦挡坝右侧坝肩被冲毁，左侧坝后基础悬空，且不能再起到拦挡泥石流的作用，基本失去防护功能；2#拦挡坝有效防护高度已由原来的 7m 减小至不足 4m，不能满足设计标准；都坝河左岸防冲堤约 20m 堤段基础被淘蚀、损坏，堤坝倾斜(图 8-4-7)。出现此险情后，2013 年 2 月开始进行了 1#拦挡坝修复、新建 3#拦挡坝、浇筑下游土坝导流工程、原防护堤修复与加固等应急抢险措施，至 2013 年 6 月底主体工程基本完工。

图 8-4-6 2011 年水毁情况　　　　图 8-4-7 2012 年水毁后修复情况

3#拦挡坝是在原 1#拦挡坝下游 100m 位置重新修建。坝的有效高度为 8m，顶宽 3m，采用 C20 块石混凝土浇筑，块石含量为 20%～30%，迎水坡坡率为 1∶0.75，背水坡坡率为 1∶0.3，坝体由上至下开设 2 排 1.0m×1.2m 的排泄孔，间距为 2m×1.4m。两侧沿溢流口位置砌筑侧墙，中间沟底位置采用 C20 混凝土进行护底，护底长度约为 20m，铺设厚度为 1m，同时面层铺放大块石防冲刷处理，单块块石块径不得低于 1m。沟道护底时按照设计标高先进行沟道清方、整理，然后夯实后进行铺底。两侧侧墙高 3.5m，顶宽 0.6m，长 42m，墙体采用 C20 混凝土浇筑。面坡坡率为 1∶0.25，背坡坡率为 1∶0.20。挡墙墙趾宽 0.5m，高 1.0m。墙后采用碎块石土进行回填。

5. 2014 年工程治理

2013 年"7·9"特大暴雨，陈家坝镇遭遇连续强降雨，总降水量达到 1027mm，其中 7 月 9～11 日，降水量超过 500mm。2013 年 7 月 12 日凌晨，青林沟内起主要拦挡作用的 1#拦挡坝、3#拦挡坝均发生不同程度水毁灾害。其中，1#拦挡坝溢流口顶部冲刷剥蚀严重，剥蚀深度最大达 1.8m，最深已剥蚀至第一排泄水孔附近；3#拦挡坝右侧坝肩被冲毁，冲毁深度约 4.6m，长度约 18m，由此冲沟水流主要顺冲毁缺口处通过，在水流冲刷作用下，其坝前钢绳石笼前部基础已严重淘蚀，局部淘蚀深度达 4.6m，如不采取任何工程措施，任其发展，坝前钢绳石笼将失稳，严重危及 3#拦挡坝的安全(图 8-4-8)。出现此险情后，2014 年 2 月开始实施了 3#拦挡坝前抗滑支挡工程、3#拦挡坝右侧坝肩修复工程、1#拦挡坝修复工程、新建 CD 段护岸挡墙等应急抢险措施，至 2014 年 6 月底主体工程基本完工 (图 8-4-9)。

图 8-4-8　2013 年水毁情况　　　　　　　　图 8-4-9　2013 年水毁后修复情况

6. 2019 年工程治理

2015～2019 年，青林沟只发生局部泥石流，威胁较小，对治理工程破坏不大。2018～2019 年实施了北川县都坝河小流域地质灾害综合防治二期工程。采用"调洪闸坝+防护堤(三段)+多级坝"(上游调洪兼固源、下游固底)的形式对青林沟泥石流进行防治。设置调洪闸坝可在一定程度上调节上游洪峰流量，同时闸蓄的湖水可作为农田灌溉等使用。防护堤主要起稳拦物源的作用。多级桩林坝主要防止坝前沟道强大流体的揭底冲刷，起到消能和稳固沟床的作用。对 1#坝右坝肩加固延长 23m，高度为 8.5m；3#坝右坝肩加高，加高高度为 1.5m，长度为 15m；3#坝坝下实施多级消能护坦组合桩垂裙结构设计：A 排桩桩径为 1.0m，桩中心间距为 2.0m，共 30 根，B 排桩桩径为 1.0m，桩中心间距为 2.0m，共 29 根。防护延长 45m，修复长度为 23.5m，导流墙加固长度为 175m。

7. 治理工程损毁原因分析

青林沟泥石流历经多次强降雨，治理工程外观、结构均遭受到不同程度的损毁，主要归结于以下几个原因。

1) 超设防标准洪水

超设防标准洪水主要体现为超设防标准的降雨所导致的洪水和堰塞湖溃决导致的瞬时超设防标准洪水两个方面。

(1) 据北川县气象信息，从 2013 年 6 月 8 日至 7 月 24 日，对北川县境内大部分乡镇区域的雨情进行统计，其中北川关内日降水量最大为 310mm，7 月 9 日，最大小时降水量达 107mm，最大连续降雨过程达 628mm，达到 50 年一遇降雨强度。而青林沟泥石流治理工程设防标准根据相应规范按 20 年一遇考虑暴雨强度重现期，因此，由降雨所导致超设防标准洪水对 1#拦挡坝溢流口顶部冲刷剥蚀严重，剥蚀深度最大达 1.8m，最深已剥蚀至第一排泄水孔附近；3#拦挡坝右侧坝肩被冲毁，冲毁深度约为 4.6m，长度约为 18m，由此冲沟水流主要顺冲毁缺口处通过，在水流冲刷作用下，其坝前钢绳石笼前部基础已严重淘蚀，局部淘蚀深度达 4.6m。

(2) 堰塞湖溃决导致产生瞬时超标准洪流，2012 年"8·17"暴雨，尽管暴雨强度未达 20 年一遇设防标准，但由于青林沟堰塞湖锁口局部发生溃决，导致产生瞬时超标准洪流倾泻而下，据初步推算，此次堰塞湖溃决所产生的瞬时流量，已超过 P=2%（50 年一遇）重现期的 10min 设计雨强（35.4mm）。因此，此次由堰塞湖溃决所产生的超标准洪水直接导致 1#拦挡坝右侧坝肩被冲毁，左侧坝后基础悬空，都坝河左岸防洪堤约 20m 堤段基础被掏蚀、损坏，堤坝倾斜。

综上所述，超设防标准的洪水是导致 2012 年、2013 年两次坝体被冲毁与其他结构不同程度受损的主要原因。

2) 冲刷下切作用强烈

青林沟泥石流治理工程段冲刷下切作用强烈，主要体现在以下四个方面。

(1) 青林沟自 2008 年"9·24"大规模泥石流暴发以来，在治理工程沟段及下游堆积区堆积了深厚的泥石流沟道堆积物，堆积体厚 3～30m 不等，平均厚度达 17m，此类堆积物结构松散，利于流水揭底淘蚀。

(2) 工程治理设计之初，为了更有效回淤压脚 H1 滑坡，迫不得已选择在高位设置 1#坝，而 1#坝所处的沟段纵坡比较大，可达 62.7‰，水动力条件较好，致使流水更易冲刷沟道下切。

(3) 青林沟泥石流沟域面积达 23.7km^2，沟域面积广，20 年一遇清水峰值流量可达 368m^3/s，因此在强降雨作用下，由此汇聚的水量非常大，更加剧了对沟道松散堆积物的冲刷下切作用。

(4) 坝体淤满后，从泄流口上流出的泥石流，即"溢坝型"泥石流进一步加重了坝下的冲刷、侵蚀。根据现场调查，2010 年工程治理所设置的 1#拦砂坝在刚竣工后不久的

"8·12" 泥石流过程中即淤满，其后泥石流体一直处于溢坝状态。在沟道设置拦挡坝后，溢坝泥石流落差大，单宽流量增大，泥石流的动能量和冲击力剧增，加剧了溢坝泥石流对坝体下游的冲刷侵蚀效应。

综上所述，在强降雨作用下，洪水对坝前沟道堆积物强烈冲刷下切，形成侵蚀坑或拉槽，随着侵蚀坑的不断加深拓宽和溯源侵蚀最终牵引破坏治理工程措施，治理工程出现坝下基础悬空、结构变形等损毁现象。

参 考 文 献

白永健，铁永波，孟铭杰，等，2022. 川西地区地质灾害发育特征与时空分布规律[J]. 沉积与特提斯地质，42(4)：666-674.

白永健，铁永波，倪化勇，等，2014. 鲜水河流域地质灾害时空分布规律及孕灾环境研究[J]. 灾害学，29(4)：69-75.

北川羌族自治县统计局，2021. 北川羌族自治县统计年鉴2021[M]. 北川羌族自治县统计局.

卜兆宏，董勤瑞，周伏建，等，1992. 降雨侵蚀力因子新算法的初步研究[J]. 土壤学报，29(4)：408-418.

卜兆宏，董勤瑞，周伏建，等. 1992. 降雨侵蚀力因子新算法的初步研究[J]. 土壤学报，(04)：408-418.

蔡崇法，丁树文，史志华，等. 2001. GIS 支持下三峡库区典型小流域土壤养分流失量预测[J]. 水土保持学报，15(1)：9-13.

曹建军，刘永娟，2010. GIS 支持下上海城市生态敏感性分析[J]. 应用生态学报，21(7)：1805-1812.

常虎，王森，2019. 黄土高原村域农村人居环境质量评价研究：以子洲县西北部为例[J]. 农村经济与科技，30(9)：27-30.

陈博宁，2010. 北川县陈家坝镇灾后土地复垦及人居环境重建研究[D]. 成都：成都理工大学.

陈国辉，何成江，胡泽铭，等，2015. 四川省 2015 年绵阳市北川县地质灾害详细调查报告[R]. 成都：四川省地质工程勘察院.

陈建军，张树文，李洪星，等，2005. 吉林省土壤侵蚀敏感性评价[J]. 水土保持通报，25(3)：49-53.

陈静，2016. 丰都县土地利用变化与土地生态安全评价研究[D]. 重庆：西南大学.

陈利顶，傅伯杰，1995. 榆林地区生态环境对人类活动的敏感度评价[J]. 环境科学进展，3(4)：33-38.

陈盼盼，胡利利，李亦秋，等，2017. 龙门山地区水土流失敏感性评价及其空间分异[J]. 水土保持通报，37(3)：237-241.

陈萍，陈晓玲，2010. 全球环境变化下人-环境耦合系统的脆弱性研究综述[J]. 地理科学进展，29(4)：454-462.

陈钦程，徐福利，王渭玲，等，2014. 秦岭北麓不同林龄华北落叶松土壤速效钾变化规律[J]. 植物营养与肥料学报，20(5)：1243-1249.

陈晓红，吴广斌，万鲁河，2014. 基于 BP 的城市化与生态环境耦合脆弱性与协调性动态模拟研究：以黑龙江省东部煤电化基地为例[J]. 地理科学，34(11)：1337-1343.

陈燕红，潘文斌，蔡芫镔，2007. 基于 RUSLE 的流域土壤侵蚀敏感性评价：以福建省吉溪流域为例[J]. 山地学报，25(4)：490-496.

陈洋，齐雁冰，王茵茵，等，2017. 秦巴中部山区耕地土壤速效钾空间变异及其影响因素[J]. 环境科学研究，30(2)：257-266.

陈瑶，胥晓，张德然，等，2006. 四川龙门山西北部植被分布与地形因子的相关性[J]. 生态学杂志，25(9)：1052-1055.

陈颖，2015. 蜀南竹海核心景区毛竹林土壤肥力质量指标与评价[D]. 成都：四川农业大学.

陈宇，高攀，李卓航，2009. 四川茂县青林沟泥石流危险度评价[J]. 四川地质学报，29(S2)：159-162.

陈哲锋，吴静，郭玉斌，等，2018. 层次分析与模糊数学综合评价法在矿山环境评价中的应用[J]. 华东地质，39(4)：305-310.

程淑杰，朱志玲，白林波，2015. 基于 GIS 的人居环境生态适宜性评价：以宁夏中部干旱带为例[J]. 干旱区研究，32(1)：176-183.

崔胜辉，李方一，黄静，等，2009. 全球变化背景下的敏感性研究综述[J]. 地球科学进展，24(9)：1033-1041.

杜军，杨青华，2009. 基于 GIS 与 AHP 耦合的汶川震后次生地质灾害风险评估[J]. 中国水土保持(11)：14-16.

樊彦芳，刘凌，陈星，等，2004. 层次分析法在水环境安全综合评价中的应用[J]. 河海大学学报(自然科学版)，32(5)：512-514.

樊哲文，刘木生，沈文清，等，2009. 江西省生态脆弱性现状 GIS 模型评价[J]. 地球信息科学学报，11(2)：202-208.

范瑞瑜，1985. 黄河中游地区小流域土壤流失量计算方程的研究[J]. 中国水土保持. (02)：6-12.

付志国，2019. 汤丹镇古村落空间格局与地质灾害危险性关联研究[D]. 昆明：云南大学，

高一平，2012a. 基于 DEM 的区域地形坡度分级图制作[J]. 山西煤炭，32（9）：44-46.

高一平，2012b. 基于 SRTM 数据的地形坡度分级多边形合并方法与应用研究[D]. 太原：太原理工大学.

戈峰，2008. 现代生态学（第二版）[M]. 北京：科学出版社.

巩杰，谢余初，等，2018. 流域景观格局与生态系统服务时空变化：以甘肃白龙江流域为例[M]. 北京：科学出版社.

巩杰，赵彩霞，王合领，等，2012. 基于地质灾害的陇南山区生态风险评价：以陇南市武都区为例[J]. 山地学报，30（5）：570-577.

关靖云，瓦哈甫·哈力克，李啸虎，等，2018. 近 20a 克里雅绿洲人居环境适宜性时空演变分析[J]. 生态与农村环境学报，34（6）：512-520.

郭晓玉，高锐，Keller G R，等，2014. 龙门山断裂带隆起造山独特性探讨[J]. 地质科学，49（4）：1337-1345.

郭颖，2018. 四川省九龙县典型村庄聚落选址适宜性评价[D]. 成都：成都理工大学，

国家减灾委员会，科学技术部抗震救灾专家组，2008. 汶川地震灾害综合分析与评估[M]. 北京：科学出版社.

韩雅敏，2018. 甘肃省县域人居环境适宜性评价及时空变化分析[D]. 兰州：兰州大学，

郝慧梅，任志远，2009. 基于栅格数据的陕西省人居环境自然适宜性测评[J]. 地理学报，64（4）：498-506.

郝彦鹏，2015. 北川县肖箕窝滑坡复活机制及稳定性研究[D]. 成都：成都理工大学.

何才华，熊康宁，粟茜，1996. 贵州喀斯特生态环境脆弱性类型区及其开发治理研究[J]. 贵州师范大学学报（自然科学版），14（1）：1-9.

何静，田永中，高阳华，等，2010. 重庆山地人居环境气候适宜性评价[J]. 西南大学学报（自然科学版），32（9）：100-106.

阕婕，2006. 基于 GIS 技术与 AHP 研究生态环境敏感度分区[J]. 重庆师范大学学报，23（4）：76-80.

贺新春，邵东国，陈南祥，等，2005. 几种评价地下水环境脆弱性方法之比较[J]. 长江科学院院报，22（3）：17-20，24.

洪丹，陈晓东，2021. 国土空间生态修复背景下区域生态安全格局构建及优化：以四川省龙门山地区为例[J]. 园林，38（11）：92-99.

洪艳，2020. 龙门山地区 NDVI 时空演变及驱动力分析[D]. 成都：成都理工大学.

胡宝清，金姝兰，曹少英，等，2004. 基于 GIS 技术的广西喀斯特生态环境脆弱性综合评价[J]. 水土保持学报，18（1）：103-107.

胡续礼，潘剑君，杨树江，等，2010. 几种降雨侵蚀力模型的比较研究[J]. 水土保持通报，（01）：68-70.

胡学超，2012. 地震灾害频发地区的人口迁移与分布问题研究[D]. 成都：西南财经大学.

胡屿，罗伟，陈静，等，2022. 贵州地质灾害时空分布特征及趋势[J]. 地质学刊，46（3）：291-299.

槐永波，赵其苏，景远亮，2019. 四川省北川县"2016.9.5"李家湾滑坡特征及成因机制分析[J]. 水利水电快报，40（07）：27-30，42.

槐永波，叶胜华，赵其苏，2021. 汶川地震 10 年来北川县地质灾害发育规律分析[J]. 人民长江，52（S2）：83-87.

黄海，杨顺，田尤，等，2020. 汶川地震重灾区泥石流灾损土地利用及生态修复模式：以北川县都坝河小流域为例[J]. 自然资源学报，35（1）：106-118.

黄立华，苏珍，孙金梅，2015. 基于 Excel 模糊综合评价法在技术员考核中的应用[J]. 化工管理（17）：52-53.

黄烈生，2007. 煤炭矿区生态环境评价指标体系构建分析[J]. 集团经济研究（29）：286-287.

黄润秋，1988. 高地应力区岩石强度各向异性的试验研究[J]. 水文地质工程地质，15（4）：22-23.

黄润秋，李曰国，1992. 三峡工程水库岸坡稳定性预测的逻辑信息模型[J]. 水文地质工程地质，19（1）：15-20.

贾良清，欧阳志云，赵同谦，等，2005. 安徽省生态功能区划研究[J]. 生态学报，25（2）：254-260.

贾兴梅，李俊，贾伟，2016. 安徽省新型城镇化协调水平测度与比较[J]. 经济地理，36（2）：80-86.

江忠善，宋文经. 黄河中游黄土丘陵沟壑区小流域产沙量计算[A]. 北京河流泥沙国际学术讨论会论文集[C]. 北京：水利出版社，1982.

江忠善，王志强，刘志，1996. 黄土丘陵区小流域土壤侵蚀空间变化定量研究[J]. 土壤侵蚀与水土保持学报，(2)：1-9.

江忠善，郑粉莉，武敏，2005. 中国坡面水蚀预报模型研究[J]. 泥沙研究(4)：1-6.

姜云，王兰生，1994. 地理信息系统在山区城市地面岩体稳定性管理与控制中的应用[J]. 地质灾害与环境保护，5(1)：32-38.

靳毅，蒙吉军，2011. 生态脆弱性评价与预测研究进展[J]. 生态学杂志，30(11)：2646-2652.

靳英华，赵东升，杨青山，等，2004. 吉林省生态环境敏感性分区研究[J]. 东北师大学报(自然科学版)，36(2)：68-74.

康明敏，2019. 城市工程建设人居环境适宜性评价指标体系集成与应用[D]. 昆明：昆明理工大学.

康秀亮，刘艳红，2007. 生态系统敏感性评价方法研究[J]. 安徽农业科学，35(33)：10569-10571，10574.

孔锋，2020. 中国人居环境气候舒适度的多时相尺度评价及区域差异研究[J]. 干旱区资源与环境，34(3)：102-111.

蓝运超，1999. 城市信息系统[M]. 武汉：武汉大学出版社.

雷波，焦峰，王志杰，等，2013. 延河流域生态环境脆弱性评价及其特征分析[J]. 西北林学院学报，28(3)：161-167.

黎立，张黎健，2012. 地质灾害风险评估中 GIS 技术的应用分析[J]. 中国新技术新产品(7)：72-73.

李伯华，郑始年，2018. 汾河流域人居环境适宜性评价及空间分异研究[J]. 干旱区资源与环境，32(8)：87-92.

李博，韩增林，2010. 沿海城市人海关系地域系统脆弱性分类研究[J]. 地理与地理信息科学，26(3)：78-81，86.

李彩侠，马煜，2023. 山区地质灾害时空分布规律及影响因素分析：以四川省马边县为例[J]. 地质与资源，32(1)：104-112.

李成龙，李海兵，王焕，等，2021. 龙门山汶川地震断裂带北川段岩石与地球化学特征及其变形行为[J]. 岩石学报，37(10)：3145-3166.

李春霞，2018. 北川县都坝河流域生态环境敏感性评价[D]. 绵阳：绵阳师范学院.

李奋生，赵国华，李勇，等，2015. 龙门山地区水系发育特征及其对青藏高原东缘隆升的指示[J]. 地质论评，61(2)：345-355.

李鹤，张平宇，2011. 全球变化背景下脆弱性研究进展与应用展望[J]. 地理科学进展，30(7)：920-929.

李鹤，张平宇，程叶青，2008. 脆弱性的概念及其评价方法[J]. 地理科学进展，27(2)：18-25.

李慧娟，陈梦源，丁旭峰，等，2023. 渔洋河流域地质灾害时空分布特征及形成模式[J]. 资源环境与工程，37(1)：65-72，121.

李佩佩，沈军辉，燕俊松，等，2017. 小流域地震地质灾害危险性评价[J]. 中国地质灾害与防治学报，28(1)：128-134.

李鹏，2020. 地质灾害易发区生态地质环境安全时空演化研究[D]. 成都：成都理工大学.

李守定，李晓，张军，等，2010. 唐家山滑坡成因机制与堰塞坝整体稳定性研究[J]. 岩石力学与工程学报，29(S1)：2908-2915.

李守伟，王一泽，2020. 东北三省人居环境气候舒适度评价[J]. 国土与自然资源研究(6)：14-17.

李帅，魏虹，倪细炉，等，2014. 基于层次分析法和熵权法的宁夏城市人居环境质量评价[J]. 应用生态学报，25(9)：2700-2708.

李威，赵卫权，苏维词，2018. 基于 GIS 技术的黔中地区人居环境自然适宜性评价[J]. 长江流域资源与环境，27(5)：1082-1091.

李向东，2015. 四川省美姑县居住用地地质环境适宜性研究[D]. 成都：成都理工大学.

李雪铭，晋培育，2012. 中国城市人居环境质量特征与时空差异分析[J]. 地理科学，32(5)：521-529.

李雪铭，张英佳，高家骥，2014. 城市人居环境类型及空间格局研究：以大连市沙河口区为例[J]. 地理科学，34(9)：1033-1040.

李迎新，2009. 地质灾害分类与防治[J]. 西部探矿工程，21(4)：42-46.

李勇，曾允孚，1995. 龙门山逆冲推覆作用的地层标识[J]. 成都理工学院学报，22(2)：58-66.

李勇，A. L. Densmore，周荣军，等，2006a. 青藏高原东缘数字高程剖面及其对晚新生代河流下切深度和下切速率的约束[J]. 第四纪研究，26(2)：236-243.

李勇，周荣军，A. L. Densmore，等，2006b. 青藏高原东缘大陆动力学过程与地质响应[M]. 北京：地质出版社.

李媛，曲雪妍，杨旭东，等，2013. 中国地质灾害时空分布规律及防范重点[J]. 中国地质灾害与防治学报，24(4)：71-78.

梁京涛, 王军, 汪友明, 等, 2015. 汶川 8.0 级地震触发地质灾害发育分布规律研究[J]. 灾害学, 30(1)：63-68.

梁境, 2004. 沿河县区域生态环境质量评价与生态调控的研究[D]. 重庆：重庆大学.

梁照凤, 袁媛, 陈文波, 等, 2017. 基于加权 Voronoi 图的农村居民点用地适宜性评价与整治分区研究[J]. 江西农业大学学报, 39(6)：1244-1255.

梁中, 徐蓓, 2016. "碳锁定" 研究：一个文献综述[J]. 经济体制改革(2)：35-40.

林斌, 张友谊, 罗珂, 等, 2019. 沟道松散物质起动模型试验及冲出量预测：四川省以北川青林沟为例[J]. 人民长江, 50(5)：113-118, 126.

林涓涓, 2005. 基于 3S 的流域土壤侵蚀敏感性及其动态监测研究田[D]. 福州：福州大学.

林茂炳, 1996. 四川龙门山造山带造山模式研究[M]. 成都：成都科技大学出版社.

林孝先, 尹明辉, 陈浩, 等, 2022. 地震扰动区地质灾害防治理论与实践[M]. 北京：中国环境出版集团.

刘宝元, 谢云, 张科利, 2001. 土壤侵蚀预报模型[M]. 北京：中国科学技术出版社.

刘川川, 周连兄, 武亚南, 等, 2016. 基于 ArcGIS 空间分析技术的生态敏感性评价研究：以河北省承德市清水河生态清洁小流域为例[J]. 中国水土保持(8)：67-69.

刘春红, 刘邵权, 刘淑珍, 等, 2009. 四川省汶川地震重灾区人居环境适宜性评价[J]. 四川大学学报(工程科学版), 41(S1)：102-108.

刘建国, 张文忠, 2014. 人居环境评价方法研究综述[J]. 城市发展研究, 21(6)：46-52.

刘康, 徐卫华, 欧阳志云, 等, 2002. 基于 GIS 的甘肃省土地沙漠化敏感性评价[J]. 水土保持通报, 22(5)：29-31, 35.

刘黎明, 2002. 土地资源学[M]. 北京：中国农业大学出版社.

刘立涛, 沈镭, 高天明, 等, 2012. 基于人地关系的澜沧江流域人居环境评价[J]. 资源科学, 34(7)：1192-1199.

刘善建, 1953. 天水水土流失测验的初步分析[J] J.科学通报, 12：59-65.

刘维民, 唐湖北, 傅鹤林, 等, 2013. 震区滑坡应急治理技术：以四川省理县林业局后山滑坡为例[J]. 铁道科学与工程学报, 10(1)：55-60.

刘希林, 2000. 区域泥石流风险评价研究[J]. 自然灾害学报, 9(1)：54-61.

刘小茜, 王仰麟, 彭建, 2009. 人地耦合系统脆弱性研究进展[J]. 地球科学进展, 24(8)：917-927.

刘彦花, 叶国华, 2015. 基于粗糙集与 GIS 的滑坡地质灾害风险评估：以广西梧州为例[J]. 灾害学, 30(2)：108-114.

刘艳菊, 2011. 关于改善和解决农村人居生态环境问题的对策研究[J]. 生态经济(学术版)(1)：403-405.

刘耀彬, 陈斐, 李仁东, 2007. 区域城市化与生态环境耦合发展模拟及调控策略：以江苏省为例[J]. 地理研究, 26(1)：187-196.

卢喜平, 2006. 紫色土丘陵区降雨侵蚀力模拟研究[D]. 重庆：西南大学.

卢玉东, 张骏, 李茂松, 2005. 基于 GIS 的城市环境工程地质质量模糊评价：以陕西略阳城区为例[J]. 自然灾害学报, 14(2)：93-98.

卢远, 华璀, 周兴, 2006. 广西土壤侵蚀敏感性特征及防治建议[J]. 中国水土保持(6)：36-38.

鲁如坤, 2000. 土壤农业化学分析方法[M]. 北京：中国农业科技出版社.

罗承, 陈廷芳, 付琪智, 等, 2019a. 北川县杨家沟泥石流特征及成因分析[J]. 西南科技大学学报, 34(2)：25-31.

罗承, 陈廷芳, 付琪智, 等, 2019b. 江油市地质灾害时空分布规律和孕灾环境研究[J]. 人民长江, 50(12)：95-100.

罗承平, 薛纪瑜, 1995. 中国北方农牧交错带生态环境脆弱性及其成因分析[J]. 干旱区资源与环境, 9(1)：1-7.

罗先香, 邓伟, 2000. 松嫩平原西部土壤盐渍化动态敏感性分析与预测[J]. 水土保持学报, 14(3)：36-40.

马国哲, 2013. 龙门山活动推覆体特大地质灾害形成机理与防治对策研究[D]. 兰州：兰州大学.

马琪, 2013. 陕北无定河流域生态敏感性十年变化评价[D]. 西安：西北大学.

毛凤仪，于倩，赵先超，2020. 基于结构方程模型的乡村人居环境适宜性影响因素研究：以湖南省张谷英村为例[J]. 湖南工业大学学报，34(5)：80-89.

孟庆华，孙炜锋，张春山，2014. 地质灾害风险评估与管理方法研究：以陕西凤县为例[J]. 水文地质工程地质，41(5)：118-124.

苗雨，2010. 基于 GIS 和 Logistic 模型的地质灾害危险性区划研究[D]. 西安：长安大学.

闵婕，2006. 基于 GIS 技术与 AHP 研究生态环境敏感度分区[J]. 重庆师范大学学报(自然科学版)，23(4)：76-80.

倪九派，魏朝富，谢德体，等，2009. 坡度对三峡库区紫色土坡面径流侵蚀的影响分析[J]. 泥沙研究(2)：29-33.

聂春龙，2012. 边坡工程风险分析理论与应用研究[D]. 长沙：中南大学.

聂影，张超，2000. 美国地理国家标准：《生活化的地理学》评价[J]. 中学地理教学参考(7-8)：104-106.

农业农村部，2019. 全国九大农区及省级耕地质量监测指标分级标准(试行)[S]. 北京：农业农村部，2019.

欧阳志云，王效科，苗鸿，2000. 中国生态环境敏感性及其区域差异规律研究[J]. 生态学报，20(1)：9-12.

欧阳志云，徐卫华，王学志，等，2008. 汶川大地震对生态系统的影响[J]. 生态学报，28(12)：5801-5809.

潘峰，田长彦，邵峰，等，2011. 新疆克拉玛依市生态敏感性研究[J]. 地理学报，66(11)：1497-1507.

潘竟虎，董晓峰，2006. 基于 GIS 的黑河流域生态环境敏感性评价与分区[J]. 自然资源学报，21(2)：267-273.

庞元明，2009. 土壤肥力评价研究进展[J]. 山西农业科学，37(2)：85-87.

齐信，2010. 基于 3S 技术强震区地质灾害解译与危险性评价研究：以四川省北川县为例[D]. 成都：成都理工大学.

钱叶，侯怡铃，邱洁，等，2017. 龙门山地震带土壤细菌多样性的研究[J]. 土壤通报，48(5)：1093-1101.

乔治，徐新良，2012. 东北林草交错区土壤侵蚀敏感性评价及关键因子识别[J]. 自然资源学报，27(8)，1349-1361.

秦胜金，刘景双，王国平，2006. 影响土壤磷有效性变化作用机理[J]. 土壤通报，37(5)：1012-1016.

邱利平，2018. 北川县都坝河流域地质灾害与生态环境效应研究[D]. 绵阳：绵阳师范学院.

邱彭华，徐颂军，谢跟踪，等，2007. 基于景观格局和生态敏感性的海南西部地区生态脆弱性分析[J]. 生态学报，27(4)：1257-1264.

屈历强，2014. 基于地质环境安全和适宜性评价的农村居民点搬迁选址研究：以云南省盈江县为例[D]. 昆明：云南大学.

冉圣宏，毛显强，2000. 典型脆弱生态区的稳定性与可持续农业发展[J]. 中国人口•资源与环境，10(2)：69-71.

饶戎，栗德祥，董翔，2003. 中关村科技园区生态规划研究与编制[M]. 北京：中国商业出版社.

尚伟涛，2014. 基于 GIS 和 RS 的金坛市土地生态环境敏感性评价研究[D]. 兰州：兰州交通大学.

佘济云，周丹华，刘照程，等，2012. 基于 GIS 的万泉河流域生态敏感性分析[J]. 中国农学通报，2012，28(10)：69-73.

师书冉，涂良权，沈卫立，2014. 北川县樱桃沟泥石流地质特征与动力学参数分析[J]. 地质调查与研究，37(1)：34-38.

史东梅，卢喜平，蒋光毅，2010. 紫色丘陵区降雨侵蚀力简易算法的模拟[J]. 农业工程学报，26(2)：116-122.

四川省测绘地理信息局. 四川省地理省情监测成果地图集[M]. 成都：四川省第二测绘地理信息工程院.

四川省地质工程勘察院，2015. 2015 年典型小流域地质灾害综合调查报告[R]. 成都：四川省地质工程勘察院.

四川省国土资源厅. 四川省地质灾害地图集[M]. 成都：四川省第二测绘地理信息工程院.

苏宇鹏，2018. 泸水市易地扶贫安置点人居环境适宜性评价研究[D]. 昆明：昆明理工大学.

孙武，侯玉，张勃，2000. 生态脆弱带波动性、人口压力、脆弱度之间的关系[J]. 生态学报，20(3)：369-373.

孙小娇，2016. 山西省地级城市人居环境时空演变研究[D]. 临汾：山西师范大学.

孙滢悦，陈鹏，刘晓静，等，2017. 基于 TOPSIS 评价法的城市应急避难所选址适宜性评价研究[J]. 震灾防御技术，12(3)：700-709.

覃小群，蒋忠诚，2005. 广西岩溶县的生态环境脆弱性评价[J]. 地球与环境，33(2)：45-51.

汤国安，杨昕，2006. ArcGIS 地理信息系统空间分析试验教程[M]. 北京：科学出版社.

汤家法，王沁，2015. 2013 年北川聚落空间的地质灾害灾情分析[J]. 灾害学，30(1)：87-91.

唐焰，封志明，杨艳昭，2008. 基于栅格尺度的中国人居环境气候适宜性评价[J]. 资源科学，30(5)：648-653.

唐颖，2016. 黑龙江省共青农场土壤肥力的研究与分析[D]. 哈尔滨：黑龙江大学.

陶广斌，2019. 川西淡矿化温泉地球化学特征及成因研究[D]. 成都：成都理工大学.

陶和平，高攀，钟祥浩，2006. 区域生态环境脆弱性评价：以西藏"一江两河"地区为例[J]. 山地学报，24(6)：761-768.

田恒召，李虎杰，2011. 北川鼓儿山滑坡群稳定性评价与治理[J]. 矿产勘查，2(2)：201-205.

田磊，2004. 三峡库区变形体、滑坡、崩滑体的区别及认识[J]. 工程地质学报，12(S1)：173-174.

田述军，付国训，程小松，2023. 汶川大地震同震滑坡复活变形特征研究[J]. 灾害学，38(1)：50-56.

田述军，张静，张珊珊，2020. 震后泥石流防治工程减灾效益评价研究[J]. 灾害学，35(3)：102-109.

田亚平，常昊，2012. 中国生态脆弱性研究进展的文献计量分析[J]. 地理学报，67(11)：1515-1525.

万忠成，王治江，董丽新，等，2006. 辽宁省生态系统敏感性评价[J]. 生态学杂志，25(6)：677-681.

汪忠善，宋文经，1982. 黄河中游黄土丘陵沟壑区小流域产沙量计算[A]. 北京河流泥沙国际学术研讨会等[C]//北京：科学出版社.

汪月鹃，2009. 汶川震区北川县暴雨泥石流危险性评价[D]. 成都：成都理工大学.

王德炉，喻理飞，2005. 喀斯特环境生态脆弱性数量评价[J]. 南京林业大学学报（自然科学版），29(6)：23-26.

王邓喜，2012. 层次分析法在区域林业可持续发展能力评价中的应用[R]. 甘肃省陇南市林木种苗管理总站.

王二七，孟庆任，陈智樑，等，2001. 龙门山断裂带印支期左旋走滑运动及其大地构造成因[J]. 地学前缘，8(2)：375-384.

王宏，2011. 基于土地利用—覆盖类型的土壤盐渍化敏感性研究田[D]. 乌鲁木齐：新疆大学.

王佳旭，2015. 高原湖泊流域人居环境生态敏感性评价及空间优化研究：以异龙湖为例[D]. 昆明：云南大学.

王劲峰，徐成东，2017. 地理探测器：原理与展望[J]. 地理学报，72(1)：116-134.

王经民，汪有科，1996. 黄土高原生态环境脆弱性计算方法探讨[J]. 水土保持通报，16(3)：32-36.

王明泉，张济世，程中山，2007. 黑河流域水资源脆弱性评价及可持续发展研究[J]. 水利科技与经济，13(2)：114-116.

王明晓，2011. 三峡库区降雨侵蚀力研究[D]. 武汉：华中农业大学.

王明晓，2011. 三峡库区降雨侵蚀力研究[D]. 武汉：华中农业大学.

王明宇，于洪雨，武海英，2019. 基于 DEM 成果探讨耕地坡度分级数据的生产方式[J]. 测绘与空间地理信息，42(12)：234-235，238.

王培秋，2009. 安化县耕地土壤肥力特征及耕地地力评价研究[D]. 长沙：湖南农业大学.

王萍，付碧宏，张斌，等，2009. 汶川 8.0 级地震地表破裂带与岩性关系[J]. 地球物理学报，52(1)：131-139.

王让会，宋郁东，樊自立，等，2001. 新疆塔里木河流域生态脆弱带的环境质量综合评价[J]. 环境科学，22(2)：7-11.

王涛，2010. 汶川地震重灾区地质灾害危险性评估研究[D]. 北京：中国地质科学院.

王效科，欧阳志云，肖寒，等，2001. 中国水土流失敏感性分布规律及其区划研究[J]. 生态学报，21(1)：14-19.

王雁林，郝俊卿，赵法锁，等，2014. 地质灾害风险评价与管理研究[M]. 北京：科学出版社.

王勇宏，2022. 岚县地质灾害类型与时空分布规律分析[J]. 中国资源综合利用，40(6)：147-149.

王长建，张小雷，杜宏茹，等，2014. 城市化与生态环境的动态计量分析：以新疆乌鲁木齐市为例[J]. 干旱区地理，37(3)：609-619.

王志，赵琳娜，张国平，等. 2010. 汶川地震灾区堰塞湖流域面雨量计算方法研究[J]. 气象，36(6)：7-12.

王志强，蒋晓冬，赵增敏，等. 2010. 基于 ANN 与 GIS 技术的中新天津生态城地质环境适宜性评价[J]. 河北工业大学学报，39(6)：87-91.

魏伟，石培基，冯海春，等，2012. 干旱内陆河流域人居环境适宜性评价：以石羊河流域为例[J]. 自然资源学报，27(11)：
    1940-1950.

文海涛，韦朝华，廖丽萍，等，2017. 桂东南容县地质灾害发育与时空分布特征[J]. 水土保持通报，37(5)：182-188，197.

吴柏清，何政伟，刘严松，2008. 基于 GIS 的信息量法在九龙县地质灾害危险性评价中的应用[J]. 测绘科学，33(4)：146-147，
    131.

吴冬宁，李亚光，李四高，2016. 自然因素影响下密云县河西小流域居民点空间分布特点及人居适宜性特征[J]. 中国农业大
    学学报，21(4)：129-136.

吴良镛，2001. 人居环境科学导论[M]. 北京：中国建筑工业出版社.

吴良镛，2003. 人居环境科学的人文思考[J]. 城市发展研究，10(5)：4-7.

夏婷婷，2010. 流域生态敏感性评价：以重庆主城区嘉陵江段流域为例[D]. 重庆：西南大学.

肖笃宁，李秀珍，高峻，等，1990. 景观生态学[M]. 北京：科学出版社.

谢云，章文波，刘宝元，2001. 用日雨量和雨强计算降雨侵蚀力[J]. 水土保持通报，21(6)：53-56.

胥焘旻，2017. 北川震后重建居民点的适宜性评价[D]. 成都：西南交通大学.

徐继维，张茂省，范文，2015. 地质灾害风险评估综述[J]. 灾害学，30(4)：130-134.

徐为，胡瑞林，吴菲，等，2010. 浅谈我国的地质灾害风险评估[J]. 中国地质灾害与防治学报，21(4)：126-129.

薛莉云，贺模红，叶胜华，2022. 梯级肋槛—桩基组合结构在泥石流拦砂坝下防护中的应用[J]. 四川地质学报，42(2)：250-254，
    258.

闫斐，杨尽，2010. 汶川地震滑坡损毁土地复垦关键技术：以北川县陈家坝镇灾后土地复垦项目为例[J]. 安徽农业科学，38(6)：
    2790-2792.

严霜，林孝先，胡洁，等，2020. 都坝河流域陈家坝镇地质遗迹资源研究[J]. 绵阳师范学院学报，39(11)：116-121.

颜雄，张杨珠，刘晶，2008. 土壤肥力质量评价的研究进展[J]. 湖南农业科学(5)：82-85.

颜玉聪，刘峰立，郭丽爽，等，2021. 龙门山断裂带温泉水文地球化学特征[J]. 地震研究，44(2)：170-184.

杨晶，2007. 荆州市生态环境系统敏感性评价方法及应用研究[D]. 武汉：华中农业大学.

杨艳昭，郭广猛，2012. 基于 GIS 的内蒙古人居环境适宜性评价[J]. 干旱区资源与环境，26(3)：9-16.

杨宸欣，2015. 威远县龙会镇土地整理适宜性评价[D]. 成都：成都理工大学.

杨元丽，孟凡涛，梁风，等，2020. 乌江流域思南段地质灾害时空分布特征及形成条件浅析[J]. 地质灾害与环境保护，31(3)：
    48-53，65.

姚文艺，2011. 我国侵蚀产沙数学模型研究评述与展望[J]. 泥沙研究(2)：65-74.

易明华，吴辉，叶柯，2017. 地理国情的地质灾害危险性评价[J]. 测绘科学，42(8)：40-43.

易倚冰，2013. 基于人居环境的生态村规划方法探讨[J]. 城市建筑(12)：17.

殷坤龙，韩再生，李志中，2000. 国际滑坡研究的新进展[J]. 水文地质工程地质，27(5)：1-4.

尹海伟，徐建刚，陈昌勇，等，2006. 基于 GIS 的吴江东部地区生态敏感性分析[J]. 地理科学，26(1)：64-69.

尹文娟，潘志华，潘宇鹰，等，2018. 中国大陆人居环境气候舒适度变化特征研究[J]. 中国人口•资源与环境，28(S1)：5-8.

尹晓科，2010. 基于 GIS 的湖南省人居环境适宜性研究[D]. 长沙：湖南师范大学.

于伯华，吕昌河，2011. 青藏高原高寒区生态脆弱性评价[J]. 地理研究，30(12)：2289-2295.

于雷，洪永胜，耿雷，等，2015. 基于偏最小二乘回归的土壤有机质含量高光谱估算[J]. 农业工程学报，31(14)：103-109.

于志娜，周晓晶，2019. 基于主成分分析法的黑龙江省人居环境污染因子评价应用研究[J]. 黑龙江八一农垦大学学报，31(1)：
    114-118.

余正良，袁磊，刘娟，等，2018. 汶川地震区特大泥石流分布及活动特征研究[J]. 路基工程(1)：209-215.

虞春隆，吴国波，2020. 基于适宜性评价的小流域人居环境生态发展模式研究[J]. 华中建筑，38(10)：74-78.

袁克勤，倪九派，宫春明，等，2009. 基于 GIS 的土壤侵蚀预测与评价研究进展[J]. 水土保持应用技术(1)：16-20.

张春梅，2006. 西南低山丘陵区土壤侵蚀胁迫下的生态敏感性评价与生态恢复研究：以重庆市璧山县为例[D]. 重庆：西南大学.

张春山，张业成，胡景江，等，2000. 中国地质灾害时空分布特征与形成条件[J]. 第四纪研究，20(6)：559-566.

张海亮，2014. 基于模糊层次分析法的煤矿通风系统安全评价研究[D]. 包头：内蒙古科技大学.

张红梅，沙晋明，2007. 基于 RS 与 GIS 的福州市生态环境脆弱性研究[J]. 自然灾害学报，16(2)：133-137.

张红艳，2014. 龙门山断裂带区域现代构造应力场与汶川 Ms8.0 级地震力学成因探讨[D]. 北京：中国地震局地质研究所.

张宏鸣，杨勤科，李锐，等，2012. 基于 GIS 和多流向算法的流域坡度与坡长估算[J]. 农业工程学报，28(10)：159-164.

张峻侨，2019. 基于模糊综合评价法在企业安全管理中的应用研究[D]. 鞍山：辽宁科技大学.

张梁，张业成，1994. 关于地质灾害涵义及其分类分级的探讨[J]. 中国地质灾害与防治学报，5(S1)：398-401.

张玲娥，2014. 典型县域耕地肥力质量时空演变规律及驱动力分析[D]. 北京：北京农业大学.

张玲娥，双文元，云安萍，等，2014. 30 年间河北省曲周县土壤速效钾的时空变异特征及其影响因素[J]. 中国农业科学，47(5)：923-933.

张仁忠，冉启良，1992. 长江上游中小流域产沙模型及侵蚀力分布[J]. (01)：51-56.

张荣华，2010. 桐柏大别山区土壤侵蚀特征及敏感性评价[D]. 泰安：山东农业大学.

张珊珊，2019. 降雨与治理工程影响下青林沟泥石流风险评估与减灾[D]. 绵阳：西南科技大学.

张生祥，何勇，何明阳，2014. 四川北川地震灾区杨家沟泥石流物源分析与防治方案确定[J]. 四川地质学报，34(S2)：80-84.

张维，李启权，王昌全，等，2015. 川中丘陵县域土壤 pH 空间变异及影响因素分析：以四川仁寿县为例[J]. 长江流域资源与环境，24(7)：1192-1199.

张宪奎，1995. 黑龙江省土壤流失方程应用简介[J]. 国土与自然资源研究(1)：30-32.

张笑楠，2006. 基于 GIS 的潜江市土地生态环境质量评价与农用地分等研究[D]. 武汉：华中农业大学.

张兴月，闫东东，张俊良，2019. 地震灾害频发地区人口集聚问题研究：以四川龙门山断裂带为例[J]. 经济体制改革(4)：63-69.

张雅茜，2016. 北川震后重建居民点的地质灾害灾情分析[D]. 成都：西南交通大学.

张业成，1995. 中国地质灾害趋势预测理论与方法[J]. 地质灾害与环境保护(3)：1-13.

张元博，黄宗胜，陈旋，等，2019. 贵州石漠化区布依族传统村落人居环境适宜度[J]. 应用生态学报，30(9)：3203-3214.

张振东，潘妮，梁川，2009. 基于改进 TOPSIS 的长江黄河源区生态脆弱性评价[J]. 人民长江，40(16)：81-84.

张征云，孙贻超，孙静，等，2006. 天津市土壤盐渍化现状与敏感性评价[J]. 农业环境科学学报，25(4)：954-957.

章文波，付金生，2003. 不同类型雨量资料估算降雨侵蚀力[J]. 资源科学，25(1)：35-41.

赵桂久，1993. 生态环境综合整治和恢复技术研究(第一集)[M]. 北京：北京科学技术出版社.

赵苏琴，王璐，2018. 基于主成分分析的山西省城市人居环境评价[J]. 农村经济与科技，29(19)：265-267.

赵晓丽，张增祥，王长有，等，1999. 基于 RS 和 GIS 的西藏中部地区土壤侵蚀动态监测[J]. 土壤侵蚀与水土保持学报，13(2)：44-50.

赵雪雁，巴建军，2002. 河西地区生态环境脆弱性评价与生态环境建设对策研究[J]. 中国人口·资源与环境，12(6)：79-82.

赵艺学，2003. 基于水土流失态势的山西省生态脆弱性分区研究[J]. 水土保持学报，17(4)：71-74.

赵跃龙，张玲娟，1998. 脆弱生态环境定量评价方法的研究[J]. 地理科学，18(1)：73-79.

郑晨，2019. 基于遥感的城市人居环境适宜性综合评价研究[D]. 重庆：重庆师范大学.

郑粉莉，杨勤科，王占礼，2004. 水蚀预报模型研究[J]. 水土保持研究，11(4)：13-24.

郑新奇，付梅臣. 2010. 景观格局空间分析技术及其应用[M]. 北京：科学出版社.

钟晓娟，孙保平，赵岩，等，2011. 基于主成分分析的云南省生态脆弱性评价[J]. 生态环境学报，20(1)：109-113.

周建伟，2010. 汶川县城地质灾害危险性评价研究[D]. 成都：成都理工大学.

周劲松，1997. 山地生态系统的脆弱性与荒漠化[J]. 自然资源学报，12(1)：10-15.

周俊，1992. 地质灾害：分类、特点、防治及研究[J]. 自然杂志，14 (4)：278-281.

周修萍，秦文娟，1992. 华南三省(区)土壤对酸雨的敏感性及其分区图[J]. 环境科学学报，12(1)：78-83.

朱冰冰，李占斌，李鹏，等，2009. 土地退化/恢复中土壤可蚀性动态变化[J]. 农业工程学报，25(2)：56-61.

朱启疆，帅艳民，陈雪，等，2002. 土壤侵蚀信息熵：单元地表可蚀性的综合度量指标[J]. 水土保持学报，16(1)：50-54.

祝俊华，段旭，陈志新，等，2017. 延安地区生态环境与地质灾害相关性探讨[J]. 水土保持研究，24(4)：163-167.

Aleotti P，Chowdhury R，2000. Landslide hazard assessment summary review and new perspectives[J]. Bulletin of Engineering Geology and the Environment，58(1)：21-44.

Borga M，Dalla Fontana G，Da Ros D，et al.，1998. Shallow landslide hazard assessment using a physically based model and digital elevation data[J]. Environmental Geology，35(2)：81-88.

Brabb E E，1984. Innovative Approaches to Landslide Hazard and Risk Mapping[C]. //Proceedings of the Fourth International symposium on Landslides Toronto：307-323.

Briceño-Elizondo E，Garcia-Gonzalo J，Peltola H，et al.，2006. Sensitivity of growth of Scots pine，Norway spruce and silver birch to climate change and forest management in boreal conditions[J]. Forest Ecology and Management，232(1-3)：152-167.

Cameron A，Johnston R J，McAdam J. 2004. Classification and evaluation of spider(Araneae) assemblages on environmentally sensitive areas in Northern Ireland[J]. Agriculture，Ecosystems & Environment，102(1)：29-40.

Campbell R H，1991. Bemlknopf Richard L. Foreeasting the spatial distribution of landslide risk[J]. Abstracts with Programs Geologieal soeiety of Ameriea，23(5)：145.

Cañellas-Boltà N，Rull V，Sáez A，et al.，2013. Vegetation changes and human settlement of Easter Island during the last millennia：a multiproxy study of the Lake Raraku sediments[J]. Quaternary Science Reviews，72：36-48.

Carrara A，Cardinali M，Detti R，et al.，1991，GIS techniques and statical models in evaluation landslide hazard[J]. Earth Surf Progresses Landforms，16：427-445.

Carrington D P，Gallimore R G，Kutzbach J E，2001. Climate sensitivity to wetlands and wetland vegetation in mid-Holocene North Africa. Climate Dynamics，17(2/3)：151-157.

Cook H L. 1936 .The nature and controlling variables of the water erosion process[J]. Soil Sci Soc Am Proceedings，(1)：60-64.

Cotecchia V，Guerricchio A，1986. Melidoro G. The geomorphogenetic crisis triggered by the 1783 earthquake in Calabria (Southern Italy)[C]//Estratto da Proceedings of the international symposium on engineering geology problems in seismic areas，6.

Cret L，Yamazaki F，Nagata S，et al.，1993. Earthquake damage estimation and decision analysis for emergency shut-off of city gas networks using fuzzy set theory[J]. Structural Safety，12(1)：1-19.

De Roo A P J，Jetten V G，1999. Calibrating and validating the LISEM model for two data sets from the Netherlands and South Africa[J]. CATENA，37(3–4)：477-493.

Dent D，2014. Soil as world heritage[M]Berlin，Germany：Springe Netherlands.

Desmet P J J，Govers G，1996. A GIS procedure for automatically calculating the USLE LS factor on topographically complex landscape units[J]. Journal of Soil and Water Conservation，51(5)：427-433.

Doxiadis，C A，2012. Anthropolis：city for human development[J]. Materials Today，15(9)：412.

Eggermont H, Verschuren D, Audenaert L, et al., 2010. Limnological and ecological sensitivity of Rwenzori Mountain Lakes to climate warming[J]. Hydrobiologia, 648(1): 123-142.

Fall M, Azzam R, Noubactep C, 2006. A multi-method approach to study the stability of natural slopes and landslide susceptibility mapping. Engineering Geology, 82(4): 241-263.

Feng Y, He D M, 2009. Transboundary water vulnerability and its drivers in China[J]. Journal of Geographical Sciences, 19(2): 189-199.

Fu B H, Shi P L, Guo H D, et al., 2011. Surface deformation related to the 2008 Wenchuan earthquake, and mountain building of the Longmen Shan, eastern Tibetan Plateau[J]. Journal of Asian Earth Sciences, 40(4): 805-824.

Günok E, Pinar A, 2011. Evaluation of Erdemli settlement by GIS methodology[J]. Procedia - Social and Behavioral Sciences, 19: 339-346.

Gupta R P, Joshi B C, 1990. Landslide hazard zoning using the GIS approach—A case study from the Ramganga catchment, Himalayas[J]. Engineering Geology, 28(1-2): 119-131.

Halik W, Mamat A, Dang J H, et al., 2013. Suitability analysis of human settlement environment within the Tarim Basin in Northwestern China[J]. Quaternary International, 311(17): 175-180.

Hashemi M, Alesheikh A A, 2011. A GIS-based earthquake damage assessment and settlement methodology[J]. Soil Dynamics & Earthquake Engineering, 31(11): 1607-1617.

Hickey. 2000. Slope Angle and Slope Length Solutions for GIS[J]. Cartography, 29(1): 1-8.

Horne R, Hiekey J, 1991. Ecological sensitivity of Australian rainforest to selective logging[J]. Australian Journal of Ecology, 16(1): 119-129.

Iosjpe M, 2011. Radioecological sensitivity of the shallow marine environment[J]. Radioprotection, 46(6): S189-S193.

Iosjpe M, Liland A, 2012. Evaluation of environmental sensitivity of the marine regions[J]. Journal of Environmental Radioactivity, 108(11): 2-8.

IPCC, 2010. Special Report on Emissions Scenarios(SRES)[M]. Cambridge: Cambridge University Press.

Jenerette G D, Harlan S L, Brazel A, et al., 2007. Regional relationships between surface temperature, vegetation, and human settlement in a rapidly urbanizing ecosystem[J]. Landscape Ecology, 22(3): 353-365.

Johnston D A, Don Taylor G, Visweswaramurthy G, 1999. Highly constrained multi-facility warehouse management system using a GIS platform[J]. Integrated Manufacturing Systems, 10(4): 221-233.

Kane S M, Reilly J M, Tobey J, 1990. A sensitivity analysis of the implications of climate change for world agriculture[C]. Conferences on Economic Issues in Global Climate Change: Agriculture, Forestry, and Natural Resources. Washington D C.

Klaar M, Laize C, Maddock I, et al., 2014. Modelling the sensitivity of river reaches to water abstraction: RAPHSA a hydroecology tool for environmental managers[C]// EGU General Assembly Conference. EGU General Assembly Conference Abstracts.

Kumar K S K, Parilch J, 2001. Indian agriculture and climate sensitivity[J]. Global Environmental Change, 11(2): 147-154.

Laflen J M, Lane L J, Foster G R, 1991. WEPP: A new generation of erosion predictiontechnology[J]. Journal of Soil & Water Conservation, 46(1): 34-38.

Leman N, Ramli M F, Khirotdin R P K, 2016. GIS-based integrated evaluation of environmentally sensitive areas (ESAs) for land use planning in Langkawi, Malaysia.[J]. Ecological Indicators, 61: 293-308.

Li Y F, Li Y, Zhou Y, et al., 2012. Investigation of a coupling model of coordination between urbanization and the environment[J]. Journal of Environmental Management, 98: 127-133.

Lohw G, 1952. Graphical solution of probable soil loss formula for Northeastern Region[J]. J. Soil Water Conserv. (7): 189-191.

M. Ruff; K. Czurda. 2006. Landslide susceptibility analysis with a heuristic approach in the Eastern Alps(Vorarlberg, Austria)[J]. Geomorphology, 94(3): 314-324.

Mantovani F, Soeters R, Van Westen C J, 1996. Remote sensing techniques for landslide studies and hazard zonation in Europe[J]. Geomorphology, 15(3-4): 213-225.

McCool D K, Wischmeier W H, Johnson L C. 1982. Adapting the universal soil loss equation to the Pacific northwest[J]. Transactions of the ASAE, 25(4): 928-934.

Meyer G R, Foster L D. 1972. Transport of soil particles by shallow flow[J]. Transactions of the ASAE, 15(1): 99-102.

Michael-Leiba M, Baynes F, Scott G, et al., 2003. Regional landslide risk to the Cairns community[J]. Natural Hazards, 30(2): 233 -249.

Misra R K, Rose C W, 1996. Application and sensitivity analysis of process - based erosion model GUEST[J]. European Journal of Soil Science, 47(4): 593-604.

Moberg F, Folke C, 1999. Ecological good sand services of ecosystems[J]. Ecological Economics, 29(2).

Morgan R P C, Quinton J N, Smith R E, et al., 1998. The European soil erosion model(EUROSEM): A dynamic approach for predicting sediment transport from fields and small catchments[J]. Earth Surface Processes and Landforms, 23(6): 527-544.

Muzik I, 2001. Sensitivity of hydrologic systems to climate change[J]. Canadian Water Resources Journal, 26(2): 233-252.

Nogué S, de Nascimento L, Fernández-Palacios J M, et al., 2013. The ancient forests of La Gomera, Canary Islands, and their sensitivity to environmental change[J]. Journal of Ecology, 101(2): 368-377.

Nohara Y, Satoh E, Mitsuhashi N, 2016. A study on the evaluation methodology of living environment for the elderly people in local city[J]. Journal of Architecture &Planning, 81(719): 153-161.

Norber J, 1999. Linking nature's services to ecosystems: Some general ecological concepts[J]. Ecological Economics, 29(2): 183-202.

Nriagu J O, Harvey H H. 1978. Isotopic variation as an index of sulphur pollution in lakes around Sudbury, Ontario[J]. Nature, 273(5659): 223-224.

Pachauri A K, Gupta P V, Chander R, 1998. Landslide zoning in a part of the Garhwal Himalayas[J]. Environmental Geology, 36(3/4): 325-334.

Richardson C W, Foster G R, Wright D A, 1983. Estimation of erosion index from daily rainfall amount[J]. Transactions of the ASAE, 26(1): 153-156.

Rodriguez E V, 1992. Ecological sensitivity atlas of the Argentine continental shelf[J]. International Hydrographic Review, 69(2): 47-53.

Rossi P, Pecci A, Amadio V, et al., 2008. Coupling indicators of ecological value and ecological sensitivity with indicators of demographic pressure in the demarcation of new areas to be protected: The case of the Oltrepò Pavese and the Ligurian-Emilian Apennine Area (Italy)[J]. Landscape and Urban Planning, 85(1): 12-26.

Saaty T L, 1980. The Analytic Hierarchy Process[M]. New York: Mc Graw-Hill Company.

Schnaiberg J, Riera J, Turner M G, et al., 2002. Explaining human settlement patterns in a recreational lake district: Vilas County, Wisconsin, USA.[J]. Environmental Management, 30(1): 24-34.

Schroeder D, 1980. Structure and weathering of potassium containing minerals[J]. IPI Research Topics, (5): 5-26.

Smit B，Burton I，Klein R J T，et al.，1999. The science of adaptation：A framework for assessment[J]. Mitigation and Adaptation Strategies for Global Change，4(3)：199-213.

Smith D D D M W，1948. Evaluating soil losses from field areas[J]. Journal of Agricultural Engineering(29)：394-398.

Smithers J，Smit B，1997. Human adaptation to climatic variability and change[J]. Global Environmental Change，7(2)：129-146.

Stefania，Abaker. 2001. Classification and evaluation of spider(Araneae)assemblages on environmentally Sentsitive areals in Northern Ireland[J]. Geoforum，32(4)：29-40.

Taffi M，Paoletti N，Liò P，et al. 2015. Bioaccumulation modelling and sensitivity analysis for discovering key players in contaminated food webs：The case study of PCBs in the Adriatic Sea[J]. Ecological Modelling，30(6)：205-215.

Taffi M，Paoletti N，Liò P，et al.，2015. Bioaccumulation modelling and sensitivity analysis for discovering key players in contaminated food webs：The case study of PCBs in the Adriatic Sea[J]. Ecological Modelling，306：205-215.

Turvey R，2007. Vulnerability assessment of developing countries：The case of small island developing states[J]. Development Policy Review，25(2)：243-264.

Uromeihy A，Mahdavifar M R，2000. Landslide hazard zonation of the Khorshrostam area，Iran[J]. Bulletin of Engineering Geology and the Environment，58(3)：207-213.

Wang S J，Liu Q M，Zhang D F，2004. Karst rocky desertification in southwestern China：Geomorphology，landuse，impact and rehabilitation[J]. Land Degradation & Development，15(2)：115-121.

Wieczork G F，1984. Evaluating danger landslide catalogue maps[J]. Bulletin of the Association of Engineering Geologists，1(1)：337-342.

Wischmeier W H，Smith D，1960. A universal soil-loss equation to guide conservation farm planning[J]. Transactions Int. congr. soil Sci：418-425.

Wischmeier W H，Smith D D，1978. Predicting Rainfall Erosion Losses：Aguide to Conservation Planning[M]. Washington，DC：USDA.

Xu X W，Wen X Z，Chen G H，et al.，2008. Discovery of the Longriba fault zone in eastern Bayan Har Block，China and its tectonic implication[J]. Science in China Series D：Earth Sciences，51(9)：1209-1223.